帶你一起進入 Azure DevOps 協作探索之旅

我要招架一切【痛點】

從工程師到開發團隊的 Azure DevOps 冒險指南

邱繼平（山姆大叔） 著

Azure DevOps 的起手式

從個人、團隊到組織的 SDLC 大小痛點著眼

從零開始	團隊協作	變革管理	莫忘合規
新手村的版本 控管到流水線的建立	工作流與開發團隊 交付產物的密切連結	引入變革 不可欠缺的團隊溝通	剖析分支合併策略 與變更許可流程

iThome 鐵人賽

作　　者：邱繼平（山姆大叔）
責任編輯：林楷倫

董 事 長：曾梓翔
總 編 輯：陳錦輝

出　　版：博碩文化股份有限公司
地　　址：221 新北市汐止區新台五路一段 112 號 10 樓 A 棟
電話 (02) 2696-2869 傳真 (02) 2696-2867

發　　行：博碩文化股份有限公司
郵撥帳號：17484299　戶名：博碩文化股份有限公司
博碩網站：http://www.drmaster.com.tw
讀者服務信箱：dr26962869@gmail.com
訂購服務專線：(02) 2696-2869 分機 238、519
（週一至週五 09:30 ～ 12:00；13:30 ～ 17:00）

版　　次：2025 年 1 月初版一刷

建議零售價：新台幣 650 元
I S B N：978-626-414-069-0
律師顧問：鳴權法律事務所 陳曉鳴律師

本書如有破損或裝訂錯誤，請寄回本公司更換

國家圖書館出版品預行編目資料

我要招架一切 (痛點) : 從工程師到開發團隊的 Azure DevOps 冒險指南 / 邱繼平 (山姆大叔) 著 . -- 初版 . -- 新北市 : 博碩文化股份有限公司 , 2025.01

面； 公分. -- (iThome鐵人賽系列書)

ISBN 978-626-414-069-0(平裝)

1.CST: 軟體研發 2.CST: 專案管理
3.CST: 電腦程式設計

312.2　　113018764

Printed in Taiwan

博 碩 粉 絲 團

歡迎團體訂購，另有優惠，請洽服務專線
(02) 2696-2869 分機 238、519

商標聲明

本書中所引用之商標、產品名稱分屬各公司所有，本書引用純屬介紹之用，並無任何侵害之意。

有限擔保責任聲明

雖然作者與出版社已全力編輯與製作本書，唯不擔保本書及其所附媒體無任何瑕疵；亦不為使用本書而引起之衍生利益損失或意外損毀之損失擔保責任。即使本公司先前已被告知前述損毀之發生。本公司依本書所負之責任，僅限於台端對本書所付之實際價款。

推薦序

在這個軟體開發變化日新月異的時代，效率和團隊合作已經成為成功的關鍵。這本書，就是引領你走向這場變革的重要指南。

書的作者邱繼平，曾是我在富邦金控講授 Azure DevOps 課程的學員。說真的，他是我教過最認真的學員之一。每次上課，他總是拋出許多深入又有挑戰性的問題，讓人印象深刻。這本書可以說是他多年來研究 Azure DevOps 的智慧結晶，也是他的實戰經驗大公開。

書中內容不只是教技術，還帶領讀者從解決軟體開發痛點開始，一步步走向全面擁抱 DevOps 的世界。作者用清楚易懂的語言，搭配生動的實例，告訴你 Azure DevOps Service 怎麼幫助團隊實現持續整合、持續交付，甚至持續測試和學習。

更棒的是，這本書的重點不僅在技術，還講到團隊文化和溝通的重要性。 從工程師的日常技能到如何用 Azure DevOps 平台進行協作開發，作者給了非常清晰的方向。不管是 Azure Boards、Repos、Pipelines 還是 Test Plans，書中都有詳細的介紹，搭配實際案例，幫助你快速上手，並應用到工作中。

你知道嗎，軟體開發過程中常見的痛點，像是程式碼合併混亂、過時的文件，或者缺乏真實的系統知識，這本書都幫你找到了答案。作者特別提到，如何用 Azure DevOps 的分支策略、Pull Request、自動化流水線和測試計畫，來解決這些讓人頭痛的問題，從而提升團隊的效率和產品交付的品質。

除此之外，資訊安全和合規性也是現在開發團隊最在意的事情之一。書裡詳細介紹了怎麼用 Azure DevOps 的安全性功能，像是檔案保護、許可機制和審批流程，幫助團隊符合像 ISO 27001 這樣的高標準。

這本書適合每一個希望提升開發效率和品質的人。不管你是工程師、測試人員、專案經理，甚至是其他開發團隊的成員，都可以從中獲得靈感和啟發。

最後，我真心推薦這本書給所有熱愛軟體開發的朋友。透過邱繼平的指引，你一定可以打造出一個高效、協作、安全的開發環境，為你的團隊和企業創造更大的價值！

相信我，這本書會成為你在軟體開發道路上的最佳夥伴！

保哥（Will）

多奇數位創意 技術總監

Microsoft MVP/RD

部落格：https://blog.miniasp.com/

臉書專頁：https://www.facebook.com/will.fans/

推薦序

看到書名以「我要招架一切」開頭時，我不禁會心一笑，聯想到那個堅持不懈的動畫主角。雖然他輾轉於各學院學習，但最終都因未能達標而離去，而且也只掌握了基礎技能。然而，主角卻從未放棄成為冒險者的夢想，反而將這些基礎技能百鍊成鋼。對於冒險者生涯的純粹熱情與不懈努力，使他成為最強冒險者。

Sam 在軟體開發領域的熱情，正如這位動畫主角。他以自身的努力，不僅提升了個人能力，還成功改善了團隊與組織的開發文化。本書的內容，便源自這些質樸的堅持與真實的經驗。書中詳盡記錄了如何運用 Azure DevOps 來管理程式碼、自動化管道，以及管理團隊需求與測試的實務方法。此外，書中還描述了當時導入這些新做法的實際情境，讓讀者不僅熟悉工具本身，還能了解如何務實地將新做法推廣至其他人身上。這正是本書的一大亮點。

能與 Sam 相識，源於《駕馭組織 DevOps 六面向：變革、改善與規模化的全局策》新書分享會。在分享會上，我深刻地感受到他對於改變工作環境的渴求和試圖從全局視角來思考改變對於工作環境的影響。這樣的心態和思路讓他能夠和利害關係人進行有效的溝通並且提前做好準備。書中第二章後的每段內容，均透過 POWERS 分析與情境對話紀錄，來完整呈現這些互動與經驗。我相信這將為其他軟體開發愛好者提供思考起點，幫助他們從自身出發，推動工作環境的改變。

熱情是柴火，技術是工具，而全局觀則是將這些堅持與改變融入組織的最好攻角。本書便是以 Azure DevOps 為工具，逐步告訴你如何透過全局的角度，以自己為起點影響周遭環境的最好參考。

盧建成（**Augustin Lu**）

靖本行策有限公司執行長

推薦序

本書作者山姆大叔是我的同事，其身上經常散發自信又帥氣的光彩，這源自於他一貫認真鑽研專業技術並樂於積極推廣應用的工作態度；因此我相信他本著滿腔熱忱所撰寫的第一本著作，必有值得相關領域工作者研讀之處。

企業應用軟體的規劃設計、開發測試及維運管理工作，在系統功能創新、服務通路多元、使用者體驗升級、資安與個資防護及各項內外部規範等眾多要求下，其作業程序日趨繁複。如何在合理的成本前提下，讓工作團隊以開放的心態勇於嘗試運用合適的輔助平台，並持續提升軟體開發的品質與效率，是資訊主管們的重要課題之一。

軟體開發生命週期的品質提升，有賴技術探索、分享與回饋，以循序漸進的實作與修正經驗，引導正向循環機制促進組織共好。資訊單位宜協助業務與作業單位於軟體開發各階段實際體驗協作平台的效益，以理解其運用價值，並建立良好的溝通合作模式。

本書是以技術指引為主軸的工具書，採圖文並茂的方式逐步詳述 Azure DevOps 系統部署與操作流程，並以實際案例與情境搭配 POWERS 分析表，說明在引進適當的平台後，團隊協作模式與溝通機制如何調整與優化，這些都頗具參考價值。

衷心祝福本書對廣大讀者有所助益，亦期待山姆大叔後續更多的新知分享創作。

王靖欽

富邦金控 資訊長

前言

那些沒人想面對的痛苦

剛進入金融業的時候，總覺得自己與軟體開發現實世界格格不入。龐大的組織，死硬與繁瑣的作業程序，與日俱增的瑣碎管制，這一切痛苦都可以體現在資訊單位軟體開發人才的高流動率上。

就算是企業已經找來麥肯錫等顧問公司，提出了關鍵問題所在，而總是能解讀成完全與顧問公司相左的做法，讓受不了的軟體人才持續流動，留下的只有能接受隨波逐流的人。

這些痛苦，沒有人想面對痛點去解決，就跟一位朋友聽到我在協助組織內導入 Azure DevOps 的解決方案時，也意味深長地跟我說了句：**「要知道，不是所有人都會想要透明化一切，這就是你在組織內的阻力。」**

一直以為只有這個行業會面臨這個問題，殊不知與老婆的討論中也才發現，即使是高科技產業，也面臨到許多人天真的以為只要更多的表單，更多的確認事項清單，向上簽名蓋章到副總甚至到總經理，就可以降低軟體錯誤、提升開發品質以及增加交付效率。

實際上，更多的人蓋章，也意味者沒有人對真正的品質有信心，也或許是那些痛苦造就了沒有人在意真正的品質，更甚者沒有人了解品質的真義。

信仰真理是一個好的方向

在 2023 年的 DevOpsDays 中，有一場講者的一句話令我印象很深，**「改變就像傳道者，總要抱持著某種信仰，才會有動力向前繼續。」**這句話同時也體現在我協助組織試辦導入 Azure DevOps 的過程中，研究 Azure 解決方案的同仁也告訴我：**「總是要抱持著一絲熱情，才能往未知的領域繼續走下去。」**

不同於其他 DevOps 或是敏捷的經典案例，由最高層的支持，最後讓整個組織成功轉型。我們的故事是從個人的痛點或團隊的難處著手，潛伏了數年後終於有機會向組織推銷與展現。

推行改變的過程非常的辛苦，是會讓主事者不斷地感受到灰心、挫折與退縮。而能夠支持我們繼續向前的，團隊與需求單位正向的回饋最為重要。而這一切的基礎，都是我們所信仰的真實世界軟體開發交付真理。

從個人的痛點著手解決，是推廣到團隊的敲門磚

在一個企業中，總有些痛苦會是大家共同面對的，甚至有些企業視之為逆鱗，不許任何人去碰觸。就同我在 iThome 鐵人賽文章中說到的，公司原有版本控管機制無法協助開發人員在開發階段時，個人會因為插單而需要更具彈性的程式碼版本控管方式，因此在個人環境中建立起 Git 來協助筆者進行多分支管理，同時也在內部數次分享推廣給團隊。

後來團隊為了解決多人協同開發問題，參考了真實世界的解決方案後，就在開發環境建立了 Git 版本控管的環境供協同開發使用。逐漸地團隊提出了各種需求與痛點，例如後來建立 Mantis 來解決事件與問題追蹤痛點，Dokuwiki 用以紀錄與留存團隊內的相關知識，甚至試圖使用 Jenkins 希望把 CI 流程給建立起來，最後找了 GitLab Community 來進行 SDLC 的流程整合。

雖說這整件事情數年來都暫時停留在開發環境，並無助於開發人員交付到營運環境的那一連串紙本作業，但也解決了當下團隊所面臨到的痛點，而且也隨著不同時期的工具使用，讓團隊建立起相互信任與嘗試冒險的勇氣。

團隊具備了改變的條件，更有機會協同團隊將真理推向組織

組織的轉變，通常契機就這麼一瞬間，如果機會到來的那一天，沒有人或團隊準備足以說服當權者的知識或是實績時，整件事情最有可能就是走向外部顧問或是廠商協助。

即使遇到了最良善又專業的顧問，告訴了團隊正確的方向，也可能會因為組織內團隊知識的缺乏，無法面對上頭的質疑。即使是正確的報告，後續作為可能也會被解讀為完全不同方向的做法，最後又會無窮輪迴讓開發人員的流動率維持高檔。

因此，讓團隊維持著正向的開發能量，不要放過任何一絲機會，將軟體開發與價值交付的真理，從團隊推向組織，進而讓組織走向正確的那條道路吧！

閱讀指引

由於 DevOps 議題圍繞在開發與技術力，卻又無法僅侷限於純粹技術的議題，需要涵蓋大量的溝通場景與協作能力，你可以先看看場景中是不是似曾相識或常見於你的工作與協作日常：

- **第一章 – 單兵工程師在 Azure DevOps 中不可或缺的技術力**：不論你是個**開發新手或是老鳥**，每當要與其他工程師合作時，不免需要共同的平台或是溝通語言。如果你苦於尋求一個優秀軟體開發協作平台，第一章對於 Azure DevOps 這個平台的基礎知識，到實作一個最簡單的軟體開發生命週期範例，一定是你不可或缺必須取得的知識。

- **第二章 – 開發團隊在 Azure DevOps 平台中的協同開發、交付與溝通要點**：當身為**開發團隊組長**或是**意見領袖**的你，常為**開發團隊**在協調分工時，是不是常見有合併與交付摩擦？或是否常常苦於各式各樣交付痛點，卻又不知該如何協助團隊解決？第二章對於從開發高層、業務單位以及開發團隊的情境做了數項場景與溝通建議，在這些溝通過程所找出的痛點，藉由 Azure DevOps 各項功能進行討論與克服。這個章節絕對是開發領袖的你對於內外溝通與團隊協作的絕佳範本。

- **第三章 – 專案團隊的協作要點 - 實踐於 Azure DevOps 平台管理軟體專案與測試計畫**：當開發團隊協作再擴大後，就會關係到需求單位與測試團隊之間的需求分析與測試工作。身為**專案管理人員**的你，有沒有曾經苦於在專案起始時，從需求訪談與分析就開始苦於多個工具與檔案管理之間奔走？或是身為**測試人員**的你，永遠不知道該如何與開發團隊進行協作？ Azure DevOps 對於軟體開發生命週期的規劃與測試階段，有著強大的工具可以協助這兩個階段的任務。第三章刻畫了許多內容敘述該如何駕馭這項工具，有效的與專案團隊協作與管理各項議題，你絕對不可錯過。

目錄

CHAPTER 1

單兵工程師在 Azure DevOps 中不可或缺的技術力

2 CHAPTER
開發團隊在 Azure DevOps 平台中的協同開發、交付與溝通要點

3 CHAPTER 專案團隊的協作要點 - 實踐於 Azure DevOps 平台管理軟體專案與測試計畫

1

CHAPTER

單兵工程師在 Azure DevOps 中不可或缺的技術力

從哪裡開始？

每次主管在問我，今天有一個新人要了解甚麼是 DevOps，你要從哪裡開始教他？筆者從剛開始接觸這個議題時，嘗試過了許多種帶領的方式。不論是從軟體功能介紹起，還是直接協助工程師，將已在維運中系統的程式碼整理上傳至平台後，以實際個案的方式讓他們逐漸上手。最終還是認為要從軟體開發生命週期作為一個大框架，這樣最令開發人員印象深刻。

因此第一個章節著重在個人對於 Azure DevOps Service 平台的認識，進而利用平台中的各個功能完成一個最簡單的軟體開發生命週期的部署。

技術需求？

軟體開發到最後的部署，會因為技術選型、環境、平台的不同，因此有千百種可能性存在。這本書則著重在利用 Azure DevOps Service 作為平台，將開發人員所交付出的程式，做到持續整合與持續部署的成果。

書本中的範例會著重使用 Microsoft ASP.NET Core 為主，最終部署到的標的會以 Azure APP Service 以及 Vitural Machine Windows server 為部署標的，而且會使用 Visual Studio Code 為開發工具。

如果讀者所擅長的語言、工具等與這本書示範的不同，那也無妨，因為不論是哪一種語言或是技術，軟體開發生命週期依然是大同小異。

1-1 Azure DevOps 入門

1-1-1 世界上的 DevOps 平台趨勢

Azure DevOps Service 是微軟所提供出來一個 DevOps 平台，從 DevOps 這個名詞到現在，已經有約 15 個年頭了，但其實在約莫 2022 年以前，網路上在提及 DevOps 時大多都還是如何透過一大堆開源或商用軟體組合起來的文章，來做到專案管理、持續整合與持續交付的目的，最老牌的就是透過 Jenkins 為基礎來延伸。

當然當時也有一些主流完整解決方案，包含了 Gitlab、Github、Atlassian 上著名的 Jira+Bamboo+BitBucket 以及開源社群中較不流行的 Azure DevOps Service。當時 Gartner 稱這些平台為價值鏈交付平台（Value Stream Delivery Platforms）。

到了 2023 年 6 月左右，Gartner 將價值鏈交付平台一舉改名為 DevOps 平台，並提出了該產品在業界中的領導者，其中著名的 GitLab、Microsoft 以及 Atlassian 都在領導者的地位。

圖 1-1-1　Gartner Magic Quadrant for DevOps Platforms 2023

Gartner 對於 DevOps 平台有著以下的主要功能定義：

- **持續整合**：平台支援持續編譯程式碼、可協調驗證與確認各項目（如自動化測試、安全性以及合規性掃描）。
- **持續交付以及協調部署**：低門檻的交付部署以及具備核准機制的發布方式（如滿足監管要求等）。

- **可視化的單一整合平台**：用於安全開發、團隊協作以及開發工作流，可提供多個使用者角色共同作業。
- **可進行價值流分析**：用以衡量整個軟體交付中的工作流以及價值流（如著名的 DORA 指標）。
- **安全軟體交付**：支援協調安全軟體開發，將軟體安全開發可融入到整個 SDLC 的其中一個組成。

參考資訊↘

https://www.gartner.com/reviews/market/devops-platforms

上述僅是對 Gartner 中所提及的主要功能做一個簡單的整理，其實該篇文章還有次要建議功能，市場上也有許多的產品涵蓋了不同面向。本書主軸就會圍繞在 Azure DevOps Service 平台，這個平台幾乎涵蓋了上面所有主要面向。我們將藉著探索在這個平台的協作，進而了解這個平台所涵蓋的全方位解決方案，是可以如何協助我們進行軟體開發專案的進行。

DevOps 一詞源自於 2009 年 O'Reilly Velocity 大會，John Allspaw 以及 Paul Hammond 主持了一場 **10+ Deploys per Day：Dev and Ops Cooperation at Flickr** 轟動全場，要知道在當年可以一天部署超過十次是多麼不可能的任務。

而這場會議也鼓勵到比利時的 Patrick Debois，進而造就了世界第一個 DevOpsDays 在比利時根特城舉辦。而當時最流行的社交軟體 Twitter 公開發文有 140 字元的限制，因此他們拿掉了後面的 Days 採用 #DevOps 在 Twitter 上繼續討論，才開始有了 DevOps 一詞的出現。

1-1-2 Azure DevOps 入門

一、Azure DevOps Service v.s Azure DevOps Server

不管是 GitLab、Atlassian 或是 Azure DevoOps，都有提供非雲端版本（on premise）版本，Azure DevOps 則是以 Service and Server 作為雲端與地端版本的區別。

相較於雲端版本，地端版本需要自己維護 Microsoft SQL Server（Standard or Enterprise），並且根據使用者人數建議以下硬體：

針對超過 500 位使用者的小組，請考慮下列設定：

- 具有一個雙核心處理器、8 GB 記憶體和快速硬碟的應用程式層。
- 具有一個四核心處理器、16 GB 記憶體和高效能記憶體的數據層，例如 SSD。

針對超過 2,000 位使用者的小組，請考慮下列設定：

- 應用層，具有一個四核心處理器、16 GB 或更多記憶體，以及快速硬碟。
- 具有兩個或多個四核心處理器、16 GB 或更多記憶體，以及進階高效能記憶體的數據層，例如 SSD 或高效能 SAN。

> **資料來源 ↘**
> https://learn.microsoft.com/zh-tw/azure/devops/server/requirements?view=azure-devops-2022

Azure DevoOps Server 也支援與 AD 整合，並允許使用 Windows 整合式驗證，因此如果說企業內部對於軟體開發相關的知識與程式碼，有著絕對不可以外洩的天條，那當然可以考慮地端的方案。

但相較於 SaaS 服務的 Azure DevOps Service 來說，地端的缺點其實不少，簡單列舉一些如下：

- 需自行維護主機與作業系統，維護成本高。
- 需定期仰賴維運人員追蹤 Azure DevOps Server 官方發布之更新，如果需要達到高 SLA，那就需要在主機與網路層的服務設計較佳的架構，並根據架構進行循序的更新。
- SQL Server 同樣也有更新與維護成本。
- SQL Server 與 Windows Server 皆需要購買授權，且要價都不菲。

因此，基於開發人員還是應該要認真的寫程式，不應該去處理一些不擅長的事情（例如一直要跟進更新與計算購買 SQL Server 以及 Windows 的授權費用），還是建議直接使用雲端版本為佳，本書也是以雲端版本作為主要範例。

雲端版本有幾個是無可替代的優點如下：

- 可體驗最新發布的功能，這是 SaaS 軟體最大的特點。
- 可使用 Microsoft Hosted Pipeline，如果使用雲端版本，就可以不用自行維護編譯主機，微軟在雲端建立了許多種 images，讓 Pipeline 呼叫使用，一般我們都會用來做 Application Build 等動作。如果使用地端版本，那編譯主機就只能自行建置以及維護，所以雲端版本這項服務就大大加分。
- 可根據專案需求開啟 Advenced Security，這樣可以在軟體開發生命週期中，新增資訊安全掃描的元素進入。

TIPS

即使 Azure DevOps Service 的服務 SLA 高達 99.9%，但那也表示一年大概有 8.76 的小時可能會無法服務。因此在考量將軟體開發生命週期都移轉至平台時，同樣也要考量如果在平台在無法服務的狀態時，該如何讓維運可以持續進行。

參考資料↘

https://learn.microsoft.com/zh-tw/azure/devops/organizations/security/data-protection?view=azure-devops

二、從一個 Microsoft Account 開始，到建立一個組織

要使用 Azure DevOps 之前，首要任務就是要先取得 Microsoft Account，可以先從下方連結連到 Azure DevOps Portal。

資料來源↘

https://aex.dev.azure.com/me?mkt=zh-TW

接下來會看到圖 1-1-2 的畫面：

圖 1-1-2　Microsoft Account 登入畫面

讀者可以選擇從頭建立一個 @outlook.com 或 hotmail.com 的 email 信箱，也可以用既有的任何信箱，只要可以收的到郵件來進行註冊的動作，當然下面也有使用 GitHub 可以做為登入的選項。從小就有玩 MSN 的筆者，就一直都是使用 @hotmail 的信箱進行登入，在這邊就不特別進行註冊的教學，直接進入到 Azure DevOps 的 Portal。

圖 1-1-3　Azure DevOps Portal 登入畫面

當登入後，首先會看到登入畫面如圖 1-1-3，左邊區塊會先顯示個人資訊，在 Microsoft Account 下方有一個下拉式選單，如果登入身分同時被加入很多個組織，那就可以在這入口處切換組織。

右邊正中間則是這次的目標，建立一個組織，好讓我們初步探索 Azure DevOps Service 強大的威力。建立一個新的組織吧！

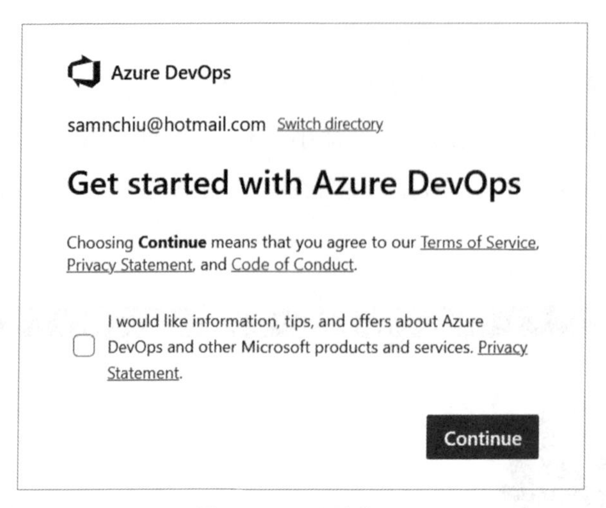

圖 1-1-4　服務條款

圖 1-1-5　為新的組織命名

這邊會請你為新組織命名，該名稱就會在全球網域 **https://dev.azure.com/[organization name]** 啟用，系統預設會協助建立一個尾碼帶數字的唯一可用名稱，也可以自己取一個喜歡的名稱。

另外，也要為新的組織選擇一個所在地，一般會選擇離自己所在最近的區域，這樣延遲才不會過高而導致體驗較差。

再來，就讓我們按下 **Continue** 來建立一個新的 Azure DevOps Service Organization。

TIPS 雖說離台灣最近的 Azure DevOps Service Region 是 Asia Pacific，位置在香港，體驗會最佳（大概在 60~70ms 以下）。但實務上由於 Azure DevOps Service 並不像是要服務客戶的商務網站，體驗感不需要如此快速。加上金融業主管機關因素考量，因此還是選擇了位於美國的 Region（約 160~170ms 以下）。讀者可根據所在位置，或是可考量未來組織會使用的資料中心或辦公室所在位置，來決定要使用的服務座落何處。

三、建立你第一個新專案

當組織建立完成之後，會得到一個全新的 Azure DevOps Service Organization，而你就是這個 Organization 的 Administrator。在 Organization 底下可以管理成員，並授權在多個專案貢獻成果，因此下一步就是建立一個全新的專案，好讓我們探索 Azure DevOps Service。

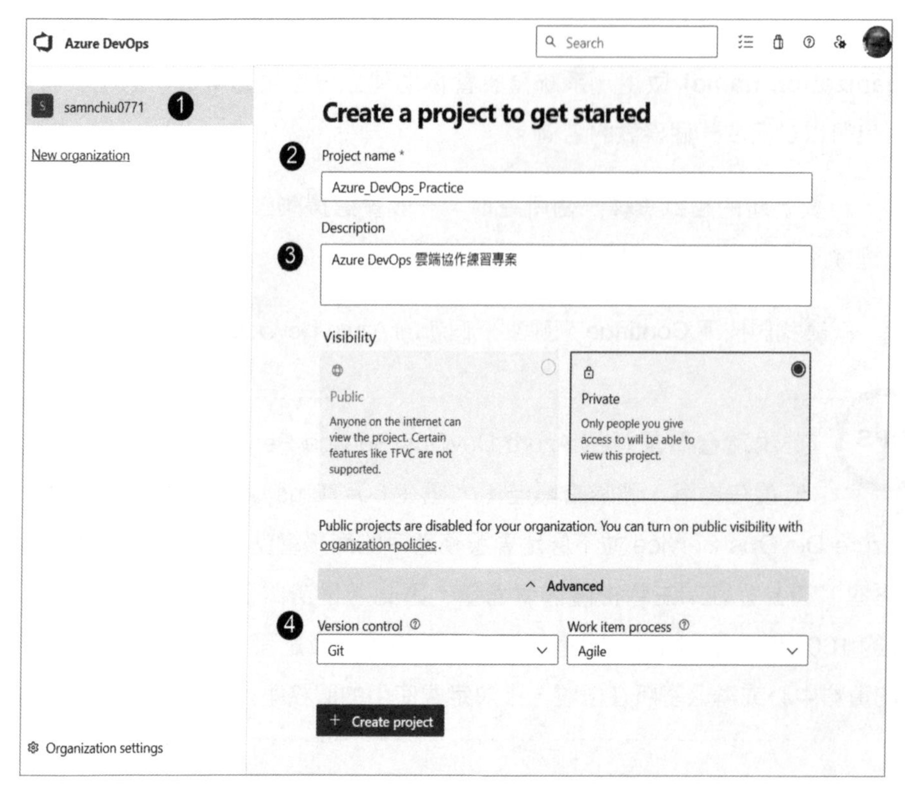

圖 1-1-6　組織建立完成，來建立專案

建立專案的畫面大致上如圖 1-1-6，有一些編號的部分簡單說明。

1. **Organization**：這是這次建立起來的組織名稱，同樣的也可以根據需求建立多個 Organization，例如總公司下轄多個不同的子公司，或是同公司下有海內外事業體，都可以自由建立。

2. **Project name**：這其實是專案的 URL ID，在瀏覽器呈現方式會是 https://dev.azure.com/[organization name]/[project name]，因此建議不要有空白字元，用底線把單字之間隔開。

3. **Description**：專案的敘述，當專案數量多起來之後，在進到組織的主頁會非常的混亂，因此簡單的敘述是必要的。

4. **Version Control and Work Item Process**：版本控管方式有支援 Git 與 Team Fundation Version Control，選擇 Git。另外 Work Item Process 選擇 Agile，後面會有章節簡單說明其他的選項，以及如何利用 Agile 來進行專案控管。

按下 Create Project 的按鈕，建立第一個專案。

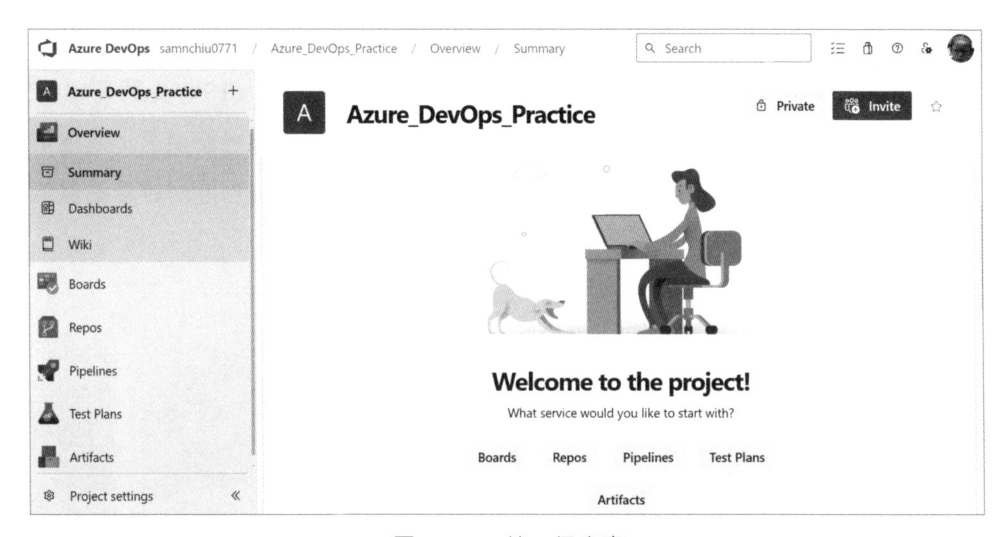

圖 1-1-7　第一個專案

萬歲，第一個專案被建立起來了！

1-1-3　Azure DevOps Service 各項功能介紹

Azure DevOps Service 是一個完整的軟體開發生命週期的解決方案，過去我們可能會先找一台機器，安裝 Git 供小組使用，使用 Gerrit 來做 Merge 的 Code Review，使用 Jenkins 來進行 CI/CD（Continuous Integration/Continuous Deployment），透過 Mantis 來做工作以及議題管理等等。維運這些軟體，就會面臨不斷的升級以及版本更新，其實頗煩人了。所以近年來完整解決方案就不斷出現在市面上，現在就簡單的介紹整個 Azure DevOps Service 的功能概觀。

一、計費模式

先來說價格，使用者授權分兩種，Basic 以及 Basic + Test Plans。如果是 Basic，每一位使用者一個月僅需要六美元（約台幣 200 以下），而且前五個使用者免費。如果說你的團隊並不大，那可能免費額度就夠用好一陣子。

Basic + Test Plans 可就不便宜了，會發現僅多了 Test Plans 一個功能，費用就直接爆升到 52 美元（1650 台幣左右），這表示微軟對於這個功能的收費就高達 46 美元每個月。但這個功能的確有其價值存在，特別是對於專案一路走來，需要對產品不斷進行測試的計畫擬訂與回歸測試時，就會發現到這個功能是維護品質的一項好工具。

圖 1-1-8　計費模式

二、Overview

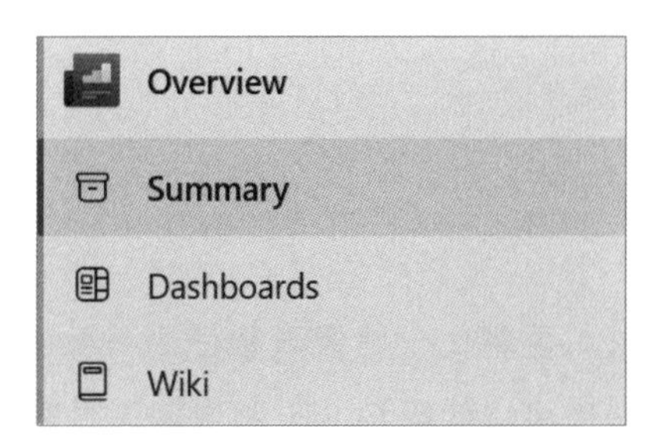

圖 1-1-9　Overview

❶ Summary

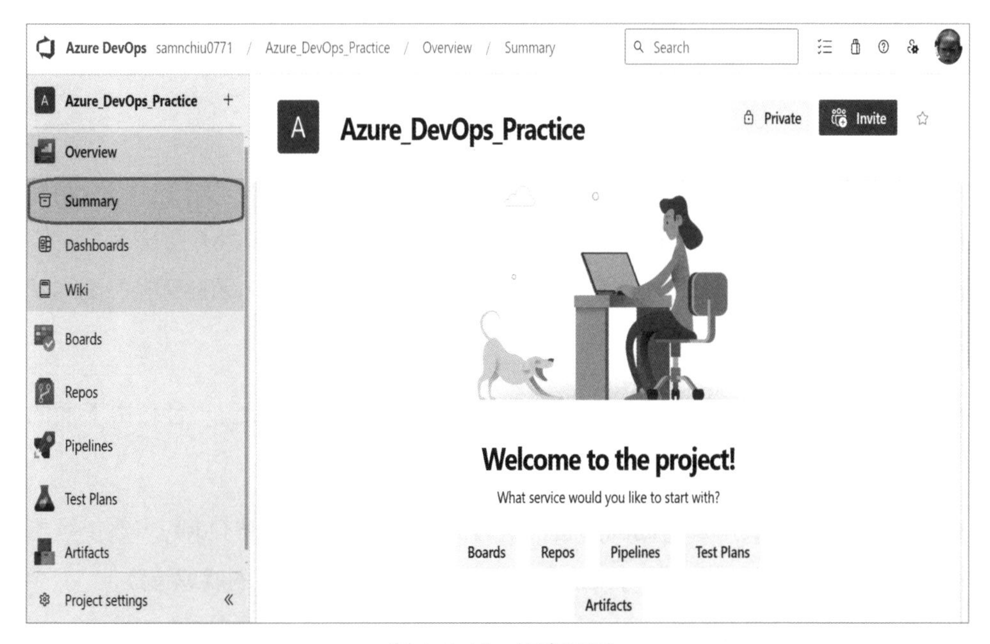

圖 1-1-10　專案首頁

這是進來的預設頁面，第一次進來的時候，會發現這個畫面並沒有很吸引人的資訊。但其實作為一個 Project 的第一印象，其實就跟門面一樣重要，因此這個首頁是可以被編輯的。但找來找去會發現，並沒有任何地方可以進行編輯的動作。

其實這是因為這個專案才剛被建立起來，首頁其實是使用 markdown 的格式進行自由自在的設計，但目前沒有任何資料在 Repo 中，當第一個 Repo 被建立起來之後，就可以進行選擇了。

❷ DashBoards

這裡可以根據自己的需求，客製化一些儀表板使用。Azure DevOps Service 預設了非常多個 Widget，同樣也可以使用 Query 將專案內需要的資訊放上來。

Azure DevOps Service 全方面支援敏捷式開發，因此有許多的 Widget 都跟敏捷開發有關，例如著名的燃盡圖（Burndown）、前置時間（Lead Time）與週期時間（Cycle time）的視覺化圖表以及衝刺燃盡圖（Sprint Burndown）。另外也可以把建置歷史（Build History）或是一些工作項目指派，根據團隊需求放在這個地方。

❸ Wiki

知識庫，這個功能在實務上非常的實用，這是一個使用 Markdown 語法來呈現知識的一個 Git Repo，由於可以跟 Boards 進行各式各樣的搭配，因此筆者的團隊就會常常拿來做以下事項，如：

- **會議記錄**：在專案會議中，將相關的會議記錄作為知識保留，且藉由下面的 comment 來進行該篇會議記錄的討論。
- **專案管理討論頁**：筆者的團隊會把所有的 Issue 製作成一個 Query，然後專門成立一 QA 頁面，在每次專案進行一開始，就進行各 Issue 的狀態追蹤。
- **系統架構與資訊**：將使用者可以驗證的測試環境連結、主機 IP 以及相關其它外部節點如 AD 或資料庫等資訊登載在上面，以便主要經辦休假時，代理人可較容易找到相關資訊。

- **更版或部署資訊**：筆者的團隊會將該系統需要更版的步驟做成文件，以供撰寫 Pipeline Yaml 的開發人員參考後，建立相關自動化流水線。
- **新的架構或流程設計**：筆者常常需要思考可能要做的新流程，通常會透過 wiki 先做出一頁完整資訊來，再來進行討論。
- **各式專案或系統文件**：這是筆者的團隊與外包商最喜歡的使用方式，未來相關專案皆不產出 word 檔案，都以 wiki 的形式進行交付。

三、Boards

圖 1-1-11　Boards

這裡是專案管理的大本營，Azure DevOps Service 支援了四種主流的 Work Item Process，分別是：Basic（基本）、Agile（敏捷式）、Scrum 以及 CMMI。如果是一個維運類型的專案，已經不涉及系統分析及需求訪談的工作，那建議使用最簡單的模型，也就是 **Basic** 類型。本書因涉及公司內皆有新類型專案的推動，因此主要使用 **Agile** 為主。

> **TIPS** 如果組織內有自己的工作項目需求，可以在 Organization Settings -> Process 中，挑選一種希望可以繼承的工作流，這樣就可以客製化自己需求的工作項目了。

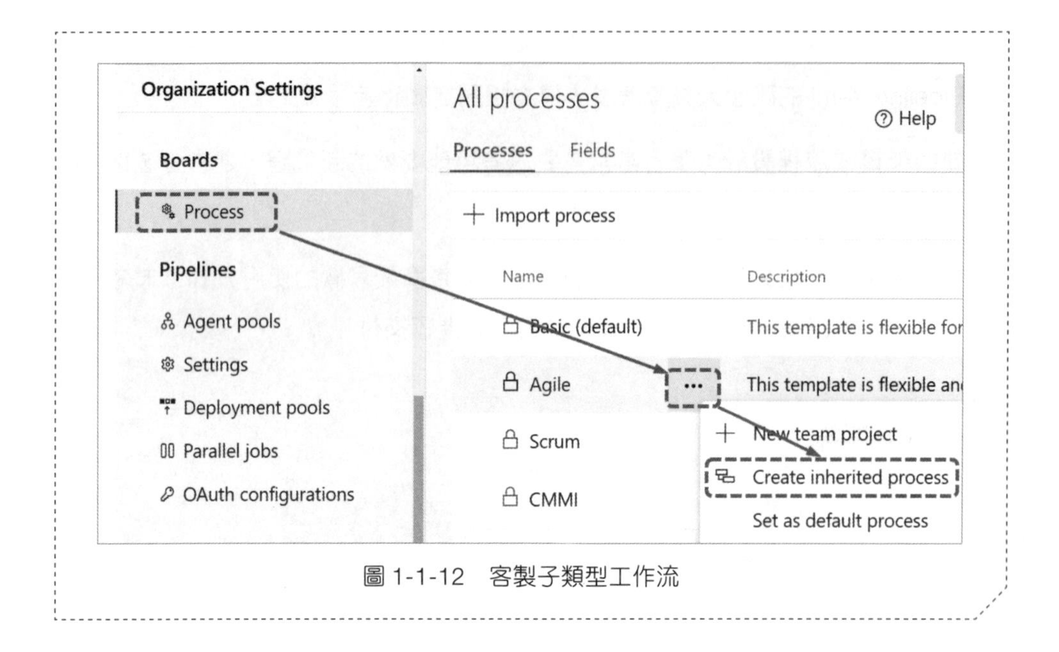

圖 1-1-12　客製子類型工作流

選擇了不同的類型，在 Boards 中所看到的 work items 就會不同，例如圖 1-1-13 就是 Agile 的工作項目：

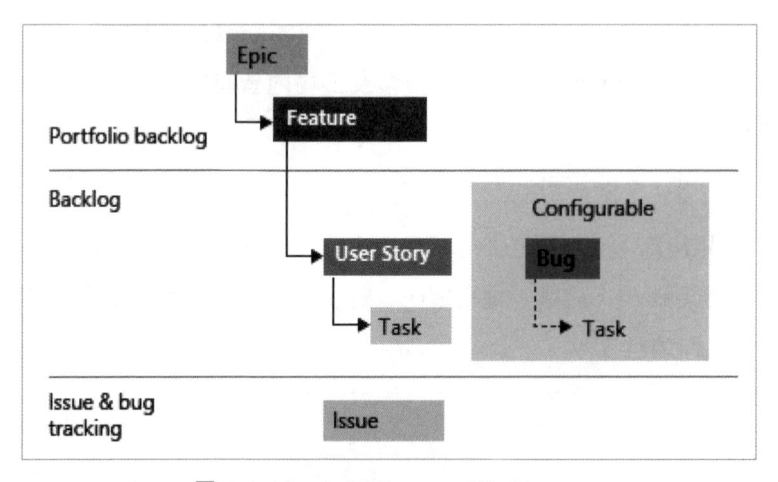

圖 1-1-13　Agile Process Workitems

在筆者的經驗中，即使公司並不是一個敏捷式組織，也沒有 Sprint（衝刺）的時間盒子觀念。但 Agile 的工作項目切分涉及到了功能定義、需求訪談以及程式開發工作分配，所以在專案的系統分析訪談以及程式開發的工作非常適用。因此在筆者的公司內只要是新類型的專案，都使用 Agile 的工作流來進行溝通與開發事項。

四、Repos

圖 1-1-14　Repos

Azure Repos 其實就是用來存放程式碼的地方，支援兩種類型的版本控管方式，包含了 **Git** 以及 **TFVC**。

Azure DevOps Server 其實前身是 Microsoft Team Fundation Server 這個產品，是到了 2018 年 9 月 10 日，微軟決定要將產品重新定義，將 Visual Studio Team Service 與 Microsoft Team Fundation Server 整併，變成了 Azure DevOps Service /Server。

在 Microsoft Team Fundation Server 的年代，其實並不是使用 Git 作為版本控管技術，而是使用 Team Fundation Version Control（TFVC）來進行版本控管。不同於 Git 是一種分散式版本控管技術，TFVC 則是集中式的版本控管方式。

❶ TFVC

其實 TFVC 跟兩千年初左右的流行的 Subversion 很類似，是屬於集中式版本控管方式，因此在每位開發人員的個人電腦中，所有的程式碼檔案只會有取出當下的版本，版本變更歷程記錄資料只會在版本控管伺服器中。

如果原本在讀者的團隊，就已經使用原生的 Team Fundation Server 在做版本控管，那也可以延續原有的協作與管理方式，將地端的程式碼遷徙到雲端控管與協作。

❷ Git

Git 相對於 TFVC，每一位開發人員電腦中，基本上都有一份完整的程式碼變更軌跡，包含了所有分支跟歷程記錄。

開發人員通常根據工作的指派，建立一個私人本機分支來進行開發工作，直到告了一個段落後，開發人員會發動合併分支到團隊協議好的主要分支中。

在 Azure Repos 中，幾乎所有功能都圍繞在 Git 這種版本控管類型，例如可以在平台中直接作到：

- 檢閱、下載和編輯檔案，並檢閱檔案的變更歷程記錄。
- 檢閱和管理推送許可。
- 檢閱、建立、核准、註解和完成拉取要求（Pull Request）。
- 新增和管理 Git 標籤。

> **TIPS** 拉取要求（Pull Request）在 Azure Repos 中，是品質管理很重要的部分，因為開發人員寫完程式要交付時，就會依照團隊協議，在提取要求（Pull Request）時進行程式的審查以及討論，也透過了線上的審查，來同步開發團隊對於交付程式內容的認知。

五、Pipelines

圖 1-1-15　Azure Pipelines

Azure Pipelines 可以提供各式各樣自動化流水線的建置，目的都是為了軟體可以快速又可靠的被交付。一般會使用 Azure Pipeline 來自動化進行 Build、Test 以及 Release 的動作。可以搭配 Git 的分支管理，根據團隊或是組織的需求，來進行自動化流水線的執行。

我們很常聽到持續整合（Continuous Integration）與持續部署（Continuous Deployment）的名詞與 DevOps 會放在一起討論，Azure Pipelines 就是用來實踐 CI/CD 的功能。通常會用來作：

- **自動編譯：**將開發人員寫好的程式，在併入主分支之前確保可以自動編譯成功。
- **Unit Test：**在程式編譯的過程中，進行自動化的單位測試，以確保交付的品質可以通過檢核。
- **自動部署：**自動部署又會涉及到環境，因此子項目又會包含以下場景：
  - 設定測試或是正式環境的各個管線腳本。
  - 根據管線腳本條件部署到各自環境。
  - 可以根據需求，在各環境設定核准者，也能夠設定是要在部署前或部署後做核准確認。
  - 自動化或手動執行額外需要的自動化流程。
  - 追蹤每次的發布所對應的程式碼版本。

在筆者的經驗中，持續整合（Continuous Integration）非常適合使用 Microsoft-hosted agents 來進行。這是微軟維護了數個不同的 images，提供 Azure Pipelines 可以調用來進行自動化作業的環境，而且在作業完成後就會刪除環境，十分安全。

微軟所維護的 images 涵蓋到各種不同的作業系統，截至 2024/4，微軟提供了 Windows、Ubuntu 以及 macOS 的各個版本，因此不論是微軟、Java 或是蘋果陣營的程式語言，都可以透過 Microsoft-hosted agents 來進行持續整合的動作。

軟體

Azure Pipelines 代理程式集區提供數個虛擬機映射可供選擇，每個映像都包含各種工具和軟體。

映像	傳統編輯器代理程序規格	YAML VM 映像標籤	包含的軟體
Windows Server 2022 與 Visual Studio 2022	*windows-2022*	`windows-latest` 或 `windows-2022`	連結
Windows Server 2019 搭配 Visual Studio 2019	*windows-2019*	`windows-2019`	連結
Ubuntu 24.04	*ubuntu-24.04*	`ubuntu-24.04`	連結
Ubuntu 22.04	*ubuntu-22.04*	`ubuntu-latest` 或 `ubuntu-22.04`	連結
Ubuntu 20.04	*ubuntu-20.04*	`ubuntu-20.04`	連結
macOS 14 Sonoma	*macOS-14*	`macOS-latest` 或 `macOS-14`	連結
macOS 13 Ventura	*macOS-13*	`macOS-13`	連結

圖 1-1-16　Azure PiPeline 代理程式集區清單

TIPS

如果使用 Azure DevOps Server，就無法使用 Microsoft Hosted agents，需要自行維護持續整合的環境。那就變成要自己維護一個作業系統，然後根據持續整合的需求，將五花八門不同的軟體安裝進去，並要根據軟體支援週期不斷的去維護，十分辛苦。

但如果是使用 Microsoft Hosted agents，微軟在 image 中裝了各式各樣的軟體，而且會隨時隨地更新 image，因此維護這件事情就不需要我們去考量。

> **參考資料↘**
>
> Windows 2022 裝載軟體資料清單：
>
> https://github.com/actions/runner-images/blob/main/images/windows/Windows2022-Readme.md

六、Test Plans

圖 1-1-17　Test Plans

這是唯一一個如果要完整使用，要價不斐的一個功能。如同前面所說的，一個月要價 46 美元。不過它的確也提供了非常強大的功能，相對也非常的複雜，簡單列點敘述如下：

- 建立與維護測試計畫、測試套件以及測試案例。
- 可以建立以需求（User Story）為基礎的測試套件，並可以紀錄（錄影或自動截圖）測試過程中所有測試的軌跡，且可以在提出 Issue 或 Bug 時，根據紀錄讓工程師完整的了解問題發生的過程。
- 可以根據需求，在同一份測試套件的腳本中，可重複建立不同平台測試點（如 Edge、Firefox 或 Chrome）。
- 可以在任何平台上以瀏覽器為基礎的測試執行。
- 追蹤測試活動的即時圖表。

那由於平台的 Boards 完全支援敏捷式開發方式，所以在 Test Plans 中也支援迭代的概念，可以根據各迭代的產出，來擬訂下一迭代應該要測試的方向，包含了新功能的驗證或是過往可能被影響到的回歸性測試。

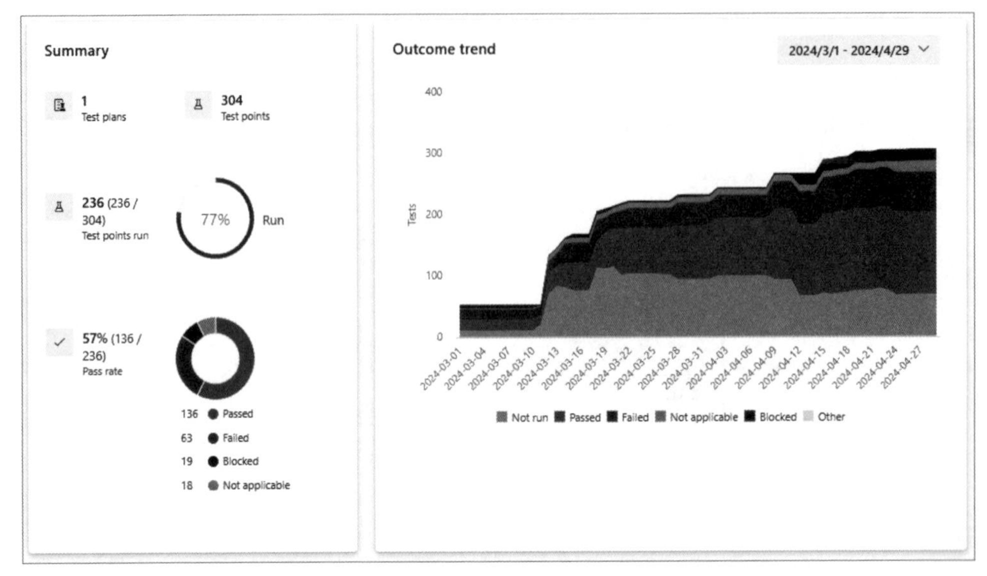

圖 1-1-18　Test Plans Progress Report

七、Artifacts

圖 1-1-19　Artifacts

這個功能可以協助專案在建置的過程中，透過代理機制，去把所有相依的套件存在 Artifacts 中。這樣作的目的是，如果未來哪一天，原本上游的套件在網際網路中因故消失（諸多原因都有可能，例如因安全性因素而被下架，或來原站台受到資訊安全攻擊）而無法編譯，勢必會造成專案的困擾。

因此在持續整合的階段，透過這個功能代理將相依性套件整合到專案中，可以避免上述事情的發生。

另外，也可以透過這種代理機制，清點出專案中所相依的 SBOM（Software Bill of Materials），如果未來組織有相依性套件的資訊安全通報，就可以在這個功能中檢視並擬訂下一步。

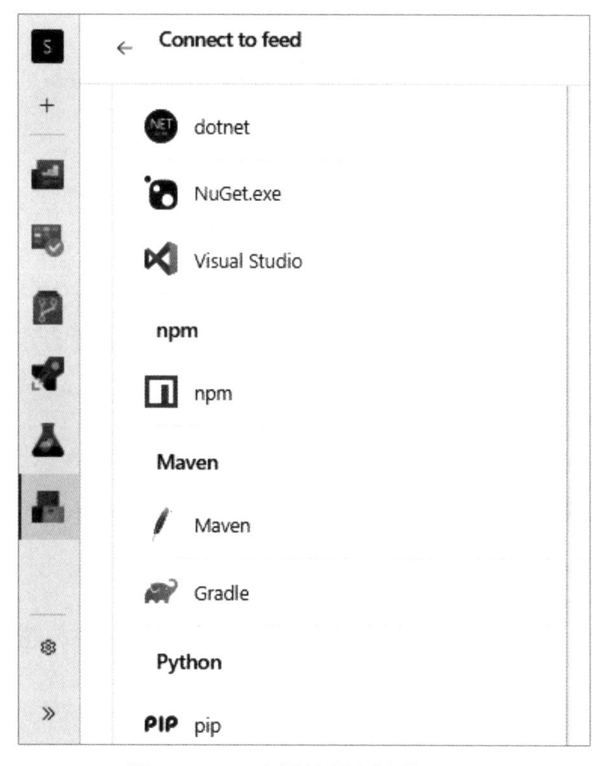

圖 1-1-20　支援數種主流的 Feed

小結

這個章節簡單的介紹了世界主流的 DevOps 產品的發展，也將 Azure DevOps Service 的功能及費用大致進行了一些介紹。對於希望進入 DevOps 平台的開發人員，Azure DevOps Service 是一個價格實惠且功能強大的好選擇。接下來的章節將帶讀者進入實作的階段，體驗在 Azure DevOps Service 進行端到端的軟體開發交付流程。

1-2 從程式碼開始 Azure Repos

圖 1-2-1　Azure Repos

接下來三個小章節，會著重在如果讀者是一個單一專案開發人員的前提，獨自完成開發一個站台的持續整合與持續部署的腳本與設定。筆者的公司是金融公司，我們沒有 RD 這個職務，在公司內都稱我們這些開發人員為 AP，其實就是包含了開發加上維運的工作。

既然要包含了維運，那在所有開發的過程中，最基本的就是程式碼。另外還需要能夠將寫好的程式碼，部署到對應的環境去。

前一章節有講到，Azure DevOps Service 是一個包含了完整軟體開發生命週期的平台，因此透過接下來的三個章節，來完成最基本的 CI/CD。

本書在範例中會利用到一些工具以及服務，列舉如下：

- **Azure DevOps Service（https://dev.azure.com/）**：這是本書主軸，前一章節應該已經申請好了。
- **持續部署的環境（可選）**：
  - **Azure Portal**（https://portal.azure.com/）：我們要利用 Azure Portal 的 PaaS 服務，APP Service 作為持續部署的標的。
  - **Windows Server**：如果環境中比較習慣使用實體機，也可以利用 Windows Server 作為持續部署的標的。

- 工具：
  - **Git**：本書將以 Git 版本控管為主軸，因此一定需要安裝 Git 作為版本控管工具。
  - **Visual Studio Code**：地表上最受歡迎的免費原始碼編輯器，本書將會利用這個編輯器來進行開發人員的開發示範，這裡也有一些筆者推薦的延伸套件可以參考：
    - **GitGraph（可選）**：筆者的團隊希望盡量讓開發人員就在 VS Code 進行開發、編譯以及交付的動作。因此使用在 VS Code 中頗受歡迎的 GitGraph 延伸套件，如果讀者有自己偏好的版本控管工具，如在 Windows 中俗稱小烏龜的 TortoiseGit，也可以完成任務。
    - **Azure Pipeline（可選）**：這個延伸套件可以協助在開發 Pipeline 的 yaml 時，預先檢查 yaml 檔案是否符合規格。

每當筆者要帶一位同事進入 Azure DevOps Service 開始使用時，都推薦要從手上現有的軟體專案程式碼匯入開始，因為程式碼就代表著服務客戶或是使用者的系統，是開發人員心血的結晶，也是用來服務使用者的所有邏輯與流程。因此如果身為一位新進同仁，或是既有系統被上級交辦要交接過來時，可能沒有系統分析文件，沒有架構圖，沒有資料字典，但不太可能沒有版本控管紀錄與程式碼才對。

最悲慘不過就是會得到一個 zip 檔案，然後裡面有用日期命名的資料夾，但至少還是會有程式碼。

請先點擊左方 Repos，當第一次進入 Azure DevOps 的 Repos 的時候，大概會得到圖 1-2-2 這個畫面：

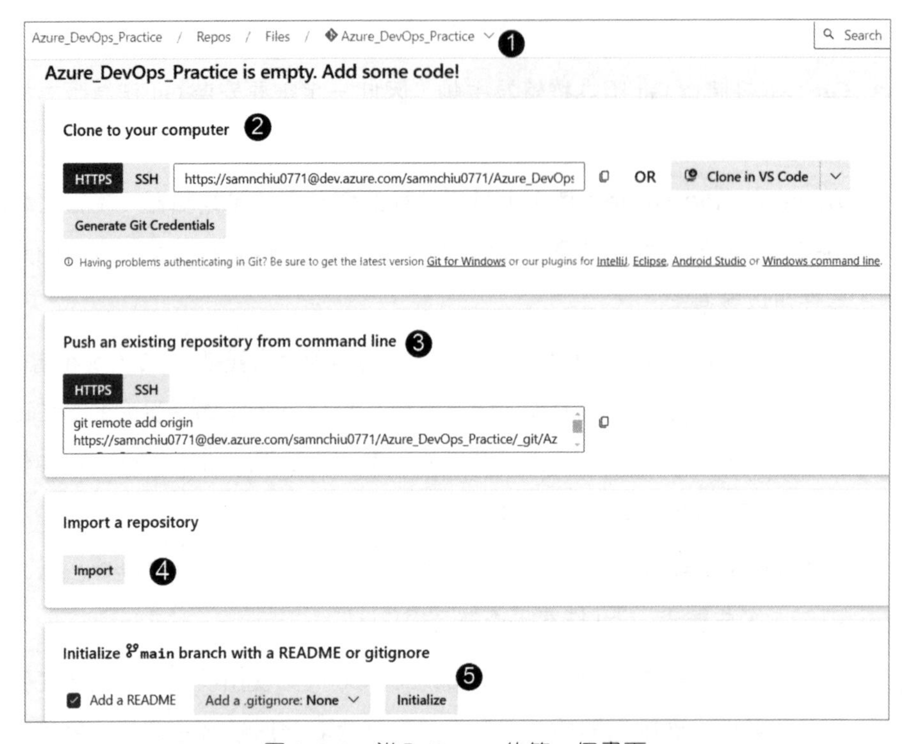

圖 1-2-2　進入 Repos 的第一個畫面

下面來說明每個區塊大概的意思：

1. **預設的 Repo**：當建立一個新的專案的時候，Project 都會預設建立一個與專案名稱一樣的 Repo，在這裡示範專案名稱是 **[Azure_DevPos_Pratice]**，當然裡面會是空的。

2. **將這個 Repo 複製到你的電腦**：由於這裡使用的是 Visual Code，因此當按下這個按鈕時，會要求選擇一個本端電腦上的目錄，但複製下來還是空的。這等於是在本端電腦該目錄上，做了一個 Git Init，然後只待開始進行 Commit and Push，就會同步到 Azure Repos 中了。

3. **將一個本端現有的 git repo，推到這個 Azure Repos 中**：這在筆者團隊內部導入既有維運系統是最常使用的，因為每每詢問系統負責人，原本的 Git

commit 是不是要保留？即使整個 Git tree 亂七八糟的，基本上很少遇到有人豪氣地說：[我要從零開始，請基於最新版本幫建立一個全新的 Git]。因為即使 GitTree 再亂，那也是過去維運的所有辛酸血淚，所以實務上在導入公司內部時，大多維運系統都會選擇這一個項目。

4. **從網路匯入**：如果來源 repository 是位於一個 Internet 所及的位置，例如說一個 GitHub or Azure Repo，這個功能就可以輕易地將來源位置的 repository clone 到這個所在位置。

5. **在這裡直接 Init**：如果是一個全新的專案，從這裡初始化也是一個很好的選擇，如果前面的 Add a README 有被打勾，那初始化的時候就會在跟目錄新增一個 README.md 的範例檔案，這個範例檔可以提供給未來進入這個 Azure Repo 的同事看到一些基本的說明。同時在 Init 當下，也可以選擇是否要幫忙加入 .gitignore，有多種語言範例可以選擇。

1-2-1 讓我們將既有的 Git 推到我們新建立的 Azure Repos 中

一、取得 Sample Git Repo

本書範例專案連結 ↘

https://dev.azure.com/samnchiu0771/_git/Azure_DevOps_Sample_TemperatureConverter

先假設你從前輩手上得到一包程式碼。上面的連結提供了一個筆者預先使用 Azure DevOps 建立的 Open Source 的專案，利用 Repo 中的 Sample code 來作為我們接下來的範例進行。點擊後應該會看到圖 1-2-3 的畫面：

main / Type to find a file or folder

Files　Set up build　Clone

Contents　History

Name ↑	Last change	Commits
Controllers	4月24日	97620e0f 完成基本功能 sam.chiu
Models	4月24日	97620e0f 完成基本功能 sam.chiu
Properties	4月23日	c4659382 Init sam.chiu
Views	4月24日	97620e0f 完成基本功能 sam.chiu
wwwroot	4月23日	c4659382 Init sam.chiu
.gitignore	4月23日	c4659382 Init sam.chiu
appsettings.Development.json	4月23日	c4659382 Init sam.chiu
appsettings.json	4月23日	c4659382 Init sam.chiu

圖 1-2-3　範例專案的 Git Repo

接下來，點選右上角的 Clone，應該會看到如圖 1-2-4。讀者可以選擇使用 HTTPS 或是 SSH 的形式去將 Git Repo 給複製下來，或使用下面按鈕，選擇喜歡的 IDE 工具來將程式碼複製下來。

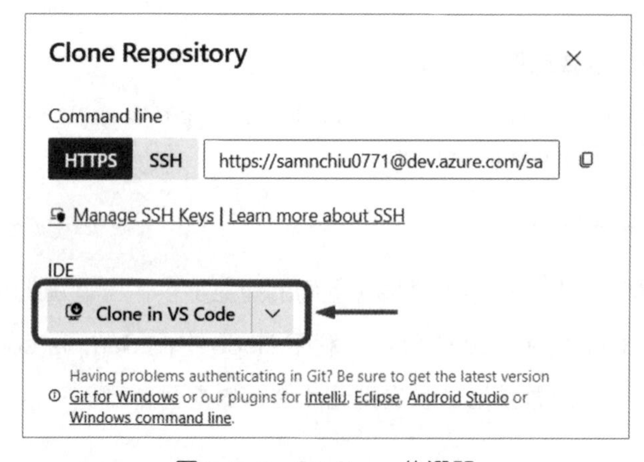

圖 1-2-4　Git Clone 的選單

這裡選擇 Clone in VS Code 來進行 Clone 的動作。

圖 1-2-5　使用 VS Code Clone

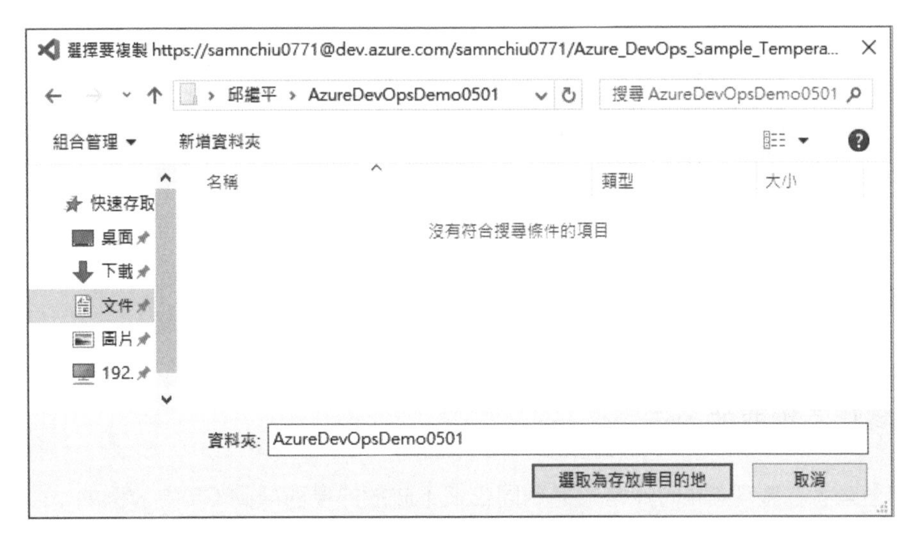

圖 1-2-6　選擇本機目錄

瀏覽器將會跳出圖 1-2-5 畫面，按下開啟 Visual Sdutio Code。並根據指示，選擇 Repo 要放置的位置（圖 1-2-6）。

圖 1-2-7　Clone 完成

完成，整個 Repo 已經被複製一份到本地了。

二、上傳前到你的新專案前，請先整理 Repo

❶ 移除不需要的內容物

實務上筆者在整理 Git 時，常常遇到同仁把不該放的東西放到 Git 中，例如：

- **/bin 或 /obj**：這些跟原始碼沒有直接關係，這是編譯過程中的產物，所以不需要被放入。
- **不恰當的 config**：特定環境如資料庫的 IP、帳號、密碼。
- **Nuget Packages**：這些是方案或是專案引用的 Nuget 套件，非常龐大。
- **Log 檔**：這真的很常見，會發現 git 裡面有過往 5 年開發歷程，結果原始碼檔案大小只有 Log 檔的一半以下。

- **.user 檔**：這是 Visual Studio 使用者設定檔，每個人不見得相同，也建議移除。

在 .NET 專案中，如果遇到不確定哪一些是不該放到專案 Git 中的，有一個最簡單的建議，那就是使用內建的指令產生建議的 gitignore 檔，執行結果可參考圖 1-2-8。

```
dotnet new gitignore
```

圖 1-2-8 gitignore

各專案可以根據專案的需求，將 gitignore 範本檔中的檔案做刪除或是新增。

> **TIPS** .gitignore 是一個 Git 控制文件，被放在 Git Repo 的根目錄下，用於指定哪些文件或目錄應該被 Git 忽略，不被包含在版本控制中。這對於避免將日誌文件（Log）、特定的設定資訊（如 IP、Port 或協定）或者機密資料（如帳號及密碼）等不應該被版本控制的文件，避免被添加到 Git Repo 中非常有用。

❷ 確定至少可以編譯或執行

在整理不需要的檔案後，再來要確定的是，**未來取得 Git Repo 的下一位開發者（可能是一個月之後公司電腦更換後的自己），該專案最少要可以被成功編譯**。以本書所提供的範例程式來看，是使用 .NET 6.0 撰寫的，.NET 支援多種編譯型語言，如 C#、VB.NET 和 F# 等，需要編譯後才可以被執行成功。

整理的最大原則就是，至少主要開發分支（例如 main）一定要可以被編譯成功，想像一下，當準備接手前輩的系統時，取得了一整包程式碼，卻發現它居然無法通過編譯，這時候一定會滿頭問號的問自己：**那現在 Server 上的那包產物跟這包 Repo 之間的關係到底是什麼？？？**

當然了，請盡力去證明這版最新的程式，跟營運環境那一版程式是一致的，這樣才可以確保不會在整理完的下一次程式異動時，發生一些不可挽回的事情。

山姆補充一下

筆者在內部整理的時候，由於各種程式語言特性的原因，常常會遇到除了非直譯式語言編譯不過，或是 .net framework 的程式碼被放在 IIS 站台中，卻發現裡面不論是 web.config 或是 .cs 檔案，跟版本控管系統並不一致的狀況發生。

通常這種狀況源自於透過以往過版方式過完後，臨時發現一些狀況需要修改伺服器上的程式碼，例如：急性 Bug 需要馬上緩解、無法於測試環境複現因此臨時插入除錯碼、環境參數需臨時新增。

這些都算是過去的技術債，所以如果讀者在公司內準備以 Azure DevOps Service 導入組織軟體開發生命週期時，切記這些狀況都非常不利於維運，要盡量降低正式環境的產物與 Azure Repos 中的不一致的狀況。

❸ 新增 README.md

這是推薦項目，在前面的範例程式中，應該會注意到有一個檔案叫做 README.md 在根目錄下，這個檔案扮演的角色是，讓下一位同仁（或是未來失憶的自己）在 Git Clone 前或後，都可以簡單地確定這個 Repo 的一些必須知道的項目。舉例來說，筆者的 README.md 預覽如圖 1-2-9。

溫度轉換示範專案

這是一個使用 .NET 6 撰寫的溫度轉換示範專案。

目錄結構說明

```
├─Azure_DevOps_Sample_TemperatureConverter (MVC 網站資料夾)
│   └─Models
│         ├─CelsiusToFahrenheitModel.cs (攝氏轉華氏的Method)
│         └─FahrenheitToCelsiusModel.cs (華氏轉攝氏的Method)
```

圖 1-2-9　README.md

這個 README.md 提供了下一位開發者最基本的資訊，例如專案本身使用的程式語言，資料夾結構的說明，Git Clone 的指令，要執行這個專案前的一些前置安裝 SDK 以及推薦使用的開發工具。最後還提供了編譯以及執行的指令，讓下一位開發者知道這一切要從哪裡開始。

各專案可以視個別需求，自由的建立屬於自己 Repo 的 README.md 檔案。大原則就是：**寫出你隔壁那位同仁看得懂的說明文件。**

三、將整理好的 Repo 推上去你的 Azure Repos

由於使用了 VS Code 來把示範範例的 Azure Repo 做了 Git Clone，因此 Git 中就會預設設定 Git Remote 的位置，在示範範例的 Azure Repo。因此，要重新設定 Git 到剛剛新開好的新專案中。首先先進行刪除遠端的動作，透過 VS Code 開啟終端機，然後執行下列指令：

```
git remote -v # 呈現現在的遠端列表
git remote remove origin # 將名為 origin 的遠端從本地移除參考
```

```
PS C:\Users\samnc\Downloads\Azure_DevOps_Practice\Azure_DevOps_Sample_Temper
atureConverter> git remote -v
origin  https://samnchiu0771@dev.azure.com/samnchiu0771/Azure_DevOps_Sample_
TemperatureConverter/_git/Azure_DevOps_Sample_TemperatureConverter (fetch)
origin  https://samnchiu0771@dev.azure.com/samnchiu0771/Azure_DevOps_Sample_
TemperatureConverter/_git/Azure_DevOps_Sample_TemperatureConverter (push)
PS C:\Users\samnc\Downloads\Azure_DevOps_Practice\Azure_DevOps_Sample_Temper
atureConverter> git remote remove origin
```

圖 1-2-10　移除遠端參考

接下來回到新建立的 Azure DevOps Service 的 Repos 中，將圖 1-2-11 的指令複製下來：

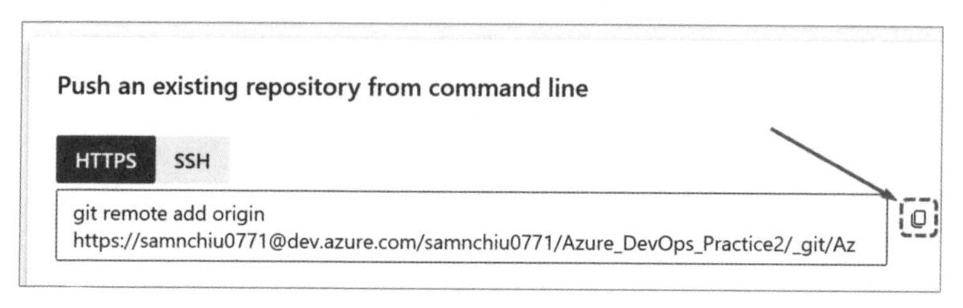

圖 1-2-11　複製自己新專案的 repo 位置

再來在 VS Code 中的終端機繼續執行複製下來的指令。

```
git remote add origin https://xxx@dev.azure.com/your_organization/
your_project/_git/your_repo
git push -u origin --all
```

```
atureConverter> git remote add origin https://samnchiu0771@dev.azure.com/sam
nchiu0771/Azure_DevOps_Practice2/_git/Azure_DevOps_Practice2
PS C:\Users\samnc\Downloads\Azure_DevOps_Practice\Azure_DevOps_Sample_Temper
atureConverter> git push -u origin --all
Enumerating objects: 160, done.
Counting objects: 100% (160/160), done.
Delta compression using up to 4 threads
Compressing objects: 100% (104/104), done.
Writing objects: 100% (160/160), 964.83 KiB | 11.91 MiB/s, done.
Total 160 (delta 63), reused 119 (delta 49), pack-reused 0
remote: Analyzing objects... (160/160) (671 ms)
remote: Storing packfile... done (123 ms)
remote: Storing index... done (32 ms)
To https://dev.azure.com/samnchiu0771/Azure_DevOps_Practice2/_git/Azure_DevO
ps_Practice2
 * [new branch]      main -> main
branch 'main' set up to track 'origin/main'.
```

圖 1-2-12　將 Git 推上剛建立的 Azure Repos

如此一來，已經完成了一系列的前置動作了，包含了取得前輩的程式碼，確認版本與營運環境一致，並經過整理，確保可進行編譯與執行，再來也新增了說明文件，確保同事可以理解這一包程式的基本資訊。

四、讓我們看一下 README.md 帶來的效果

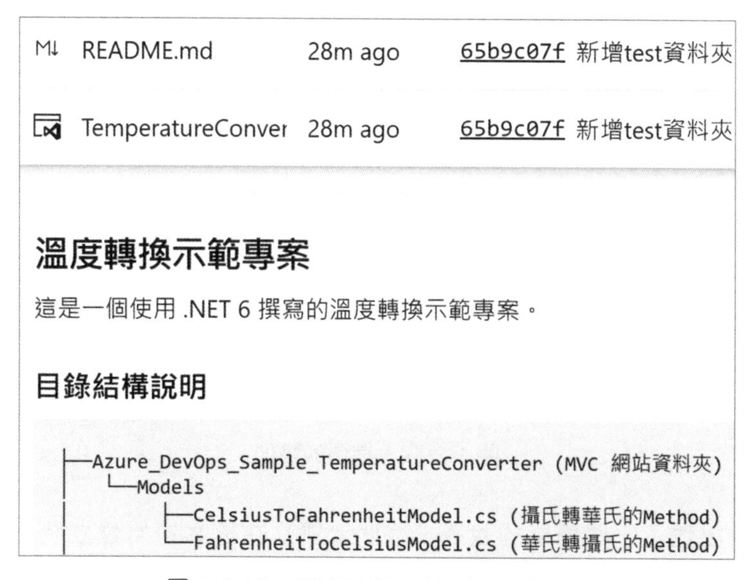

圖 1-2-13　README.md in Azure Repo

圖 1-2-13 中會發現到，除了本端的程式碼已經被完整的推到了新建立的 Azure Repos 中，同時在專案根目錄的 README.md 也被呈現在 Azure Repos 一進來的畫面下。對於下一個要進來協作的同仁來說，這個頁面就是一個最好的起點。

同樣的，如果回到專案的首頁，也會發現到在建立了第一個 Repo 後，首頁就會變得不同，開始有一些專案的資訊會出現，可以參考圖 1-2-14。

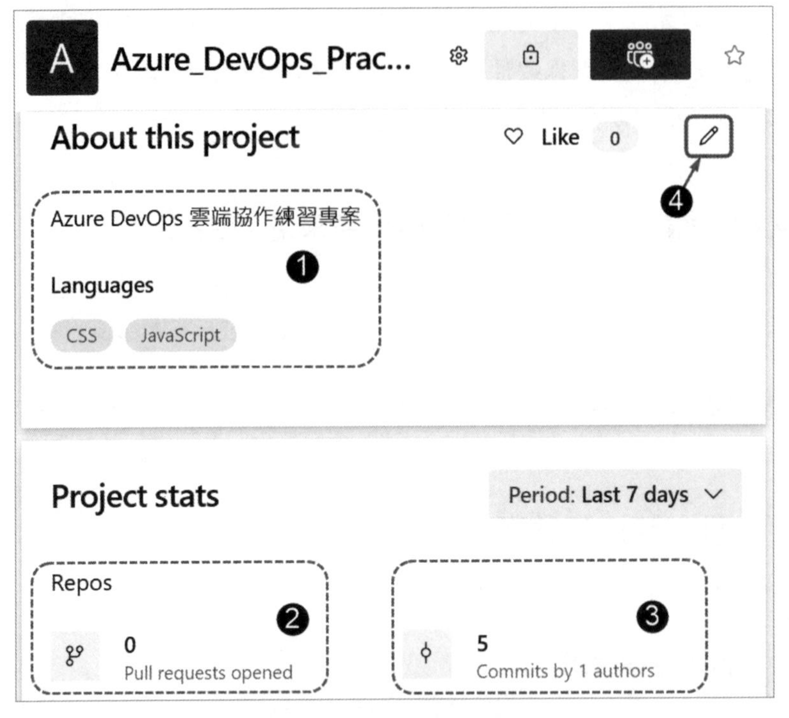

圖 1-2-14　首頁的變化

1. 會發現出現了一些簡單的敘述，這個敘述是在專案初始建立時，所鍵入的 Project Description。也根據 Repo 上傳的內容，簡單的歸納了這個專案可能使用的程式語言與組成。
2. 這裡則是呈現了過去七天內，並沒有任何拉取要求的發生，因為才剛建立起這專案。
3. 專案有 5 個 Git Commits。
4. 這個編輯的按鈕，則可以選擇希望客製化的首頁，點擊後畫面如圖 1-2-15。

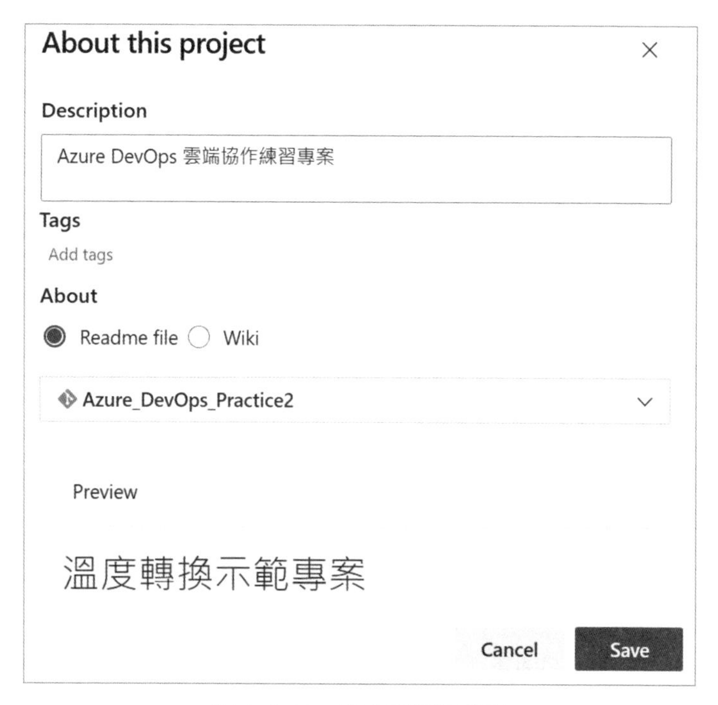

圖 1-2-15 自由選擇的首頁

讀者可以在這裡決定，是否要另外客製化的首頁，例如可以選擇剛建立的 Azure Repos 中的 Readme file，或是另外選擇 wiki 作為專案入口的門面。

到此，可以開始對匯入的專案進行開發作業了。

1-2-2 讓我們談一下 Git 及一些工具

圖 1-2-16 Git Icon

由於 Azure Repos 其他幾項相關的功能，其實全部都圍繞在 Git 這項版本控管技術，因此筆者先來談談公司內在教同仁 Git 操作時所遇到的一些實務狀況。

Git 這種分散式版本控管技術在主流世界流行了很久，其強大的分支特性讓它非常適合多人協作，甚至說是因為有這特性，才可以做到敏捷開發也不過份，在世界上各大專案中都證明了其不可取代性。

在筆者的公司，主要遵循的變更管理方式都是類似於早期的 Apache Subversion（SVN），因此大家在做版本變更管理的時候，都還會具備著過往需要鎖定開發（Checkout and Checkin）的概念。因此在內部推行使用 Git 的時候，由於分支觀念相對抽象，因此遇到不小的轉換門檻。

特別是一開始，如果僅有安裝 GitBash，在只有 Bash 的命令列的門檻下，那著實會扼殺不少想要從 SVN 觀念轉換到 Git 的同事。為了說明分支觀念，筆者最早期安裝了 TortoiseGit 來協助同事了解，到底甚麼是分支，又為何要做分支管理。

圖 1-2-17　TortoistGit Icon

TortoiseGit 是一個 Git 版本控制系統的使用者介面，它適用於 Windows 系統。TortoiseGit 的目標是提供一個簡單易用的介面，讓使用者可以更方便地使用 Git。

以下是 TortoiseGit 的一些主要特點：

1. **圖形化介面**：TortoiseGit 提供了一個圖形化的介面，讓使用者可以直觀地看到版本控制的狀態和歷史，並進行各種操作，如提交、拉取、推送、分支和合併等。
2. **整合到檔案總管**：TortoiseGit 直接整合到 Windows 的檔案總管中，可以直接在檔案總管中右鍵點擊來進行 Git 操作。

3. **支援多種 Git 功能**：TortoiseGit 支援 Git 的許多功能，包括分支和標籤管理、衝突解決、檔案比較和差異查看等。

4. **多語言支援**：TortoiseGit 支援多種語言，包括繁體中文（對於新使用者會很希望有中文，但筆者用久了後，反覺得中文翻譯很不習慣）。

TortoiseGit 是一個很棒的工具，特別同事剛轉換時很排斥下 Git Bash Command，透過這個工具來學習理解什麼是 Git，以及圖形化的 Git Branch 也相對容易上手。

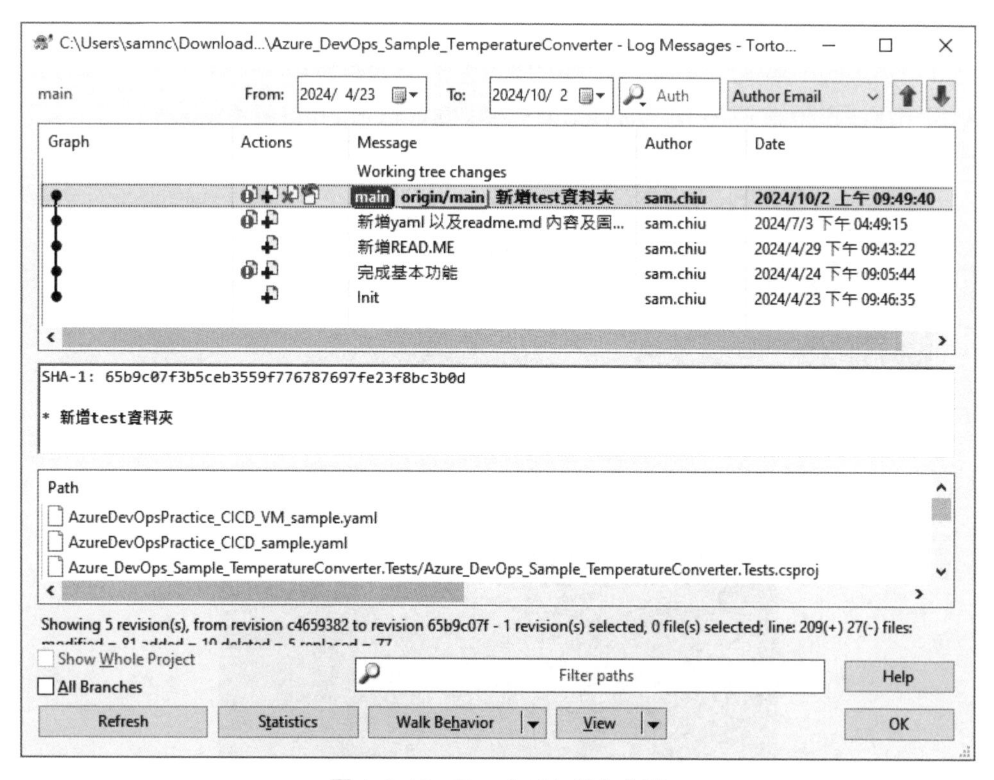

圖 1-2-18　TortoistGit 操作介面

一、Git Graph

後來因為大家比較習慣也了解 Git 了，開始沉浸在開發的快感中，逐漸的同事就越來越不想離開開發工具，轉而開始找尋開發工具整合的 Git 延伸套件。公司內有許多同仁都有申請購買 Visual Studio，這是一套號稱地表最強大（相較 VS Code 是地表最受歡迎）的開發工具，不得不說的確有它的強大之處，而且它整合 Git 的功能也非常的完整，因此有不少有購買 Visual Studio 的同仁也不使用 TortoistGit 了。

但對有些專案而言，所使用的語言，或是該語言所處的開發社群中，主流並不會使用 Visual Studio 進行開發，特別是高昂的價格會讓那些身處於開放社群的人望之卻步，轉而去尋找常用的工具中喜歡使用的延伸工具。

原本早期在 VS Code 中習慣使用 GitLen，不過其實 GitLen 功能實在有夠多，有點繁雜，加上開始要收費了，所以社群中就不斷在找有沒有第二解決方案可以使用。經過了諸多實驗後，筆者在 VS Code 中最喜歡 Git Graph 這個擴充套件。

圖 1-2-19　Git Graph

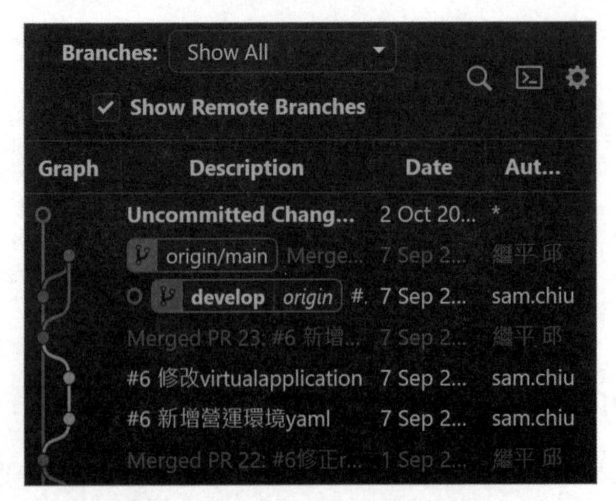

圖 1-2-20　Git Graph 實際操作畫面

二、最常用到的一些指令

如果專案（或稱系統）是單人維運，意思就是同時間並不會有與其他同伴一起同時開發，需要做衝突管理的狀況下，其實需要的 Git 技能就不用太多，筆者一般在帶同事主要就會教幾種為主：

- **Git Clone**：這個會被隱含在前面介紹 Azure Repos 的使用者介面，在操作的過程筆者僅會跟同仁說：我們複製了一份程式碼所有變更紀錄，到你電腦中指定的目錄下。
- **Git Branch**：我們告訴開發人員，請盡量不要在受保護的分支上直接開發，而是要基於該分支，另外根據任務開一個 Feature Branch 進行開發。這個步驟可以透過 Git Graph 協助就可以輕易完成。
- **Git Commit and Push**：其實 Commit 與 Push 是兩個指令，但通常我們會一起教，原因在於都已經開 Feature Branch 了，如果該分支只有個人使用，通常就會一起執行。Commit 是在本機 Git Repo 所指定的分支（預設會是 main）登錄一筆修改紀錄，然後 Push 則是把該分支所有登錄的紀錄推到 Azure Repos 遠端分支進行變更同步的動作。
- **Git Revert**：做錯事了，我們要還原回去，就必須要學會使用這個指令。

後續的範例，筆者將基於上述這些指令，來完成所有的任務。

1-2-3 Azure Repos 相關功能

剛剛上述在談論 Azure Repos 過程都著眼在 Files，現在來介紹其它的功能。

一、Commits and Pushes

是不是很眼熟？因為剛剛上面 Git 指令中我們也只用一句話帶過。其實這個功能筆者比較少開來看，因為在 Git Graph 中已經夠清楚了，因此鮮少進到這兩個功能來使用。

圖 1-2-21　Commits

Commits 是可以根據切換的 Branch，看到完整的線型，這是 Git Log 中的詳細資訊。

圖 1-2-22　Pushes

Pushes 則與 Commit 息息相關，因為 Commit 是在本機每一次的變更紀錄，但這些資料都是在本機進行。通常在本地端開發會到一個階段，才會推到 Azure 雲端的 Repo 進行同步的動作。這個 Pushes 就是根據推送者，在這次 Push 中所有的變更紀錄（Commits）都囊括在其中。

二、Branches

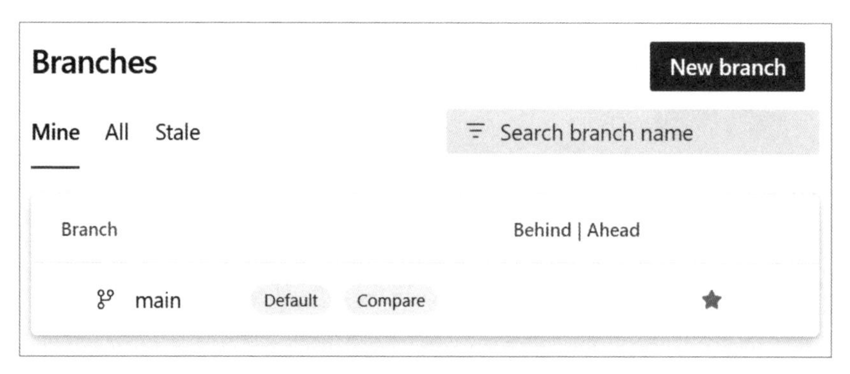

圖 1-2-23　Branches

前面有講到分支（Branch）是 Git 這種分散式版本控管系統很重要的一個特點，因此 Branches 這個功能在團隊討論協作的起始，就會十分重要。現階段雖然只有一個 main Branch 在上面，但後面在講開發團隊合作時，會針對 Branch Policy 多加著墨，現階段讀者只要有個印象即可。

TIPS

以前我們在建立 Git 的時候，會發現預設的 Branch 叫做 master，但後來陸續地改成了 main，原因是 2020 年 GitHub 決定將新建儲存庫的預設分支名稱從 master 改為 main，以避免使用可能引起不適的術語。這個變更是為了使 Git 更加包容和歡迎所有人。

「master」這個詞在英語中有多種含義，其中一種是「主人」或「所有者」的意思，這在一些情況下可能引起不適，特別是在與奴隸制度有關的歷史和文化背景中。

在技術領域，「master」和「slave」這兩個詞長期以來被用來描述一種控制和被控制的關係，例如在硬體設計和分散式系統中。然而，這些詞彙的使用已經引起了爭議，因為它們可能引起不適，並且不符合包容性和尊重的原則。

因此，許多組織和項目，包括 GitHub，已經開始尋找並使用更中性的詞彙來替代「master」和「slave」。在 GitHub 中，新建儲存庫的預設分支名稱已經從「master」改為「main」，以反映這種變化。參考資料：https://github.com/github/renaming

三、Tags

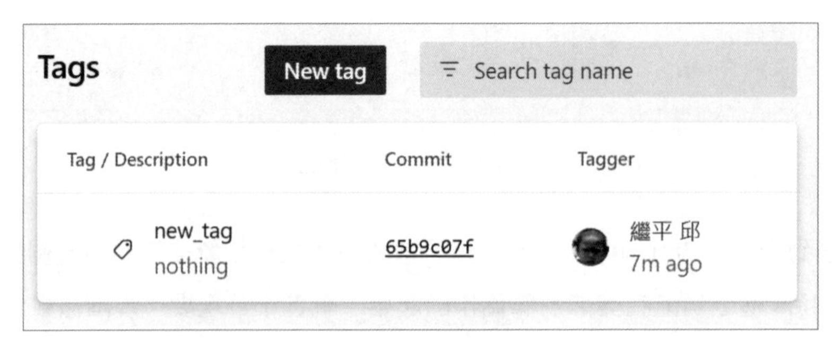

圖 1-2-24　Tags

Tags 其實是一個建立在 git tag 指令下的功能，可以將特定 commit 進行標記的動作，通常用於標記發布版本。例如，當你的軟體版本為 1.0，你可以創建一個叫做「v1.0」的標籤來表示這一點。

通常 Git Tags 可以用來標註的場景大概有：

1. 版本發布。
2. 里程碑。
3. 比較過去的版本。

同樣的也可以用來給 CI/CD 的 Pipeline 腳本做為是否要被驅動的參考。這個功能是可以列舉出整個 Repo 中所有 Tags，並可以在這裡做版本之間的比較。

過往筆者的公司正式流程並沒有使用 Git 在做版本控管，而且又有另外的工單系統與工單編號，所以這個 Tags 在過去常常被筆者在自建的 Git Repo 中，用來註記工單系統的編號發布紀錄。實務上如果有做好版號控管，Git Tags 作用會非常大。

四、Pull Request

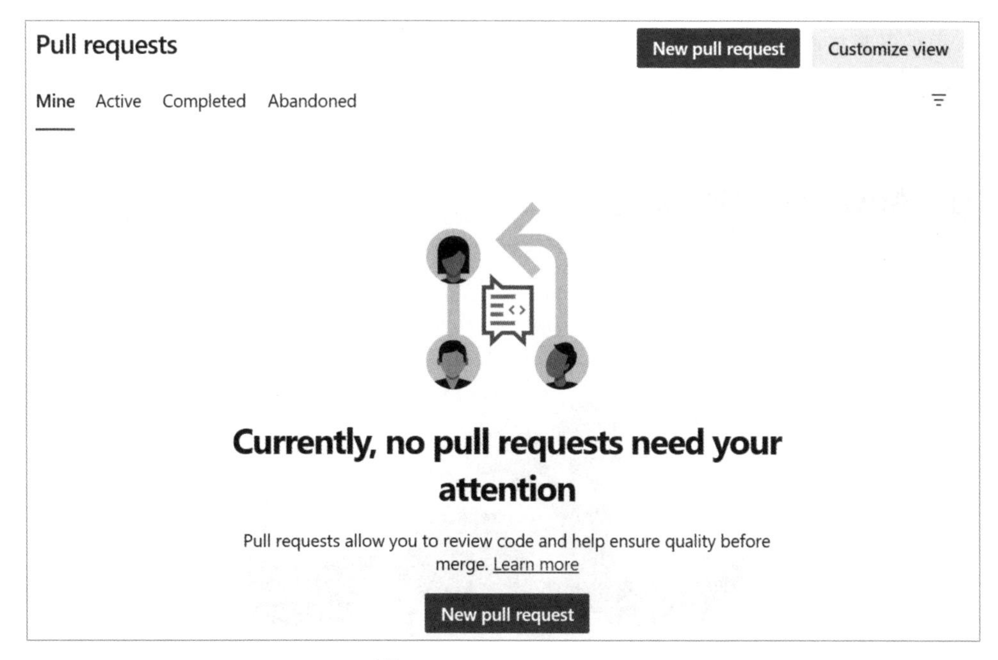

圖 1-2-25　Pull Request

Pull Request 簡稱 PR，在軟體開發協作中，Pull Request 這個動作是重中之重。

Pull Request 是一種在版本控制系統中協作的方式。它允許開發人員將他們的變更提交給一個項目，並請求項目的審核人員合併（或者「pull」）這些更改到項目的主分支。

審核人員可能是團隊較資深的成員、開發團隊主管、或是開源專案的項目維護人。

當建立一個 Pull Request 時，你將指定合併的來源分支（通常是你在其中進行工作的特性分支），以及希望合併到的目標分支（通常是項目的主分支，如「main」或「master」）。

Pull Request 的主要優點是提供了一個機會來審查和討論更改。專案的審核人員或是其他團隊成員可以查看更改、提出問題、提供回饋或建議修改。這可以確保所有的變更都被仔細審查，同時也讓專案的目標與程式碼風格保持一致。

這個功能將搭配分支管理以及專案任務管理，在後面談到開發團隊協作與交付時，會細談如何實作。

五、Advances Security

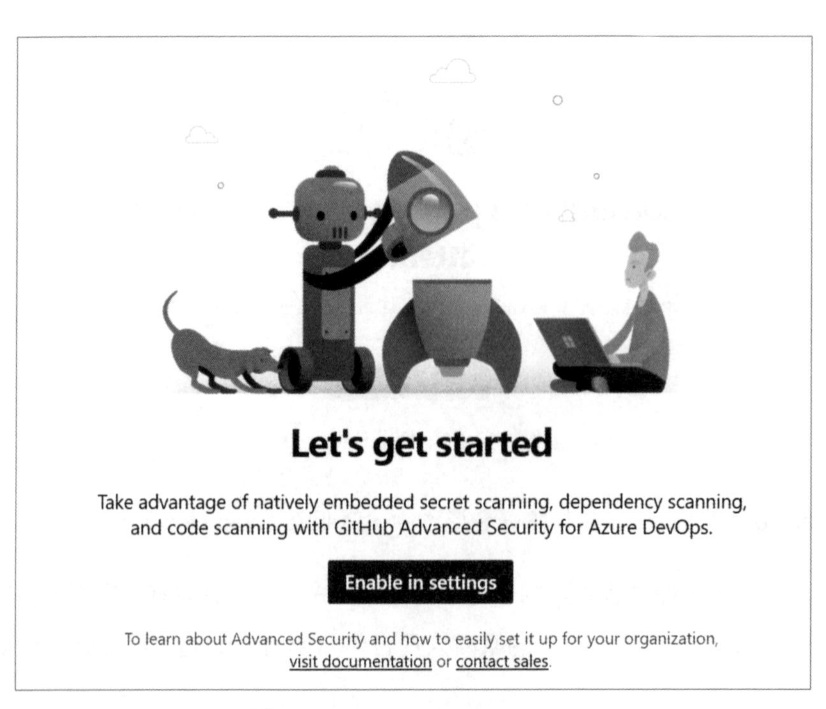

圖 1-2-26　Advances Security

這是微軟於 2023 年第三季全球發表的功能，提供了 Azure Repos 三個面向的掃描，包含了 SAST（靜態應用程式安全測試）、機密掃描（Secret scanning）以及 SCA 元件安全掃描（Dependency scanning），它的收費方式獨立於 Azure DevOps Service 的訂閱之外，要價也不斐。但由於篇幅有限，因此在團隊如何使用 Advances Security 進行協作就不會多做著墨。

1-3 目標是 Azure APP Service 及 Windows Server IIS

既然前面章節完成了程式碼的整理，確保了我們程式碼跟營運環境上的產物是同一包來源，那接下來應該要關心一下要部署的目的地了。筆者公司內部的系統目前並沒有上雲端，現階段所有的系統都存活在 VMWare 的 Windows 作業系統中，而且有超過一半是使用 IIS 的 .NET 程式語言開發的（.net framework 3.5~4.8 以及 .net core 3.1~6）。

因此公司內的標的物基本上都還是以 Windows Server 為主，不過未來應該也是有考量會部分系統上雲。基於這個目的，這個章節會介紹兩種不同部署標的，包含了 Azure VM（跟地端機房幾乎無不同）以及 Azure APP Service。這兩種類型在 Azure DevOps Service 所要準備的註冊方式以及 Pipeline 呼叫的方式都完全不同，因此這個章節會在這兩種標的中進行著墨。

1-3-1 Azure APP Service

圖 1-3-1 Azure APP Service

Azure App Service 是 Microsoft Azure 提供的一種雲端服務，屬於 PaaS 類型，它可以讓開發者快速地建立、部署和維護企業級的 Web 應用程式。它支援多種程式語言和框架，包括 .NET、.NET Core、Java、Ruby、Node.js、PHP 或 Python。

之所以筆者會著眼於 Azure，主要也是因為公司內部太多 .NET Framework 開發的系統，而 Azure App Service 支援各式各樣的語言與框架，特別是 .net framework 原生支援，所以公司內部在討論的時候，基本上都以現有公司內技術選型為基礎，因此主要著眼於 Azure。以下是一些主要的特點：

- **.NET 的版本支援**：Azure App Service 支援多種 .NET Framework 的版本，從 .NET Framework 3.5 到最新的 .NET Framework 4.8，以及 .NET Core 3.1 到 .NET 8。
- **自動管理**：Azure App Service 會自動處理平台和基礎設施的管理，包括伺服器管理、網路配置、安全性更新等，讓開發者可以專注於應用程式的開發。
- **彈性擴展**：Azure App Service 提供了彈性的擴展選項，可以根據應用程式的需求自動或手動擴展。
- **DevOps 整合**：Azure App Service 可以與 Azure DevOps 進行整合，並藉由 Service Pinciple 或 Managed Identity 的授權形式，更輕鬆的實現了自動化的部署和更新。

因此，不論是使用 .NET Framework 或 .NET Core 開發的應用程式，或是公司內有其他種語言所開發的系統而言，Azure App Service 是一個進可攻退可守的部署選擇。

接下來，我們將在 Azure Portal 中建立 APP Service 作為部署的標的。

一、建立我們的 App Service Web Apps

山姆補充一下

這邊省略 Azure Portal 註冊，建立訂閱（Subscription）、綁定信用卡，以及 Resource Group 建立的動作。前者基本上屬於 Azure Administrator Associate 的範疇，也就是 Azure 系統管理員的範疇。在雲端上不論是資源配置、管理以及成本控制，都是另一門專業的學問，在部署的部份我們就專注如何將成品部署到 APP Service 中。如果對於 Azure 系統管理員的範疇也有興趣，推薦去了解或去考取 Microsoft Certified: Azure Administrator Associate(AZ-104)。

參考資料 ↘

https://learn.microsoft.com/zh-tw/credentials/certifications/azure-administrator/?practice- assessment-type=certification

首先，先到 Azure Portal（https://portal.azure.com/），確認已經登入後，選取上面的搜尋框，打入 web 應用程式服務，接著按下找到的結果如下圖。

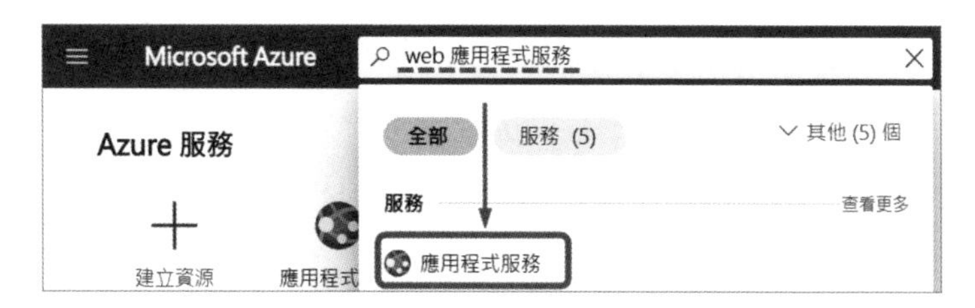

圖 1-3-2　搜尋 Azure 應用程式服務

再來應該會看到所有訂閱的 Azure 應用程式服務，如果讀者是第一次進來，那應該會如圖 1-3-3 一樣空空的，這時候按下左上角的建立按鈕。

圖 1-3-3　建立 Azure 應用程式服務

接下來就是要選擇要建立 APP Service 的一些配置了，基本上範例程式並不複雜，因此要選擇的項目不多，在圖 1-3-4 與圖 1-3-5 用數字標出，並說明應該選擇的項目。

建立 Web 應用程式 ...

基本 資料庫 部署 網路功能 監視 標籤 檢閱 + 建立

App Service Web Apps 可讓您迅速建置、部署及縮放可以在任何平台上執行的企業級 Web 應用程式、行動應用程式及 API 應用程式。這套服務不僅能滿足嚴峻的效能、可擴縮性、安全性及合規性要求，還採用管理完善的平台來執行基礎結構維護。 深入了解

專案詳細資料

選取訂用帳戶以管理部署的資源及成本。請使用像資料夾這樣的資源群組來安排及管理您的所有資源。

訂用帳戶 * ⓘ ❶ Azure subscription 1

資源群組 * ⓘ ❷ RG_APPService_JPEast
新建

執行個體詳細資料

名稱 * ❸ AzureDevOpsPractice
.azurewebsites.net

發佈 * ❹ ◉ 代碼 ◯ Container ◯ 靜態 Web 應用程式

執行階段堆疊 * ❺ .NET 6 (LTS)

作業系統 * ❻ ◯ Linux ◉ Windows

地區 * ❼ Japan East

找不到您的 App Service 方案? 請嘗試不同地區，或選取您的 App Service 環境。

圖 1-3-4 建立 Azure 應用程式基本頁籤 -1

定價方案

App Service 方案定價層會決定與您應用程式建立關聯的位置、功能、成本及計算資源。 深入了解

Windows 方案 (Japan East) * ⓘ ❽ (新增) ASP-RGAPPServiceJPEast-b5cb
建立新項目

定價方案 ❾ 免費 F1 (共用的基礎結構)
探索定價方案

區域備援

App Service 方案可在支援它的區域中部署為區域備援服務。這是部署時間的唯一決定。部署之後，無法建立 App Service 方案區域備援 深入了解

區域備援
◯ 已啟用: 您的 App Service 方案及其中的應用程式將會是區域備援。最小 App Service 方案執行個體計數為 3。
◉ 已停用: 您的 App Service 方案及其中的應用程式將不會是區域備援。最小 App Service 方案執行個體計數為 1。

檢閱 + 建立 < 上一步 下一步 : 資料庫 >

圖 1-3-5 建立 Azure 應用程式基本頁籤 -2

1. **訂用帳戶（Subscription）**：請先選擇在 Azure Portal 中可用的 Subscription。
2. **資源群組（Resources Group）**：如果從來都沒有建立過，APP Service 在這個頁籤會幫忙自動建立一組。在這裡筆者選擇了自己建立的 Resources Group：**RG_APPService_JPEast**。
3. **執行個體詳細資料 - 名稱**：這個名稱會跟建立的 APP Service 可以被連到的 URL 會直接相關，舉例來說，這裡筆者取了 AzureDevOpsPractice，到時候全球域名就會是 **https://AzureDevOpsPractice.azurewebsite.net**。所以在這邊讀者可以取一個自己練習用喜歡的全球域名。
4. **發佈**：這裡示範專案是使用編譯後的發佈檔，因此選擇**程式碼**。
5. **執行階段堆疊**：選擇 **.NET 6**。
6. **作業系統**：選擇 **Windows**。
7. **地區**：離台灣最近的區域，一般會選擇**日本東（Japan East）**。
8. **Windows 方案（Japan East）**：由於之前沒有建立過 APP Service Plan，所以系統預設建立了一個新的，也請讀者預設就好。
9. **定價方案**：記得！試用而已！請使用**免費 F1（共用的基礎結構）**。

接著，回到頁籤的最上面（圖 1-3-4 圈起處），切到**部署**的頁籤來做部署的一些基本設定。

基本　資料庫　**部署**　網路功能　監視　標籤　檢閱 + 建立

GitHub Actions 設定

Set up continuous deployment to easily deploy code from your GitHub repository via GitHub Actions. 深入了解

持續部署　◉ 停用　○ 啟用

⚠ 您選取的資源群組目前不支援使用 GitHub Actions 設定部署和使用 Open ID Connect 進行驗證。如果您想使用 GitHub Actions 和 Open ID Connect 進行部署，請設定驗證和建立後的持續部署。

GitHub settings

Set up GitHub Actions to push content to your app whenever there are code changes made to your repository. Note: Your GitHub account must have write access to the selected repository in order to add a workflow file which manages deployments to your app.

GitHub 帳戶　授權

組織　選取組織

存放庫　選取存放庫

分支　選取分支

圖 1-3-6　建立 Azure 應用程式部署頁籤 -1

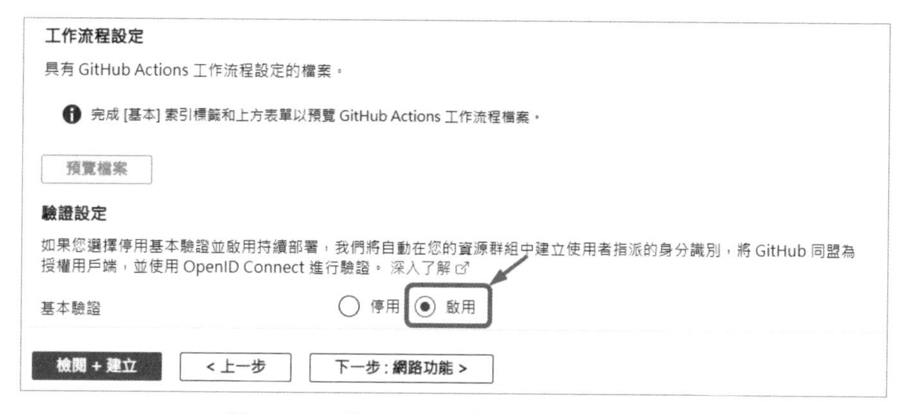

圖 1-3-7　建立 Azure 應用程式部署頁籤 -2

部署這個頁籤只有一個項目要設定，請拉到該頁最下面（圖 1-3-7），然後將**驗證設定 -> 基本驗證 -> 啟用**。

山姆補充一下

這個頁面很有趣，如果是使用 GitHub 做為你的 DevOps 平台，可以在這裡就直接設定了，明明 Azure DevOps Service 也是微軟爸爸的孩子，在這卻沒份。筆者認為應該是因為，世界上以 GitHub 為軟體開發專案平台的使用者佔大宗，或許未來哪一天也可以很輕易的在這裡進行 Azure DevOps 的部署相關設定吧！

基本　資料庫　部署　網路功能　監視　標籤　**檢閱 + 建立**

摘要

Web 應用程式
由 Microsoft 提供

免費 SKU
預估價格 - 免費

詳細資料

訂用帳戶	d4654326-9b24-42db-acf0-b59a9dc79f24
資源群組	RG_APPService_JPEast
名稱	AzureDevOpsPractice
發佈	代碼
執行階段堆疊	.NET 6 (LTS)

App Service 方案 (新)

名稱	ASP-RGAPPServiceJPEast-b5cb
作業系統	Windows
地區	Japan East
SKU	免費
ACU	共用的基礎結構
記憶體	1 GB 記憶體

圖 1-3-8　建立 Azure 應用程式 - 檢閱與建立 -1

圖 1-3-9　建立 Azure 應用程式 - 檢閱與建立 -2

再來，到最後的**檢閱與建立**頁籤，確認建立的內容沒問題後（**記得要注意費用喔！！！**），就按下建立，接著就是一個簡單的等待。

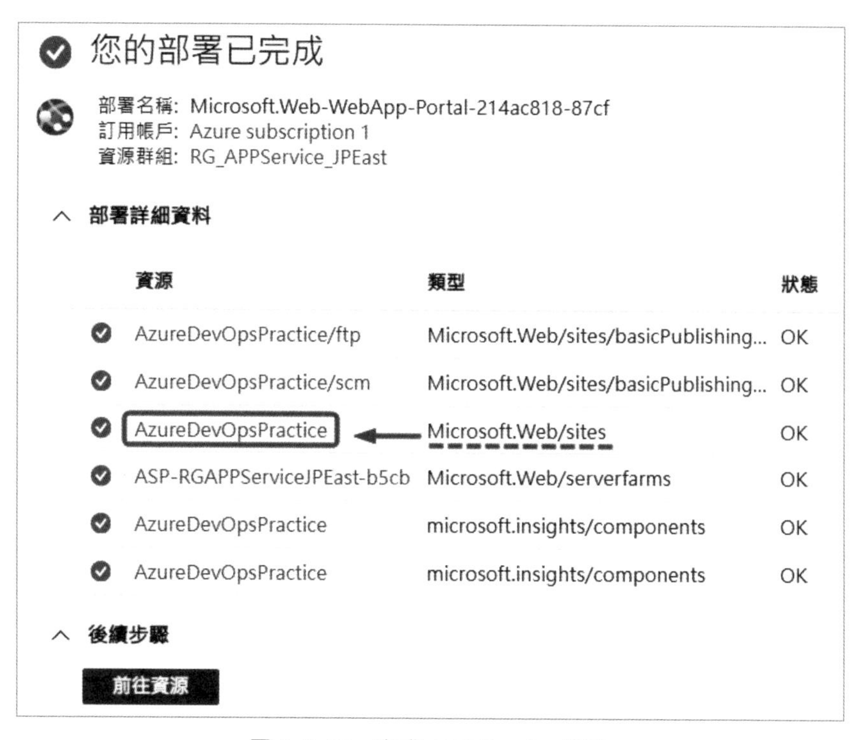

圖 1-3-10　完成 APP Service 建立

部署完成後，會看到圖 1-3-10 的畫面，有一連串資源都被建立起來了，其中包含了一種類型為 **Microsoft.Web/sites**，請點選該資源名稱，讓我們第一次看看 APP Service 的概觀。

圖 1-3-11　第一個 APP Service 概觀

圖 1-3-11 就會看到第一個 APP Service 的概觀，事不宜遲，先把預設網域的網址複製下來，然後貼到瀏覽器的網址列上，並按下送出。

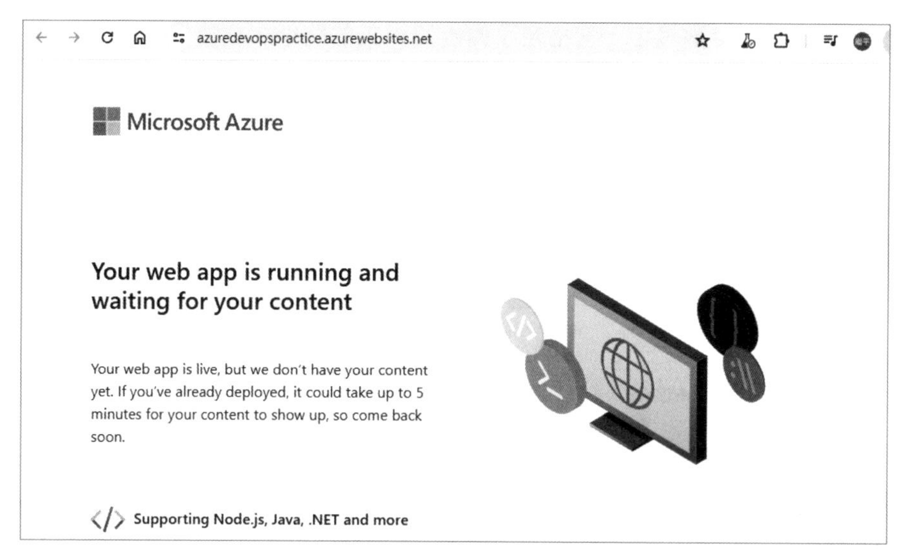

圖 1-3-12　第一個 APP Service 首頁

大功告成，你會發現你的第一個 APP Service 被建立完成了，到目前為止，你已經為了你的程式碼要被部署到的位置，做了一切的設定。

❶ 驗證要被部署的程式是否可以正常運行

剛剛前面圖 1-3-7 有先把**基本驗證**特別啟用，原因在於在還沒有設定好 CI/CD 的 Pipeline 之前，可以先使用其他的方式，來驗證建立好的環境，是否可以正常運行示範的程式。

回到範例程式，打開 VS Code，然後在專案下執行以下指令。

```
dotnet publish -o d:/test .\TemperatureConverter.csproj  -r win-x86
--no-self-contained
```

這行指令是使用 .NET Core CLI（命令列介面）的 dotnet publish 命令來發布 .NET 應用程式。dotnet publish 命令會編譯應用程式，並將輸出的檔案放在一個資料夾中，這個資料夾包含了運行應用程式所需要的所有檔案，包括應用程式的 DLL、配置檔案、以及所有的相依性套件。

-o d:/test 是一個參數設定，它指定了輸出資料夾的路徑。在這個例子中，輸出的檔案將會被放在 d:/test 這個資料夾中。資料夾大概會長下面這個樣子。

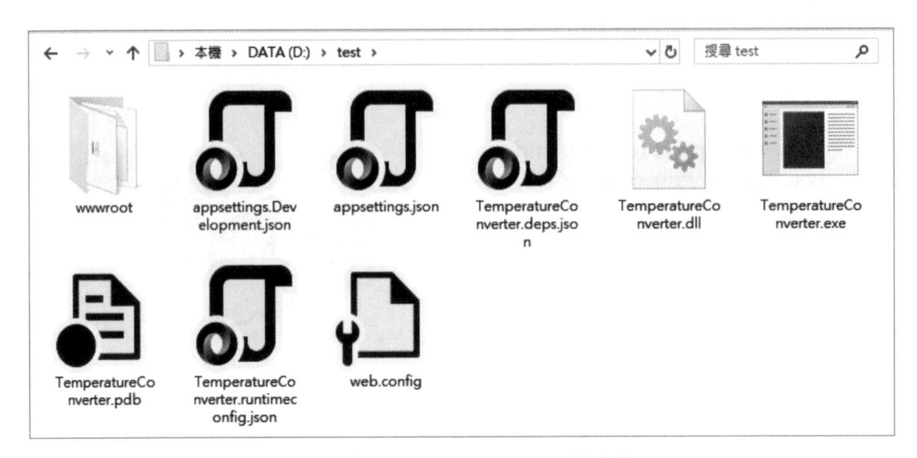

圖 1-3-13　dotnet publish 的產物

接下來請把這包產物，透過 FTP 的方式先放到 APP Service，確認可以被正常部署。

圖 1-3-14　部署中心的 FTPS 認證

回到 APP Service，點選**部署 -> 部署中心 -> FTPS 認證頁籤**（圖 1-3-14），會看到 FTPS 連線需要的相關資訊，包含了 **FTPS 端點**、**使用者名稱**以及密碼，再來請讀者使用習慣的 FTP 工具（圖 1-3-15），來將要發佈資料夾，上傳到 APP Service 上。

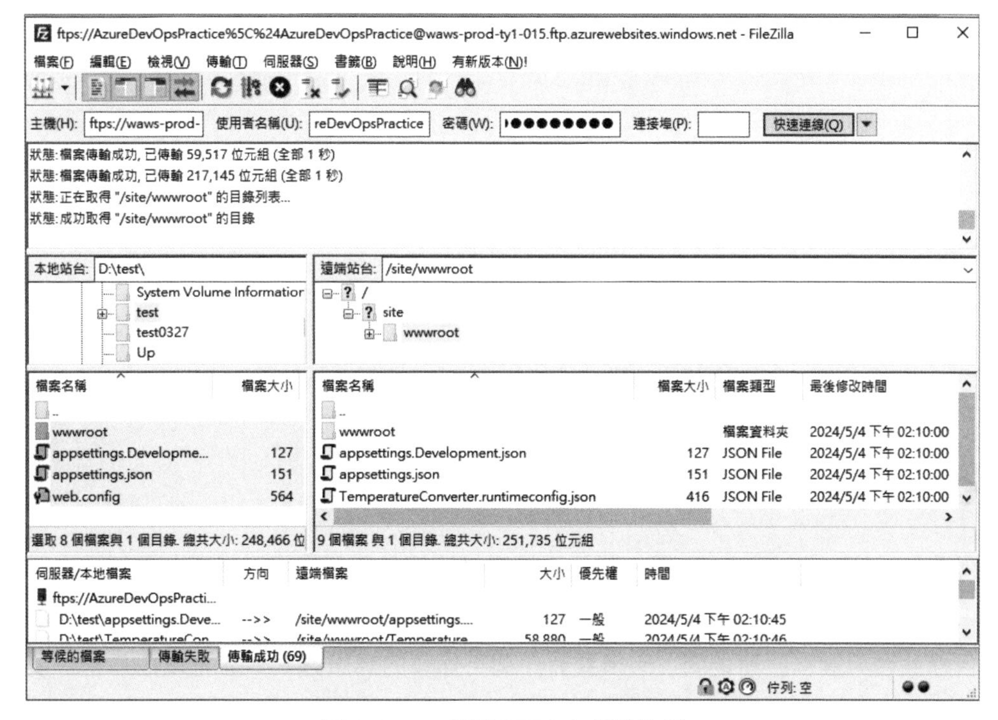

圖 1-3-15　使用 FTPS 上傳發佈檔

當上傳完畢後，再次連到 APP Service 的首頁，就會看到範例程式的網站，已經被部署到 APP Service 中了（圖 1-3-16）。這樣就能確保要部署的站台，環境是可以正常運行的。

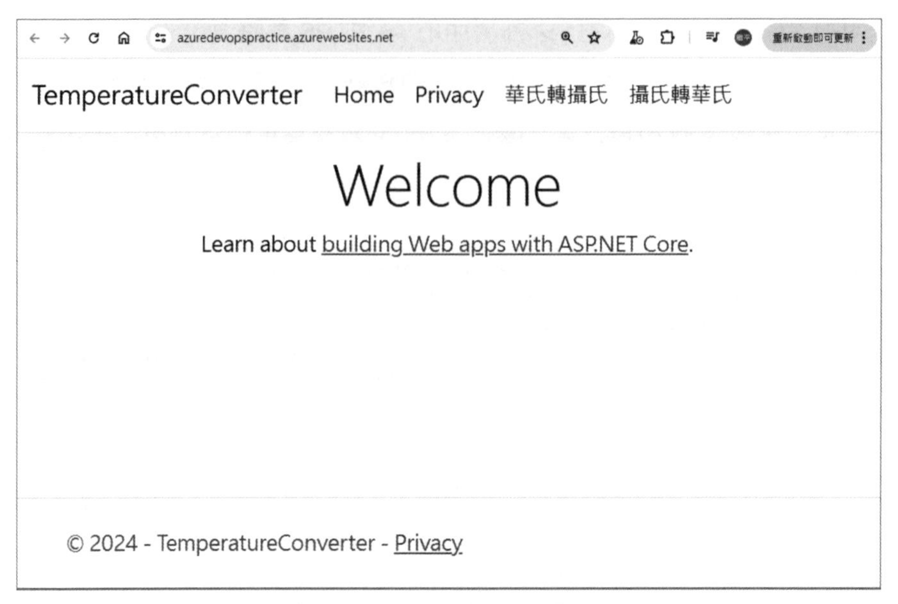

圖 1-3-16　發布檔可正常運行

❷ 建立 Service Connection

在 Azure DevOps Service 中，我們的最終目標是將撰寫完成的程式部署到指定的位置，這表示要從一個雲端服務，把可運行的程式放置到某個站台上。這代表了目標站台與雲端服務之間，必須要有一個可信賴的認證方式，才可以把這整件事情完成。

Azure DevOps 的 Service Connections 是一種安全的方式來連接到外部服務或資源。這些連接可以讓你的 Azure DevOps 組織與其他服務（如 Azure、GitHub、Docker Hub 等）進行互動，而不需要在 pipeline yaml 或流程中明確地提供認證資訊。

Service Connections 可以用於多種情況，例如：

- 部署應用程式到 Azure App Service 或其他雲服務
- 從 Docker Hub 或其他容器註冊表拉取映像
- 存取 GitHub 儲存庫來取得原始碼或觸發 CI/CD 流程

建立 Service Connection 的過程中，需要提供連接到目標服務的認證資訊，這可能是一個使用者名稱和密碼、一個 API 金鑰，或者是一個 OAuth 令牌。一旦 Service Connection 建立，這些認證資訊就會被安全地儲存在 Azure DevOps 中，並且可以在流程中被重複使用。

山姆補充一下

如果是在 Azure 雲服務上，認證授權的事情就會比較簡單一些，特別是在 Workload identity federation 可以使用後，甚至以前 Service principle 每兩年會過期的問題都不存在了。

> **參考資料 ↘**
>
> (Workload identity federation for Azure deployments is now generally available)
> https://devblogs.microsoft.com/devops/workload-identity-federation-for-azure-deployments-is-now-generally-available/

首先回到 Azure DevOps Service 中，點選該專案的 Project Settings，然後找到 **Pipelines -> Service connections**，接著按下 Create New service connection，並選擇 **Azure Resource Manager** 的類型（圖 1-3-17）。

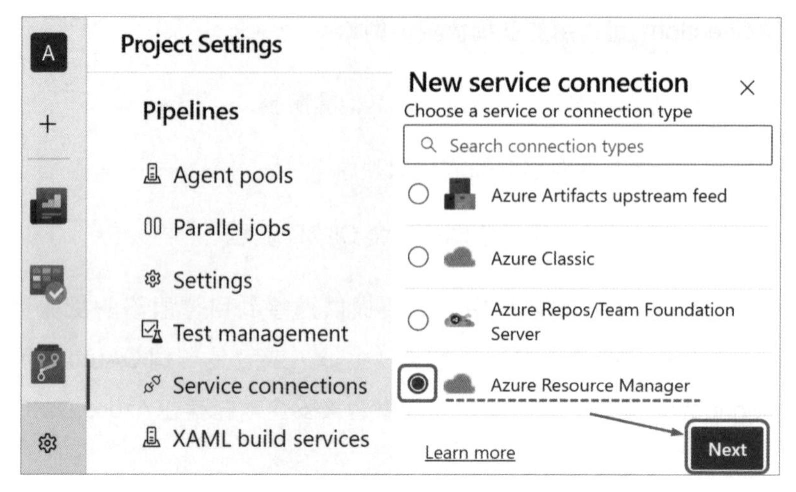

圖 1-3-17　建立 Service connections

再來選擇 **Workload Identity federation (automatic)**（圖 1-3-18）。

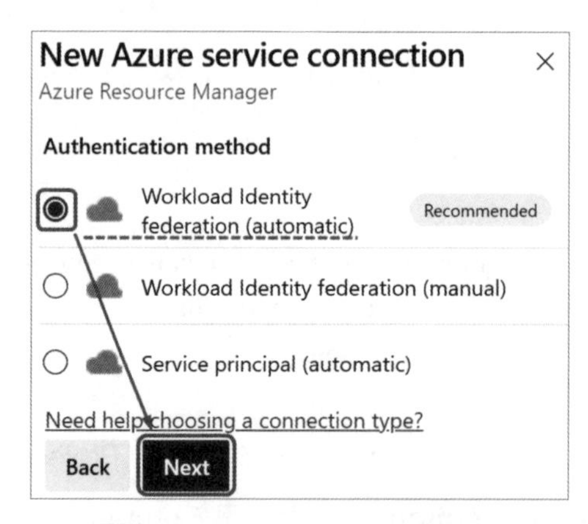

圖 1-3-18　選擇 Workload Identity federation (automatic)

筆者在 Service connection 填寫了如圖 1-3-19 的資訊：

1. **Scope level**：這邊要考量要部署的 APP Service 所在的 Subscription 或是 Management Group，筆者剛剛所建立的 APP Service 位於 Subscription 1。

2. **Resource group**：這個資源群組也是選擇我要部署的 APP Service 所在的資源群組，我剛剛取名為 **RG_APPService_JPEast**。

3. **Service connection name**：這裡讀者可以取一個在 Azure Pipeline 呼叫的時候，所會用到的名稱。

接下來，按下右下角的 **Save** 按鈕。

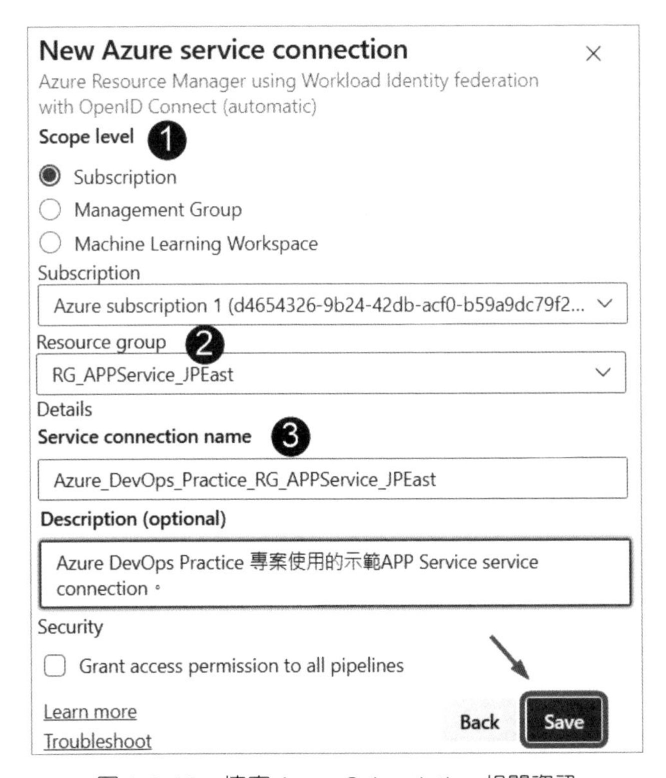

圖 1-3-19　填寫 Azure Subscription 相關資訊

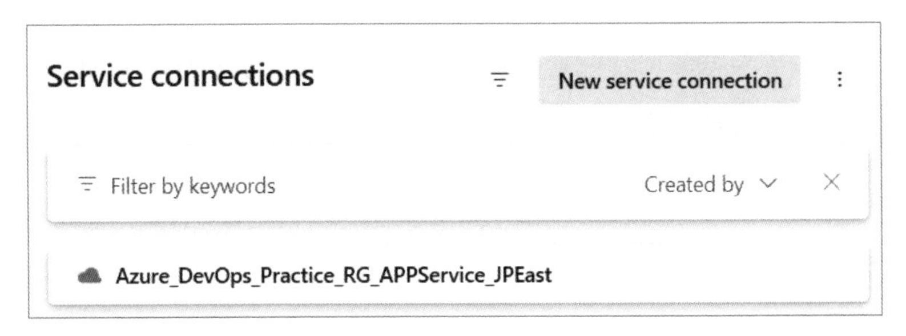

圖 1-3-20　建立好的 Service connections

到目前為止，我們在 Azure DevOps Service 的專案中，對於要部署到 APP Service 的認證授權，已經設定完成（圖 1-3-20）。

山姆補充一下

實務上，在 Azure DevOps Service 要建立 Service connections，所使用的帳號是要被授權的。示範專案可以建立的如此輕易，那是因為筆者的帳號在 Azure 中，也是 Global Admin 權限，而且 Subscription 以及 APP Service 也都是 onwer 的權限。

如果讀者在公司的實務上建立 Service connections 有遇到困難時，建議可以尋求公司有關於 Azure 的管理者，他會協助進行認證授權的。

1-3-2 Azure VM

一、建立並驗證 Windows IIS 可運行 .NET 6 的環境

山姆補充一下

筆者使用的是 Azure VM Windows Server 2016 DataCenter。這邊預設讀者都已經有 Windows Server 以及 IIS 環境。

接著就來確認另外一個需要被部署的目標，Windows Server 上面的 IIS。目的都是要先確保要部署的站台，環境是否可正常運行。

首先先遠端桌面連線到伺服器，由於使用 .NET 6，所以要先去把 ASP.NET Core Runtime 6 安裝起來，因為需要在 IIS 上面運行，因此要特別選擇 Hosting Bundle 的版本（參考圖 1-3-21）。

下載網址：https://dotnet.microsoft.com/en-us/download/dotnet/6.0

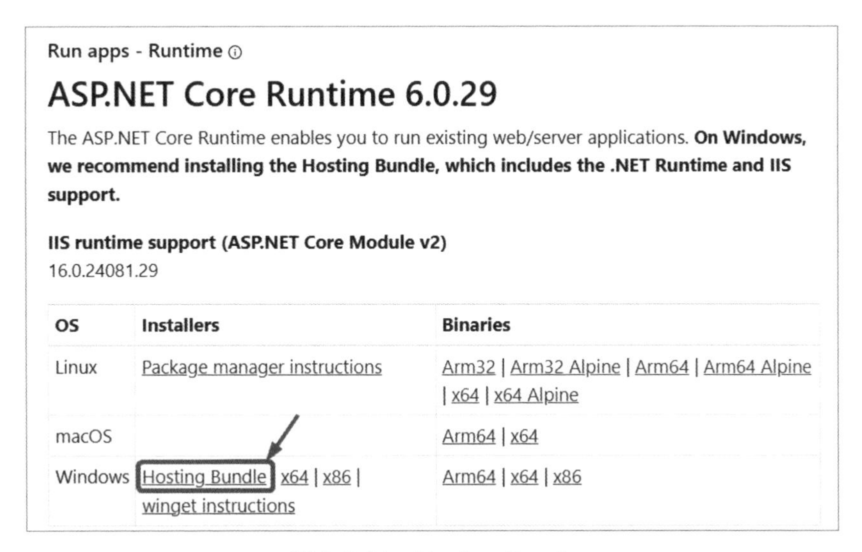

圖 1-3-21　Hosting Bundle

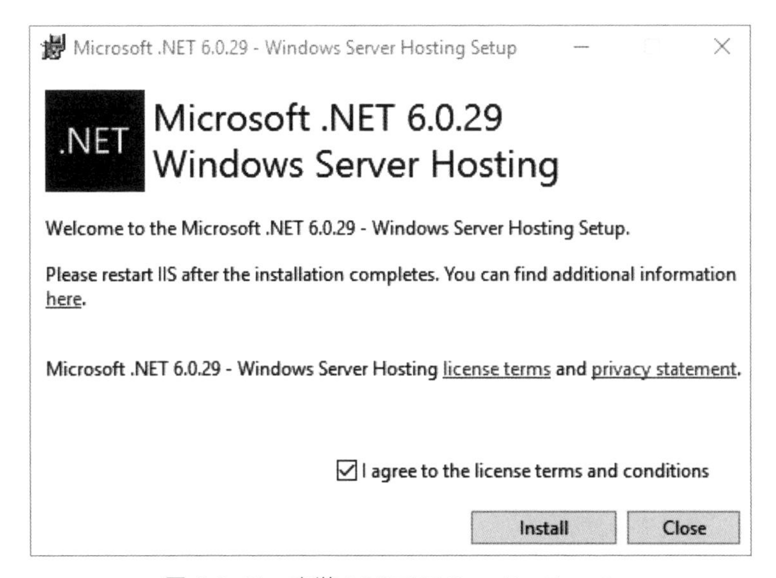

圖 1-3-22　安裝 ASP.NET Core Runtime 6

再來就是在 Windows，將下載下來的 Microsoft .NET Windows Server Hosting 安裝起來（圖 1-3-22）。

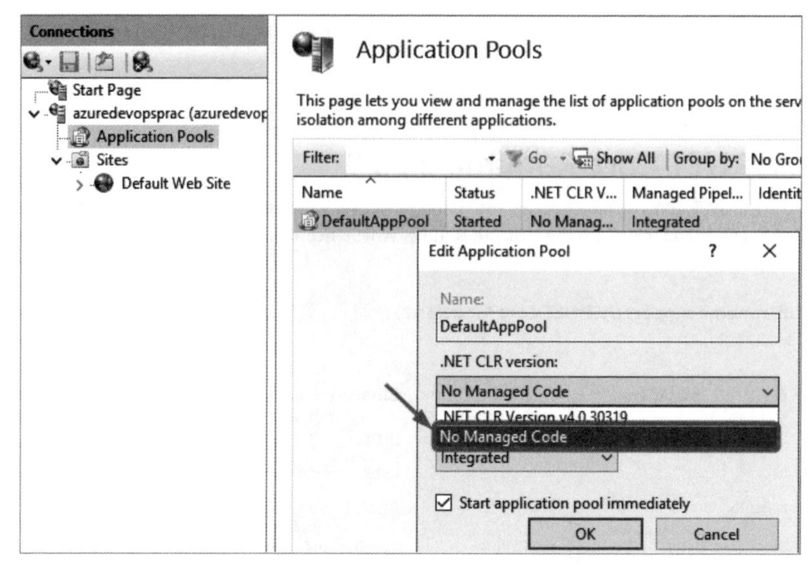

圖 1-3-23　設定 Application Pools

由於我們要使用 ASP.NET Core Runtime 6，因此請把 DefaultAppPool 的 .NET CLR version 設定為 **No Managed Code**（圖 1-3-23）。

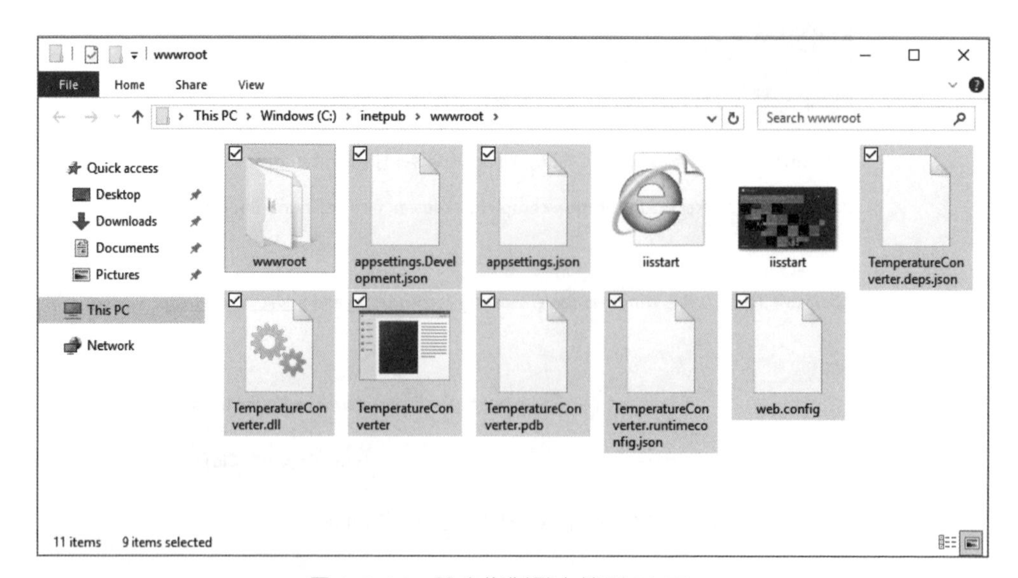

圖 1-3-24　設定複製發布檔到 IIS 下。

接下來，把剛剛前面要佈署到 APP Service 的發布檔（參考圖 1-3-13），複製到 IIS 預設的目錄 C:\inetpub\wwwroot\ 下（圖 1-3-24）。

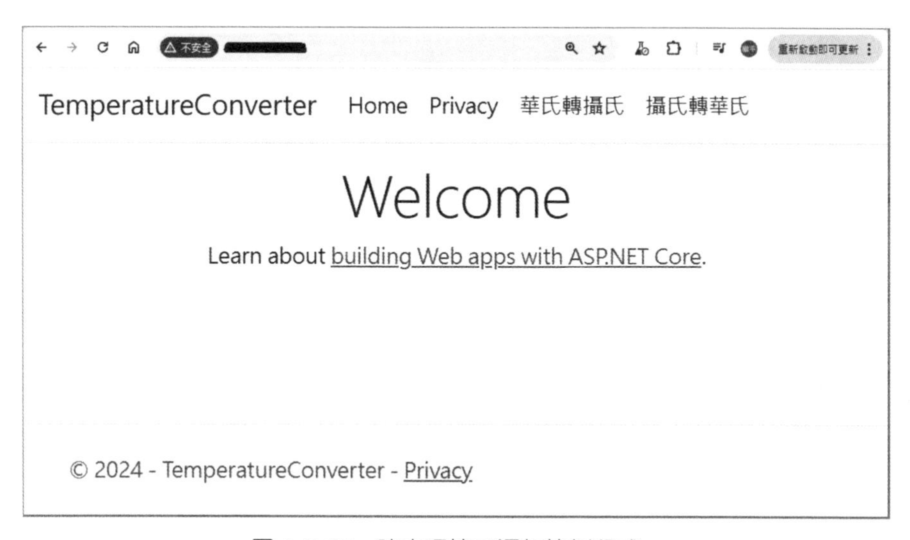

圖 1-3-25　確定環境可運行範例程式。

接者，打開瀏覽器確認，會看到程式已經可以正常運行在 IIS 上了。

❶ 建立 Azure Pipeline Environments 以及安裝 agent

前面有示範到要建立 Azure DevOps Service 連線到 Azure APP Service，是使用 Service connections 的方式連線。但如果標的是 Server，那就需要使用 Agent 來協助部署的作業了，下面就來進行 Agent 的安裝示範。

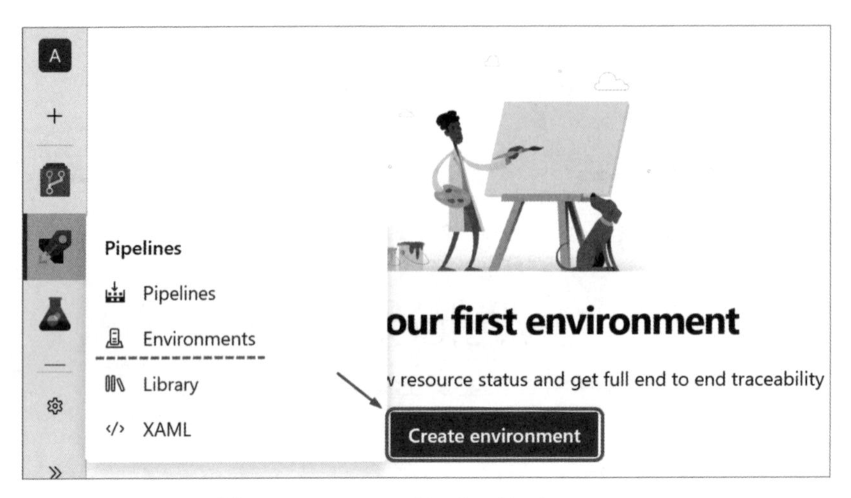

圖 1-3-26　Azure Pipeline Environment

參考圖 1-3-26，先點選專案中的 **Pipelines ->Environments ->Create environment** 的按鈕，新增一個 Environment。

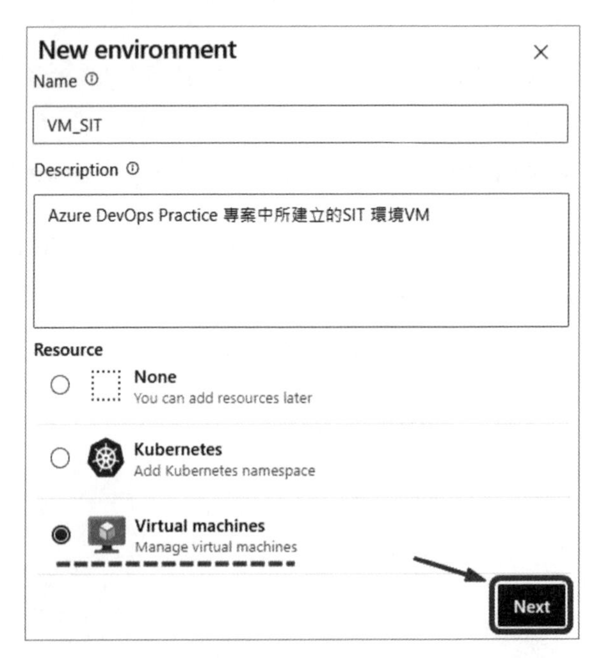

圖 1-3-27　Create Environment Virtual machines

在圖 1-3-27 這裡，筆者將新的 environment 命名為 VM_SIT，這個名稱未來在 Azure Pipeline 所寫的 yaml 檔會使用到。接著點選 Virtual machines，然後按下 Next。

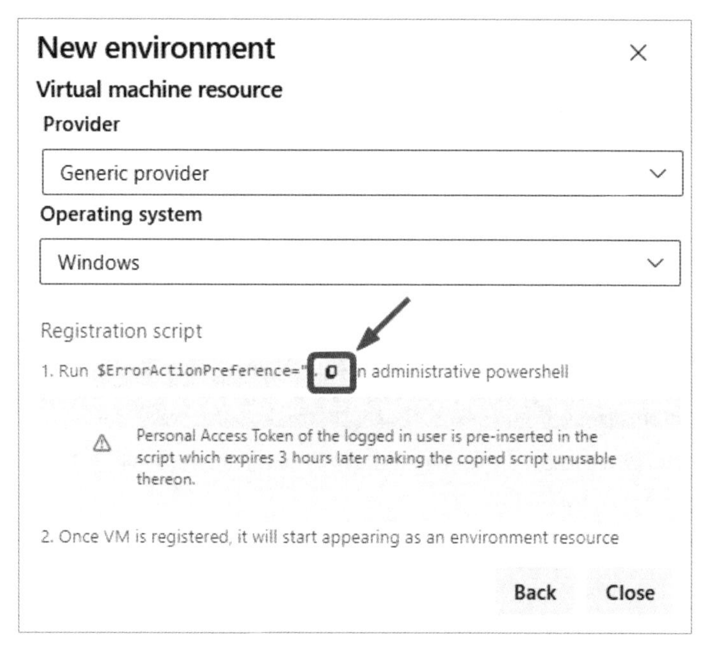

圖 1-3-28　複製你的 Powershell 指令

接著會看到圖 1-3-28 的畫面，請按下中間紅色框起來的按鈕，將 Powershell 指令給複製下來。這個指令碼內含一個期限為 3 小時的 PAT（Personal Access Token），是提供連線到 Azure DevOps Service 中指定的專案，並會把 Agent 註冊在剛剛建立起來的這個 Environment 中。

接下來，我們到 Windows Server 上使用 Powershell 去安裝 Agent，記得要使用 **Run as Administrator** 的身分去執行剛剛複製下來的語法。

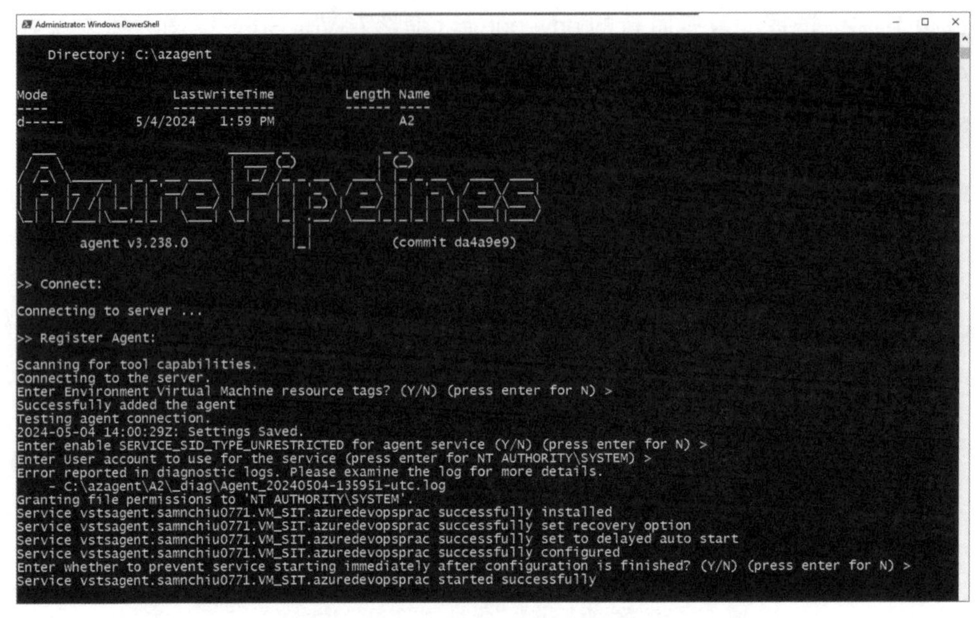

圖 1-3-29　以 Administrator 身分執行 Powershell 指令

如果一切順利，將會在預設 C: 目錄下，先下載 agent.zip，然後進行安裝以及註冊的動作，

山姆補充一下

如果讀者的伺服器是在公司，由於公司大多數都有防火牆阻止伺服器連外，你會發現上述的 PowerShell 指令會無法執行。這時候可參考下列微軟網址，根據最小開放原則提供網管人員將伺服器的連外防火牆做有限度的規則開放。

可以參考到**位置和範圍限制 -> 輸出連線**一節，並根據這份 IP 清單開啟 https 的連線。網址：https://learn.microsoft.com/zh-tw/azure/devops/organizations/security/allow-list-ip-url

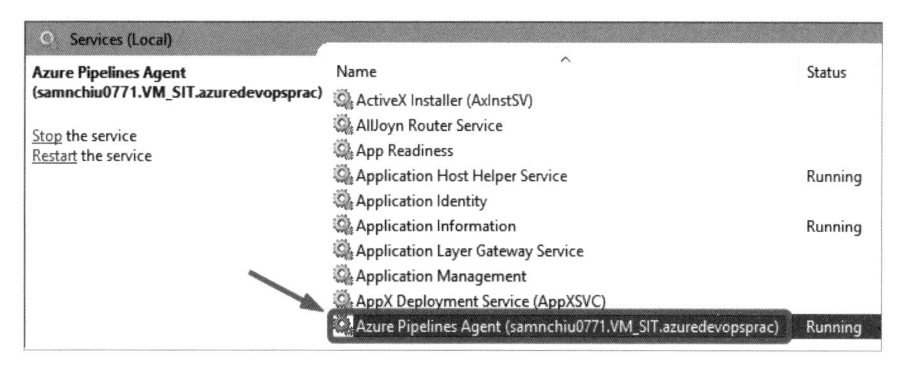

圖 1-3-30　確認服務已經安裝完成

當安裝完成後，讀者可以把位於伺服器的服務打開，會發現多了一個以 Azure Pipelines Agent 開頭的服務（圖 1-3-30），就是提供剛剛註冊的專案專用的代理服務，這個服務會不斷的去詢問 Azure DevOps Service 是否有待辦的工作。

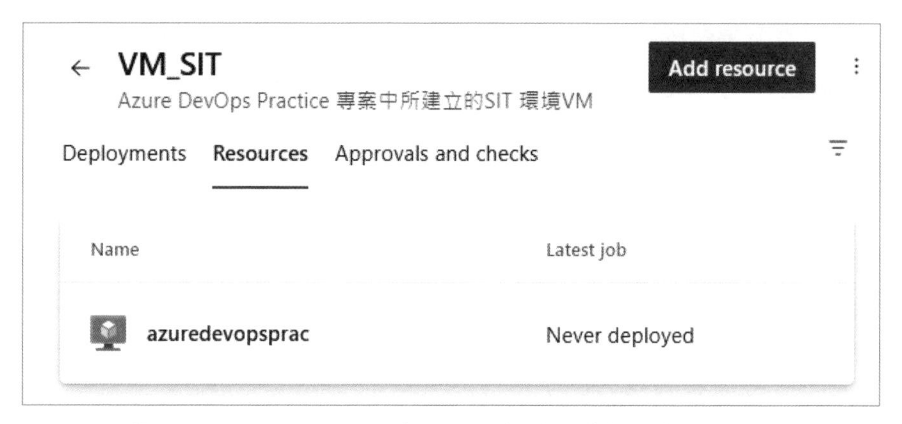

圖 1-3-31　Environment 中可以看到要部署的標的被註冊進來

再來回到 Azure DevOps Service 的 Pipeline 中，會看到 Environment 中所建立的 VM_SIT 已經有新的機器註冊進來了。

太好了，兩個部署的環境我們都完成了註冊與設定，既然目標已經明確了，接下來就要來進行 Pipeline 的撰寫，將程式碼產物部署到標的了。

1-4 來一段自動化 Azure DevOps Pipelines

圖 1-4-1　Azure Pipelines

在以前，如果筆者在公司內要使用主流的 Jinkins 來協助完成 CI/CD，除了平台本身要安裝主體來讓使用者登入使用外，還會需要額外的伺服器，在上面安裝 agent 來完成想要做的事情，大多數不外乎編譯、部署、安全性掃描、工作完成的通知或是其他各式各樣重複但卻耗工的一些任務。筆者在自學時曾經在 Gitlab Community 以及 Azure DevOps Server 都有在伺服器上建置 Agent 的經驗，以便完成自動化的需求。

但 CI/CD 平台本體就佔了一台伺服器，又要額外建立伺服器來因應不同環境需要的需求，來完成編譯的任務，其實面臨很多維運上的負擔。一方面是需要根據各專案、語言、runtime 的不同，去建立對應的環境來協助完成各式各樣的任務。另一方面又會因為語言的不同，所需要外部套件來源的不同，需要去開通到各個來源的防火牆規則。不然就又要一台伺服器來安裝 sonatype-nexus-repository，提供給 CI/CD 平台作為代理到外面的世界去安裝如 npm 或 nuget 套件的取得。

上述說的已經好幾台伺服器，如果每個月微軟安全性更新都要被關心，加上每半年弱點掃描進行時，只要有提供服務的平台都有可能會被掃出需要軟體安全性更新。另外如果要進行更新，就會要考量持續維運不可中斷服務，要開始評估可停機時段、公告時間、嚴守服務恢復時間的承諾。

想著想著就會想要把機房中的服務給移除了，因為太麻煩了。

但這一切，都因為有 Azure DevOps Service 這個雲端服務，大幅降低了上述的維運困擾。而 Azure DevOps Service 的自動化腳本服務，就是由 Azure Pipelines 這個功能所提供。

1-4-1 兩種不同的 Agent

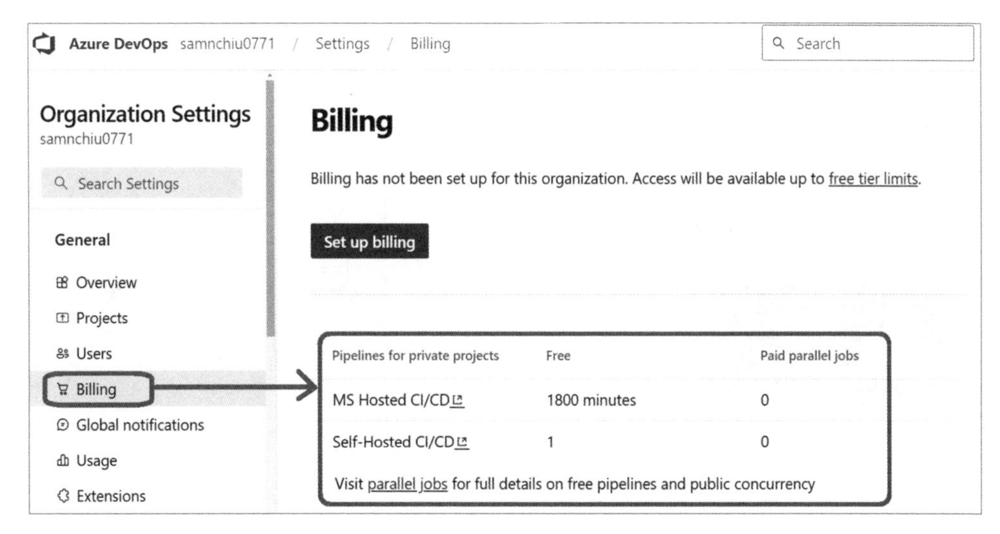

圖 1-4-2　Organization 中可使用的 CI/CD Agents

回到申請好的 Azure DevOps Service 中，先讓我們依序點選組織首頁左下角的 **Organization Settings**，接著點選 Billing，就會看到圖 1-4-2 的畫面。這個畫面代表著整個組織中可以共用的 CI/CD Agent 中的數量。會發現到預設有兩種類型的 Agent，各有免費額度：

- **MS Hosted CI/CD**：1800 minutes。
- **Self-Hosted CI/CD**：1。

兩種 Agents 的免費額度是不同的，這與服務提供的方式有關，先來個別介紹兩者差異。

一、Microsoft-hosted agents

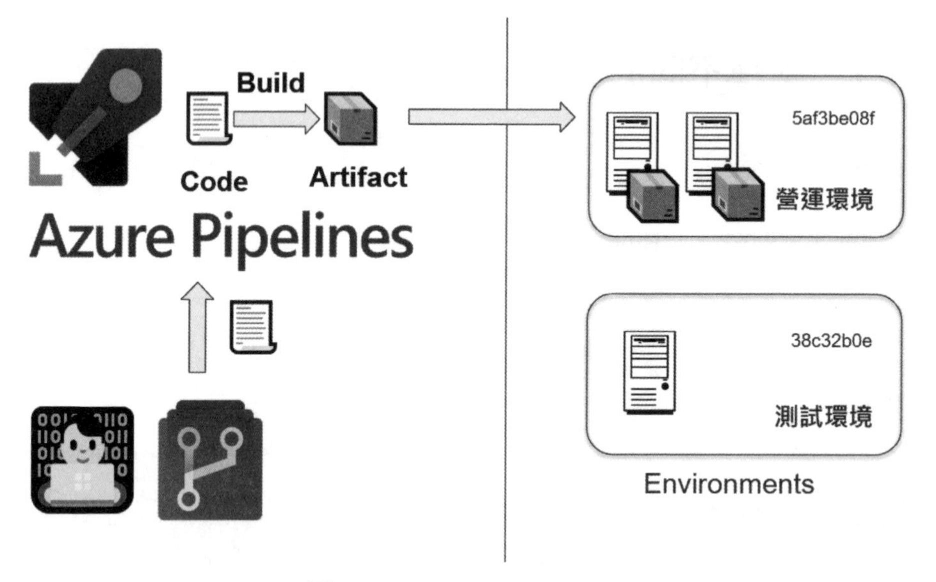

圖 1-4-3　MS Hosted Agents

剛剛前面説了一個很可怕維運的故事，因為會需要安裝各式各樣的環境在不同的伺服器中，然後透過 Agents 來協助完成各種自動化的故事。現在這一切都因為 Microsoft-hosted agents 的出現而大幅降低維運負擔。

用圖 1-4-3 來進行説明，簡單説就是微軟提供並維護的雲端虛擬機器，用於執行你的 CI/CD 工作流程。這些代理提供了一個完全設定好的環境，可以直接使用它們來編譯你的程式碼、運行測試，或者部署你的應用程式。

為了滿足各式各樣不同平台的需求，微軟提供非常多種虛擬機器 image 可供選擇，不僅支援了跨平台的需求，而且在各種平台上，也預先安裝了各式各樣的 SDK、工具以及軟體。

目前筆者公司主要還是使用 windows 為主的 image 來進行 .NET Core 或是 .net framework 的編譯以及封裝，另外也使用 Ubuntu 對 Artifact 來進行 docker image 的封裝以外，未來也打算透過 Microsoft-hosted agents 在 macOS 上對 Android APK 或 iOS Ipa 來進行編譯以及封裝的動作。

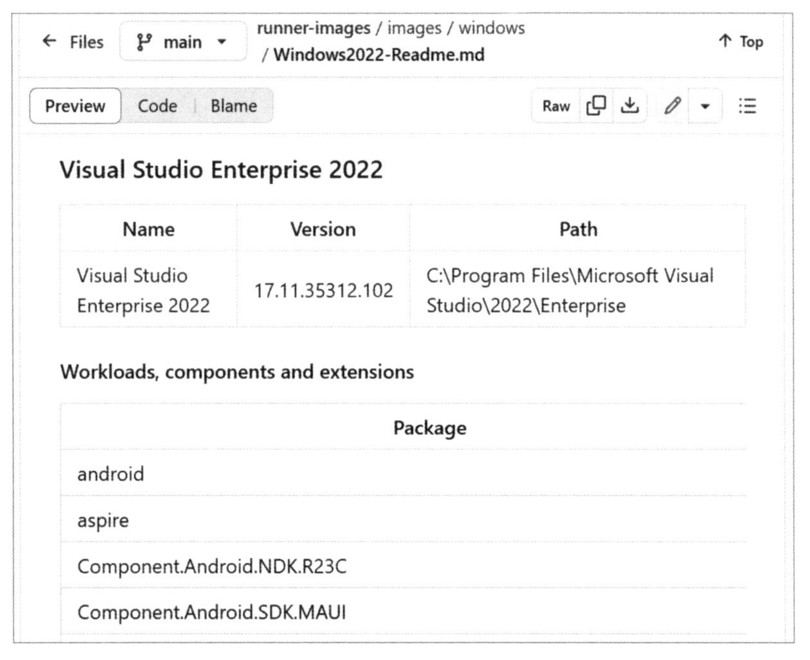

圖 1-4-4　Hosted agents 中 Windows-2022 所提供的安裝工具一小角

回到最前面說到的免費額度，微軟提供每一個 Organization 有每個月 1800 分鐘免費額度的 Microsoft-hosted agents 可以使用，換算下來就是每個月有 30 個小時可以使用。如果個人用來做學習其實非常夠用了。但由於過去有被濫用的情形（據說是拿去挖礦），所以現在 Organization 要使用免費額度的 Microsoft-hosted agents，則需要填寫申請表單，可以參考下列連結：

申請連結 ↘

https://aka.ms/azpipelines-parallelism-request

根據上述超連結填寫入申請人姓名、聯絡電子郵件信箱以及申請的 Azure DevOps Organization 名稱，大約過兩到三個工作天大概就會收到回信大概如圖 1-4-5。

Hi Chi-Ping Chiu,

We've received your request to increase free parallelism in Azure DevOps.

Please note that your request was Completed

Request Details:

Name	Chi-Ping Chiu
Email	samnchiu@hotmail.com
Organization Name	samnchiu0771
Parallelism Type	Private

圖 1-4-5　Hosted agents 審核通過回信

二、Self-hosted agents

相對於微軟託管的 agents，如果微軟所提供給的 images 裡面所安裝的軟體，無法滿足讀者自動化的環境，你需要更多不同的軟體才可以完成任務，那還可以有兩個選擇：

1. Microsoft-hosted agent 在啟動時，先執行下載與安裝所需軟體的指令，這種作法適合需求量比較小的軟體，在每次啟動時進行安裝的作業。
2. 使用 Self-hosted agents 來完成你的需求。

其實 Self-hosted agents 就是之前有說到，我們可以自己維護所需要的伺服器，預先裝好需要的軟體來完成任務。例如筆者近期就遇到 .NET Framework 2.0 的 Web 專案要進行編譯的需求，但 Microsoft Hosted agents 並沒有提供 .NET Framework 2.0 的環境，因此筆者只能自己建立一台伺服器，然後安裝需要的 SDK 之後，接著再註冊到 Azure DevOps Service 供需要的時候提供服務。

預設一個 Organization 也有一個免費的額度可以使用，以下就先來示範如何幫自己的組織安裝一個 Self-hosted agents。

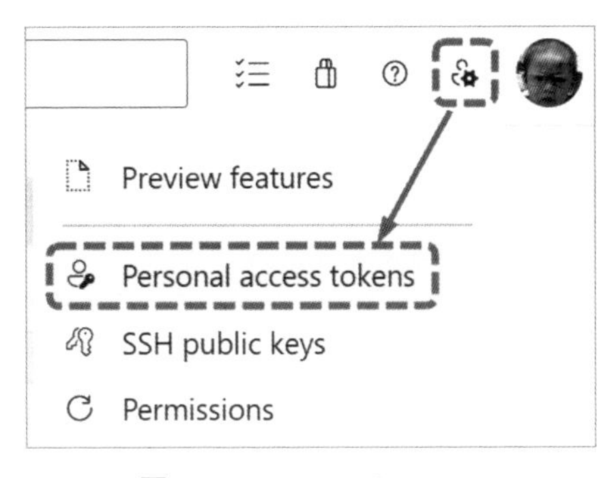

圖 1-4-6　User Settings

首先先點擊右上角大頭貼旁邊的帶齒輪的 User Settings，接著選取 Personal access tokens。

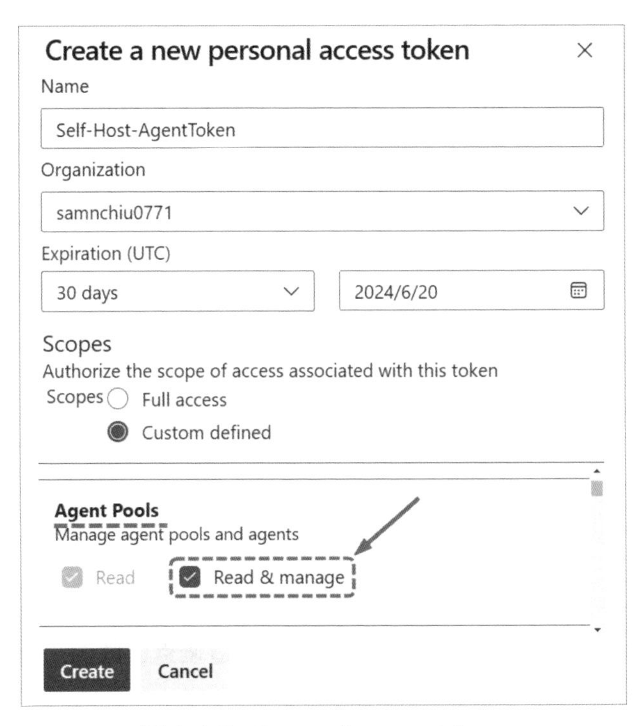

圖 1-4-7　Personal access tokens

接著，會看到 Create a new personal access token，圖 1-4-7 的資訊較多，簡單說明如下：

- **Name**：將你這次要建立出來的 PAT 建立一個名稱，在這裡筆者是為了建立 Self-Host Agent，因此命名為 Self-Host-AgentToken。
- **Organization**：則是組織的名稱，這裡是為了這次專案建立的組織名稱，預設會直接帶入。
- **Expiration(UTC)**：這則是這個 PAT 的效期，預設是 30 天。
- **Scopes**：
  - 如果對於 Azure DevOps Service 的授權不夠了解，其實可以選擇 **Full access**，但是建議授權期限就要較短，因為如果這個 PAT 不小心洩漏了，持有者就有你身分的全部存取權限，也就是整個組織的擁有者，可以做到的事情非常的多，因此要格外注意。
  - 由於這次目的是安裝 Self-hosted agents，因此筆者限縮權限，僅選擇 **Manage agent pools and agents –> Read & manage**。

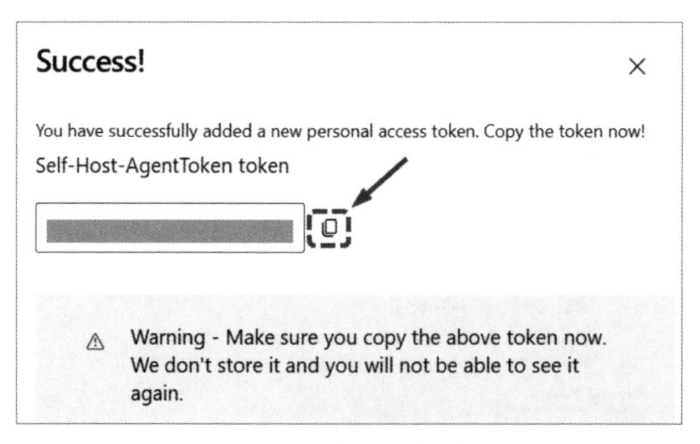

圖 1-4-8　Copy PAT

接著，將圖 1-4-8 紅框的複製按鈕按下，**注意！這個畫面離開後 PAT 就會不見，就一定要重新產出了！**

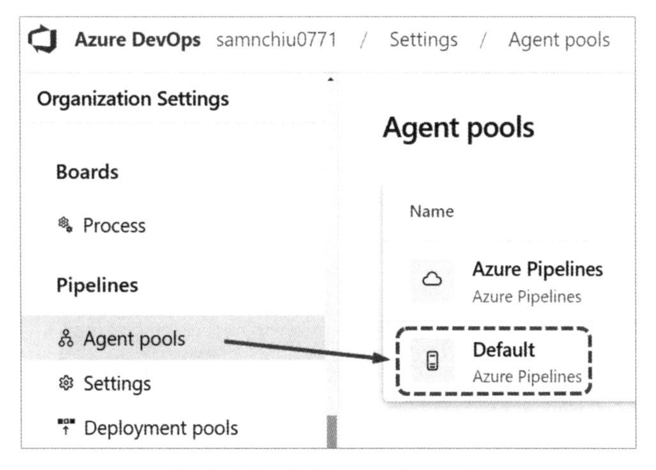

圖 1-4-9　Self-hosted agents

取得 PAT 後，接著來進行 Self-hosted agents 的安裝。不論是 Microsoft-hosted agents 或是 Self-hosted agents，都是以組織為單位共用的，接下來點選 Organization Settings，然後選擇 **Pipelines -> Agent pools**，然後點選 Default。

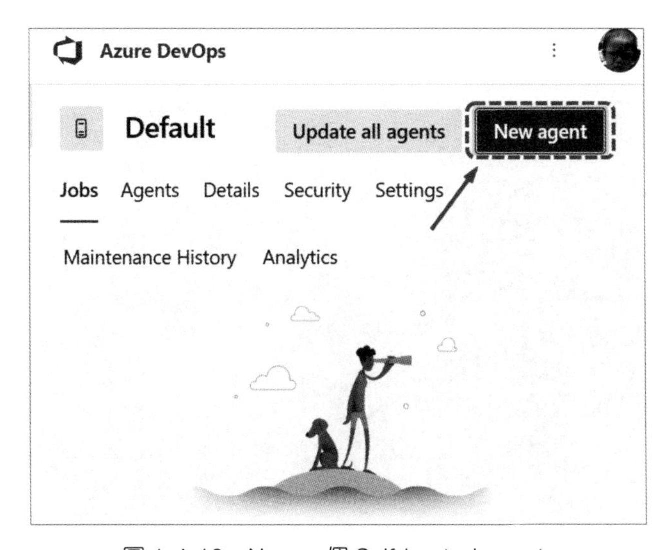

圖 1-4-10　New 一個 Self-hosted agents

目前為止，Default 應該還會是空的，因此按一下右上角的 New agent。

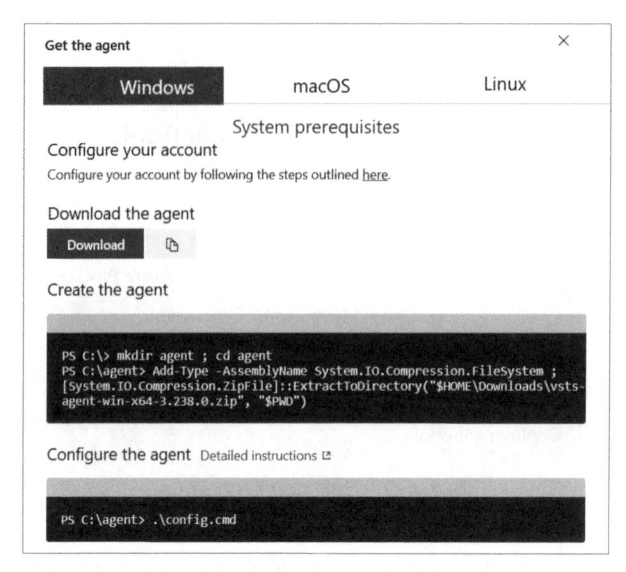

圖 1-4-11　安裝 Self-hosted agents

接著，先根據所需使用的環境下載對應的 agent zip 檔案。解壓縮之後，就跟著步驟，以 administrator 身分執行 powershell，然後到該目錄下執行 .\config.cmd 指令。

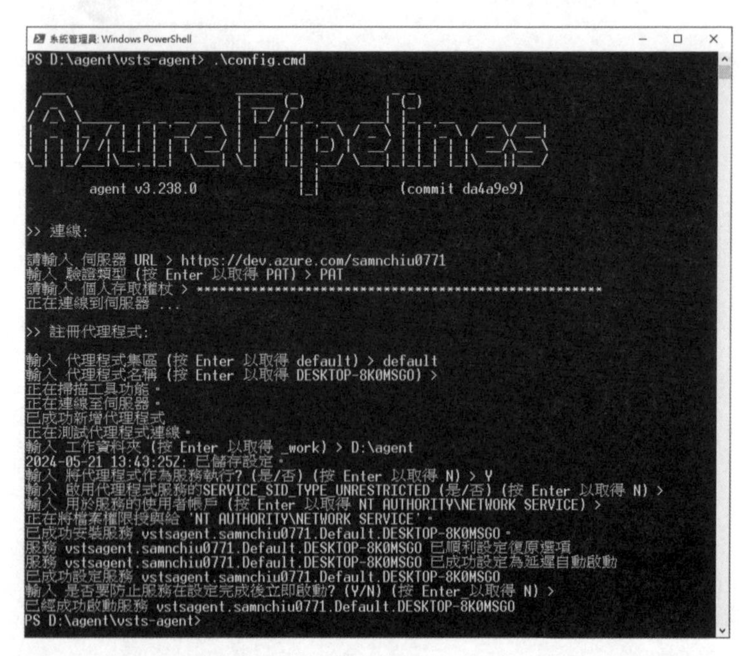

圖 1-4-12　安裝 Self-hosted agents

圖 1-4-12 預設畫面中，筆者有特別將預設的幾樣設定值修改，分別如下：

- 工作資料夾，指定在 **D:\agent** 下，如果沒有特別指定，會在 D:，如果這台機器有兼著作為其他伺服器，那其他人登入就會感到困惑，因此修改到指定目錄下進行工作。
- 將代理程式作為服務執行，這個項目就會在 windows 服務中建立一個專屬於 agent 的服務，在 windows 聽取命令工作。

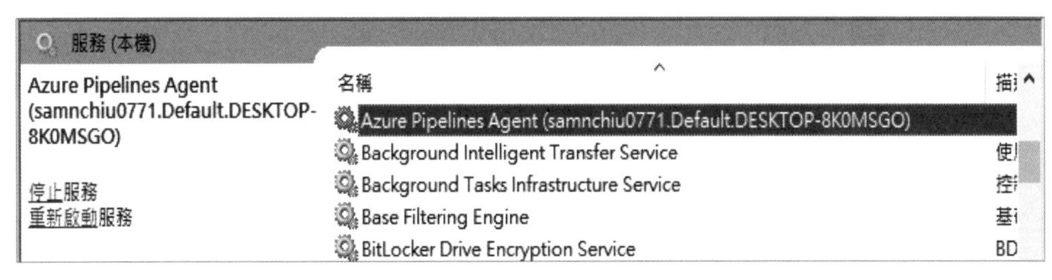

圖 1-4-13　以服務方式啟動 Self-hosted agents

當安裝完後，就可以在所安裝的目標機的服務中，可以找到 **Azure Pipeline Agent** 開頭的服務。

既然準備好 Agent 了，接著就來談談要如何驅動 Agent 來完成接下來的任務。

1-4-2　認識一下兩種不同類型的 Azure Pipelines

接著來介紹一下，有關於兩種不同類型的 Pipeline 腳本。

一、Classic Pipelines

最早在學習 Azure DevOps Service 的時候，筆者接觸到的是 Classic Pipelines，我們稱之為卡片式 pipelines。這種卡片式的 pipeline 其實非常的好用，特別是對於第一次接觸 Pipeline 的筆者來說，要建立一個任務只要把卡片點一點拉一拉就好了。況且，微軟還寫了一大堆的模版，例如圖 1-4-14 中，筆者選擇了 .net core 的 CI 模版，可以看到他自動建立了 Restore->Build->Test->Publish->Publish Artifact。

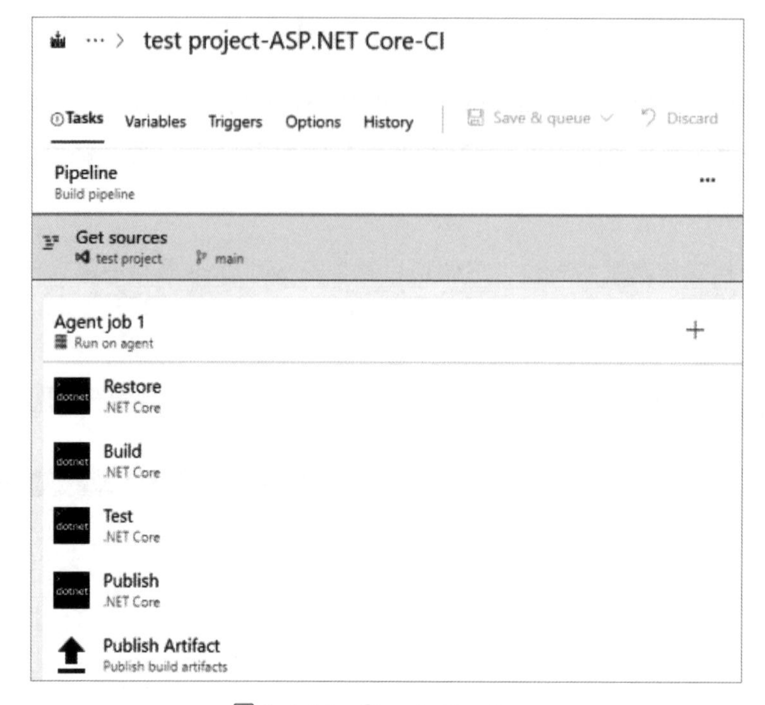

圖 1-4-14　Classic Pipelines

但在使用一陣子後，會發現雖說這個 Classic Pipelines 在初期建立的時候非常快速，但也有一些明顯的缺點。例如：

- **權限控管**：Classic Pipelines 的權限控管較為複雜，因為 Pipelines 和 Release（圖 1-4-15）是分開的，所以需要分別設定權限，這可能會導致權限設定的混亂和困難。
- **版本控制**：Classic Pipelines 的設定是透過 GUI 進行的，這代表著它們不能被版本控制。這可能會導致追蹤變更和還原變得困難。
- **學習曲線**：對於新進的同事來說，學習和理解 Classic Pipelines 可能需要一些時間，因為他們需要熟悉 GUI 和各種設定。

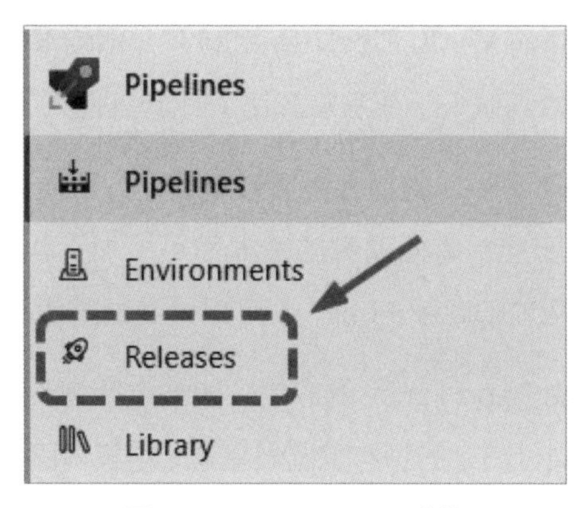

圖 1-4-15　Releases 功能

TIPS

現在讀者應該在建立新的 Azure DevOps Service 的時候，會發現已經看不到 Releases Pipelines 以及 Classic Pipelines 了，原因是微軟在 2023/8/2 公告，未來新的專案建立，將預設關閉 Classic Pipelines 這個功能。

https://learn.microsoft.com/zh-tw/azure/devops/release-notes/2023/sprint-225-update#disable-creation-of-classic-pipelines-for-new-organizations-pre-announcement

二、YAML Pipelines

微軟也建議使用 YAML 語言來撰寫 Pipelines，相較於 Classic Pipelines 來說，具備下列優點：

- **版本控制：**因為 YAML Pipelines 是以程式碼為主的，所以它們可以被版本控制。這讓你可以追蹤變更，並且可以輕鬆地還原到之前的版本。

- **重用和共享**：你可以將 YAML Pipelines 定義在一個檔案中，然後在多個項目中重用。也可以分享給其他人，或者在網路上找到其他人的範例來使用。
- **權限控管**：YAML Pipelines 的權限控管較為簡單，因為所有的設定都在同一個檔案中，所以只需要控制這個檔案的權限即可。加上 Azure Repo 可以更細微的存取設定，所以相較 Class Pipelines 可以做到更直觀卻又更多的調整。
- **團隊協作**：可以藉由 Repo Policy 的設定，強制進行 Pipelines Pull Request 的審查，以相互確認所交付出來的腳本現況與建議，這樣對團隊協作有正向助益。
- **AI 協助**：由於是全文本的，初學者也可以透過範本及參考 Github Copilot 的說明，協助知識的擴展與任務的完成。

```yaml
stages:
  - stage: BuildAndPublish
    displayName: 'Build and Publish'
    jobs:
      - job: Build
        displayName: 'Build'
        pool:
          vmImage: 'windows-latest'
        steps:
          - task: UseDotNet@2
            displayName: 'Use .NET 6'
            inputs:
              packageType: 'sdk'
              version: '6.x'
          - task: DotNetCoreCLI@2
            displayName: 'Restore'
            inputs:
              command: 'restore'
              projects: '**/*.csproj'
          - task: DotNetCoreCLI@2
            displayName: 'Build'
```

圖 1-4-16　YAML 範本

1-4-3　將程式碼來進行自動編譯及部署

一、目標是 App Service

前面已經將 APP Service 設定完成，而且也在 Service Connection 中設定好標的了，在本書的示範專案中，讀者可以在根目錄中找到三個 yaml 檔案，請打開 AzureDevOpsPractice_CICD_sample.yaml，簡單說明如程式碼範例 1-4-1：

```
trigger:
  branches:
    include:
      - main  #當 main branch 變更時就會觸發
  paths:
    exclude:
      - AzureDevOpsPractice_CICD_VM_sample.yaml  #預防修改另外一個
pipeline yaml 時也觸發，列排外

variables:
  webAppName: 'AzureDevOpsPractice'
  azureSubscription: 'Azure_DevOps_Practice_RG_APPService_JPEast'

stages:
  - stage: BuildAndPublish
    displayName: 'Build and Publish'
    jobs:
      - job: Build
        displayName: 'Build'
        pool:
          vmImage: 'windows-latest'  #指定使用 MS-hosted agent
windows-2022
        steps:
          - task: UseDotNet@2  #指定使用 .NET 6 sdk
            displayName: 'Use .NET 6'
            inputs:
              packageType: 'sdk'
              version: '6.x'
          - task: DotNetCoreCLI@2  #dotnet restore
            displayName: 'Restore'
            inputs:
```

```
            command: 'restore'
            projects: '**/*.csproj'
        - task: DotNetCoreCLI@2  #dotnet publish
          displayName: 'Publish'
          inputs:
            command: 'publish'
            projects: '**/*.csproj'
            arguments: '--configuration Release --output $(Build.
ArtifactStagingDirectory)'
        - task: AzureWebApp@1  # 部署到 APP Service
          displayName: 'Azure Web App Deploy: $(webAppName)'
          inputs:
            azureSubscription: '$(azureSubscription)'
            appName: '$(webAppName)'
            package: '$(Build.ArtifactStagingDirectory)/**/*.zip'
            deploymentMethod: 'auto'
```

程式碼範例 1-4-1

列幾個要點說明就好：

- Azure Repo 的 Git main 分支變更的時候，就會觸發這個腳本。
  - 排除 VM 專用的腳本變更，AzureDevOpsPractice_CICD_VM_sample.yaml。
- 選擇指定為 'windows-latest' 的 Microsoft-hosted agent。
- 指定使用 .NET 6 SDK。
- dotnet restore 先還原專案中所需要的 nuget 套件。
- dotnet publish 將專案編譯並發布到指定目錄。
- AzureWebApp@1 這個則是將上述指定目錄的發布檔案，部署到指定的 Azure APP Service。

接著就來進行 Azure DevOps Pipeline 的設定，先選取專案中的 Pipelines，由於專案中還沒有建立任何 Pipelines，因此點選 **Create Pipeline**（圖 1-4-17）。

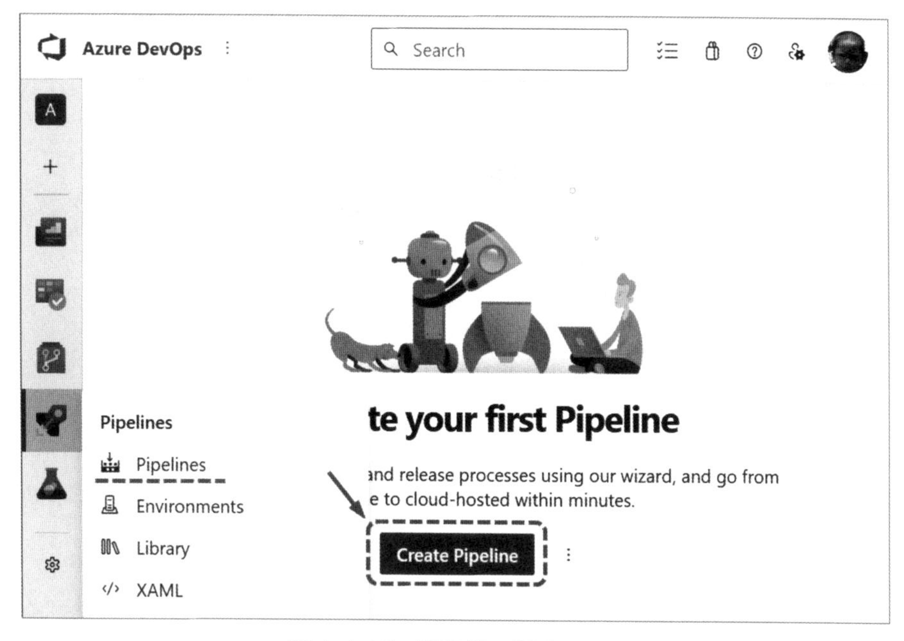

圖 1-4-17　建立第一個 Pipeline

接著選擇 New pipeline 是來自於 Azure Repos Git（圖 1-4-18）。

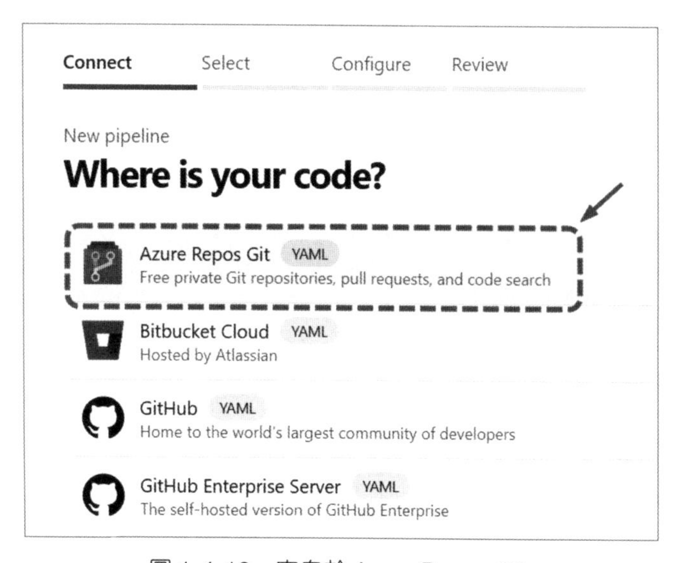

圖 1-4-18　來自於 Azure Repos Git

再來選擇到這次的目標 Azure Repo **Azure_DevOps_Practice**（圖 1-4-19）。

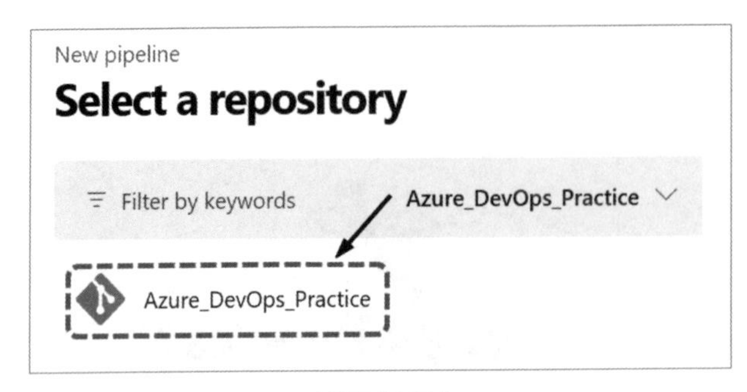

圖 1-4-19　選擇對應的 repository

接著根據指示，由於已經準備好 YAML file 了，因此選擇 **Existing Azure Pipelines YAML file**（圖 1-4-20）。

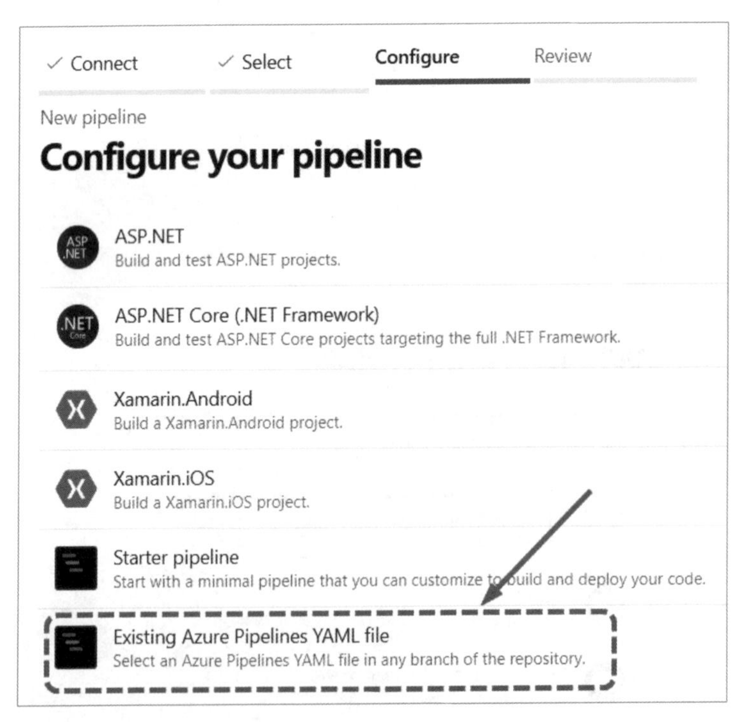

圖 1-4-20　選擇 Existing Azure Pipelines YAML file

接著選擇 **AzureDevOpsPractice_CICD_sample.yaml**（圖 1-4-21）。

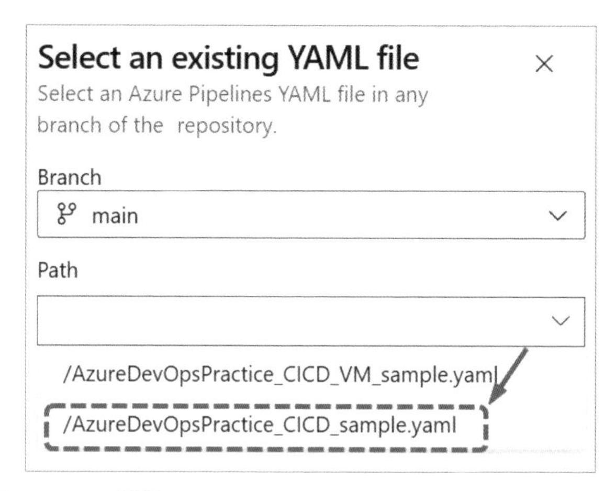

圖 1-4-21　選擇 AzureDevOpsPractice_CICD_sample.yaml

最後一步，預覽 yaml 檔案後，按下右上角 Run 的藍色按鈕，執行專案第一個 Pipeline。

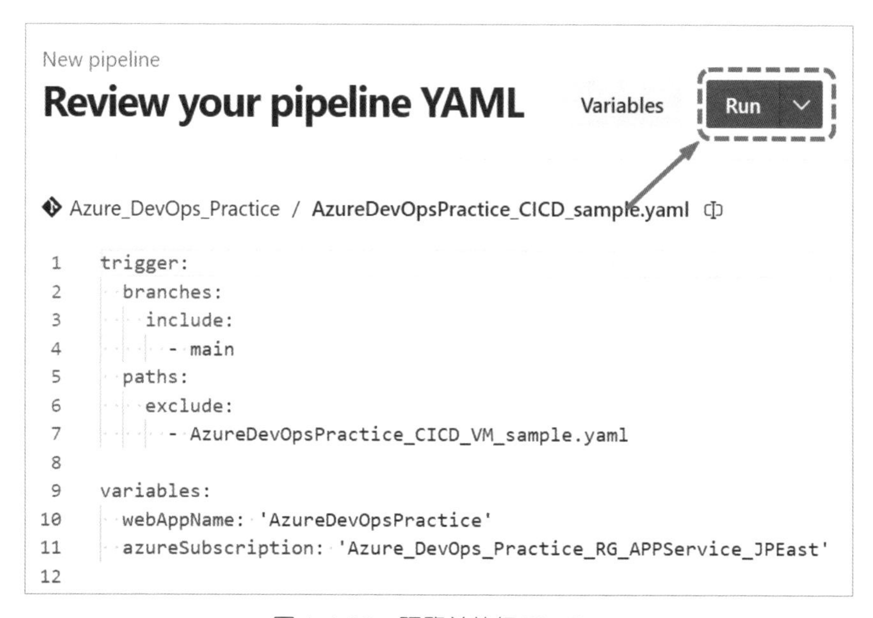

圖 1-4-22　預覽並執行 Pipeline

接著就會看到執行的畫面被暫緩如圖 1-4-23，Pipeline 在首次執行的時候，需要先給予權限，例如跨 Repo、Environment、Library 或是 Service connection，都會需要首次先賦與權限。

因此，我們先按下右下角的 View 的按鈕。

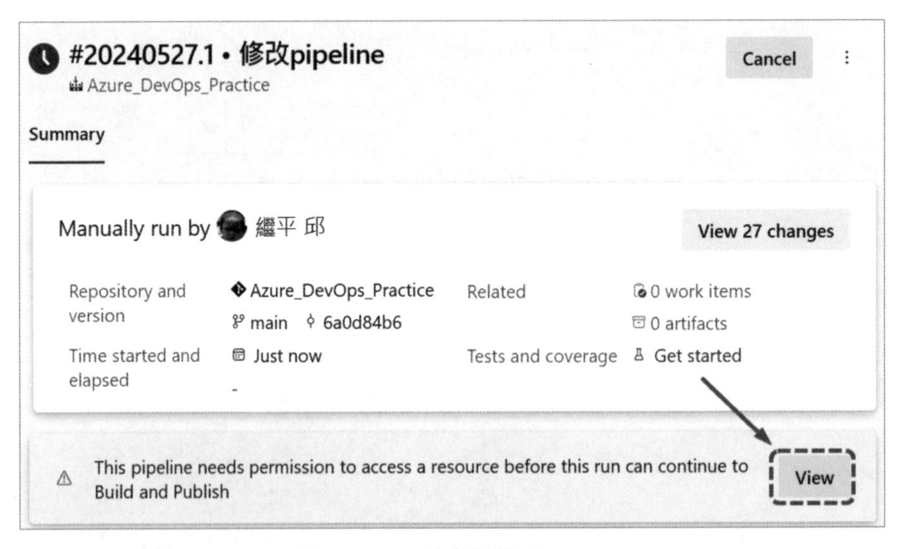

圖 1-4-23　首次執行 Pipeline

接著在跳出的畫面中，按下 **Permit**，這時候會跳出警示視窗如圖 1-4-24，告知當授權後，未來這個 Pipeline 都會獲得存取名為：**Azure_DevOps_Practice_RG_APPService_JPEast** 這個 service connection 的權限，這就是我們要的，因此按下 **Permit**。

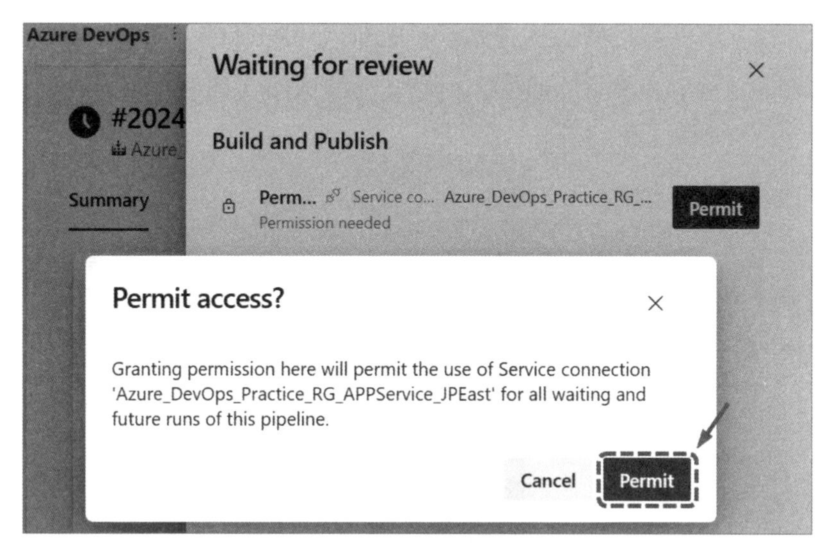

圖 1-4-24　給予權限

接著，就會看到新設定的 pipeline 被執行，執行的過程中，會看到藍色轉圈的圖示轉動著（圖 1-4-25），直到變成綠色勾勾後，就可以看到執行完成的畫面。

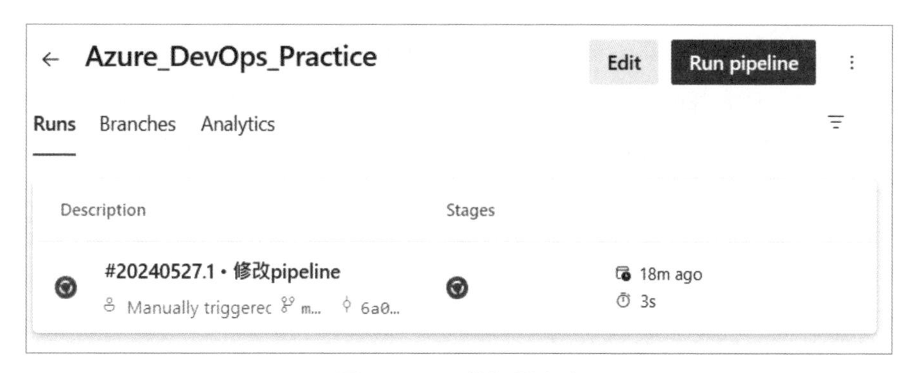

圖 1-4-25　執行腳本中

執行完成後，讀者可以藉由點選 Stage **BuildAndPublish**，底下 Job 中每一個 Step，來看 pipeline 在執行的過程中，所有的詳細記錄（圖 1-4-26）。

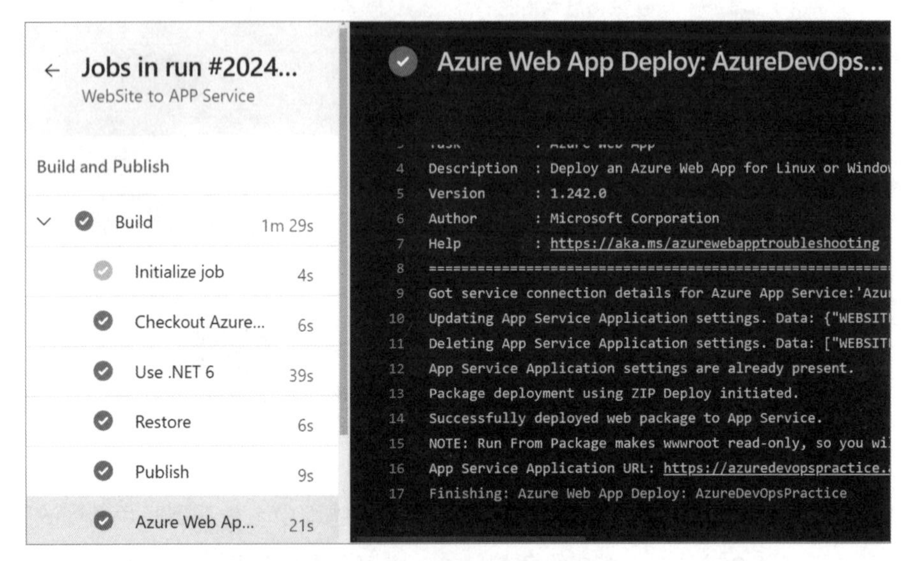

圖 1-4-26　執行完成的細節

接著回到 Pipelines 的首頁，會發現到預設的 Pipeline 的名稱，會根據 yaml 腳本檔所在的 Azure Repo 名稱命名。這個 Pipeline 是部署到 APP Service 的，接下來還有一個 VM 底下的 IIS 的 Pipeline 要設定，因此先將這個 Pipeline 修改名稱，取名為 **WebSite to APP Service**。

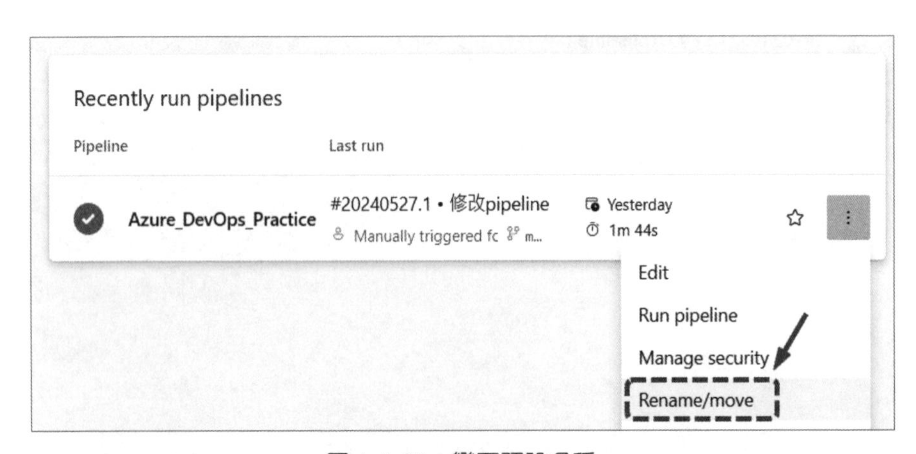

圖 1-4-27　變更預設名稱

到此就完成了透過 Microsoft-hosted Agent 所執行的第一個 Pipeline 腳本了。

圖 1-4-28　修改後的名稱 WebSite to APP Service

最後來驗證我們所部署到的 APP Service 如圖 1-4-29，確認編譯及部署任務完成。

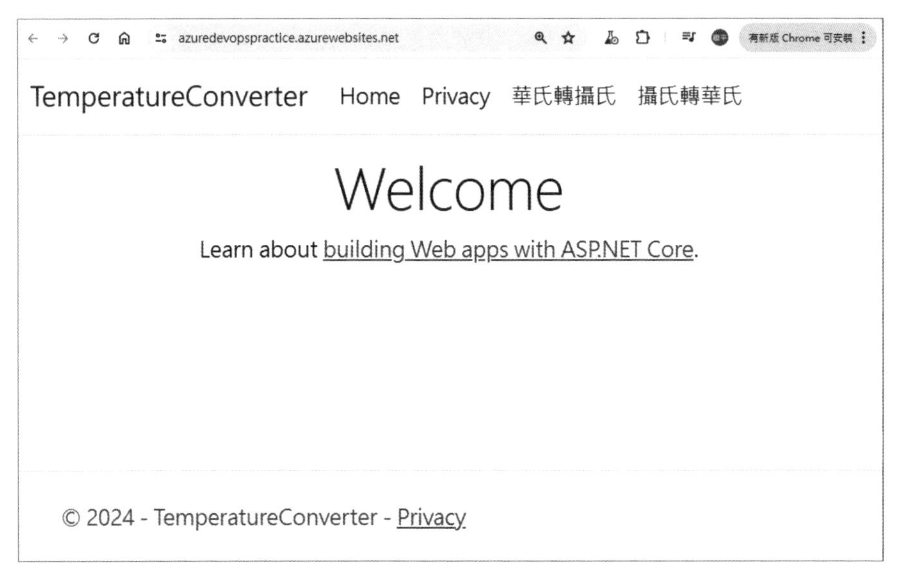

圖 1-4-29　APP Service

二、第二個目標，VM 中的 IIS

筆者其實在工作中，幾乎所有的部署任務都是在地端 VMWare 的 Windows 平台中，相較於在 APP Service 的部署任務來說，多了需要自己安裝 Environment 的工作，也要自己去處理機房對微軟防火牆開通的問題，而且在 Agent 的維護上，也會需要定期去更新。不過這應該也是非常多企業的現況，畢竟 VMWare 相較於實體機架的伺服器來說，維護上相對容易許多，因此本書除了介紹 Azure APP Service 以外，另外也介紹了在 VMWare 上的建置與部署腳本。

同樣的，專案中有一個 yaml 檔案名稱為：**AzureDevOpsPractice_CICD_VM_sample.yaml**，簡單介紹如程式碼範例 1-4-2：

```
trigger:
  branches:
    include:
      - main  #當 main branch 更新時會被驅動
  paths:
    exclude:
      - AzureDevOpsPractice_CICD_sample.yaml  #排除 APP Service 的腳
本異動

variables:
  - name: 'system.debug'  #debug 模式開啟
    value: true

stages:
  - stage: BuildAndPublish  #編譯並發布成品至 pipeline artifact
    displayName: 'Build and Publish'
    jobs:
      - job: Build
        displayName: 'Build'
        pool:
          vmImage: 'windows-latest'  #選擇 MS-hosted agent 指定為
windows-2022 image
        steps:
          - task: UseDotNet@2   #指定使用 .NET 6
            displayName: 'Use .NET 6'
            inputs:
              packageType: 'sdk'
              version: '6.x'
          - task: DotNetCoreCLI@2  #還原 Project 中的 nuget 套件
            displayName: 'Restore'
```

```
          inputs:
            command: 'restore'
            projects: '**/*.csproj'
        - task: DotNetCoreCLI@2  # 編譯並發布 artifact
          displayName: 'Publish'
          inputs:
            command: 'publish'
            projects: '**/*.csproj'
            arguments: '--configuration Release --output $(Build.
ArtifactStagingDirectory)'
        - task: PublishPipelineArtifact@1  # 將發布後的 artifact，上
傳至 pipeline artifact
          displayName: 'Publish Artifact'
          inputs:
            targetPath: '$(Build.ArtifactStagingDirectory)'
            artifact: 'drop'
            name: 'Azure_DevOps_Sample_TemperatureConverter'  # 指
定 artifact 名稱
  - stage: Deploy  # 部署至 VM 的 IIS 階段
    displayName: 'Deploy'
    dependsOn: BuildAndPublish # 依賴前一階段 BuildAndPublish
    jobs:
      - deployment: DeployWebApp
        displayName: 'Deploy Web App'
        environment:
          name: 'VM_SIT'  # 呼叫前一章節註冊在 pipeline -> Environment
->VM_SIT (共一台伺服器)
          resourceType: 'VirtualMachine' # 標的類型為虛擬機器
        strategy:
          runOnce:  # 部署策略，單次全部署
            deploy:
              steps:
                - task: DownloadPipelineArtifact@2  # 將前一階段
pipeline artifact 產物進行下載
                  displayName: 'Download Artifact'
                  inputs:
                    buildType: 'current'
                    artifactName: 'drop'
                    targetPath: '$(System.DefaultWorkingDirectory)'
```

```
          - task: extractFiles@1  # 解開前一階段 pipeline
artifact zip 到指定目錄
            displayName: 'Extract Files'
            inputs:
              archiveFilePatterns: '$(System.
DefaultWorkingDirectory)\Azure_DevOps_Sample_TemperatureConverter.zip'
              destinationFolder: '$(System.
DefaultWorkingDirectory)\publish'
              cleanDestinationFolder: true
              overwriteExistingFiles: true
          - task: IISWebAppDeploymentOnMachineGroup@0  # 部署
至主機 IIS 的 Default Web Site
            displayName: 'Deploy to IIS'
            inputs:
              WebsiteName: 'Default Web Site'
              package: '$(System.DefaultWorkingDirectory)\
publish'
              TakeAppOfflineFlag: true
              VirtualApplication: ''
```

程式碼範例 1-4-2

同樣的說一些腳本的要點：

- Azure Repo 的 main 分支變更的時候就會觸發這個腳本。
  - 排除 APP Service 專用的腳本變更，AzureDevOpsPractice_CICD_sample.yaml。
- **Stage - BuildAndPublish**
  - 選擇指定為 **windows-latest** 的 Microsoft-hosted Agent。
  - 指定使用 .NET 6 SDK。
  - dotnet restore 先還原專案中所需要的 nuget 套件。
  - dotnet publish 將專案編譯並發布到指定目錄。
  - 將指定目錄的檔案，上傳至 Pipeline Artifact，讓下一個階段使用。

- **Stage - Deploy**
  - 依賴前一階段 BuildAndPublish
  - Jobs
    - deployment 到指定的 environment，名稱為 **VM_SIT**。**runOnce** 為部署策略，會一股腦將前一階段的 pipeline artifact 部署到指定 environment 中的所有虛擬機器中。
      - DownloadPipelineArtifact@2：將前一階段 pipeline artifact 產物進行下載。
      - extractFiles@1：解開前一階段 pipeline artifact zip 到指定目錄。
      - IISWebAppDeploymentOnMachineGroup@0：部署至主機 IIS 的 Default Web Site。

TIPS

在 Azure DevOps 中，「Artifact」是一種專門的術語，指的是在建置或部署過程中產生的輸出物。這些輸出物可以是編譯後的二進位檔案、打包的應用程式、配置檔案、測試報告等等。Artifact 可以被儲存並在後續的步驟或流程中被重用。

主功能中，有一個名為 Artifacts 的功能，該功能就如同前面介紹的，可以協助 Pipeline 在引用外部第三方套件時（如 nuget or maven），作為 proxy 使用。同樣也可以將自己撰寫的 nuget 作為 artifact 提供專案或是內部發布使用。

而這裡說到的「Pipeline Artifacts」是一種特殊類型的 Artifact，它們是在 Azure DevOps Pipeline 中產生並被儲存的。Pipeline Artifacts 可以在同一個 Pipeline 的不同階段之間，或者在不同的 Pipelines 之間進行共享。這讓你可以在一個階段中產生一個 Artifact，然後在後續的階段中使用它，而不需要重新產生。

與圖 1-4-17 流程相同，建立一個新的 Pipeline，然後直接按下 Run。

圖 1-4-30　設定 VM 使用的 yaml

接著會發現與前一個 Pipeline 的差異，這邊會有兩個 Stage，分別是 **Build and Publish** 以及 **Deploy**，這呼應到腳本中的兩個不同的 Stage。現在也會發現到第一個階段已經完成，第二階段等待中，那是因為第一次要存取 Environment 需要被許可，接著按下 View->Permit，讓它執行完成。

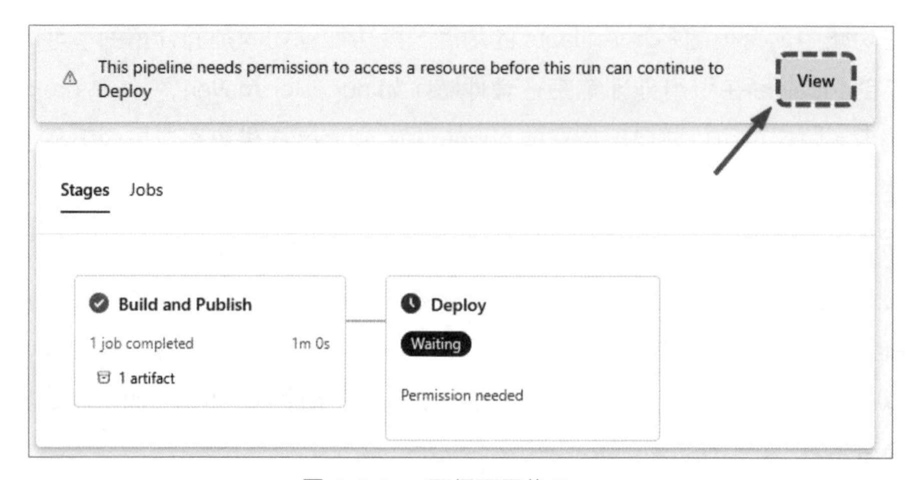

圖 1-4-31　兩個不同的 Stage

接著執行完成了，可以發現到圖 1-4-32，在第二階段 Deploy 的時候，可以看到會根據名稱把每一個 agent 的所有執行細節都呈現出來。這裡的部署策略是 runOnce，因此會直接將所有 environment 中每一個 agent 都一股腦的部署完成。部署策略中還有 rolling 以及 canary 可以選擇。

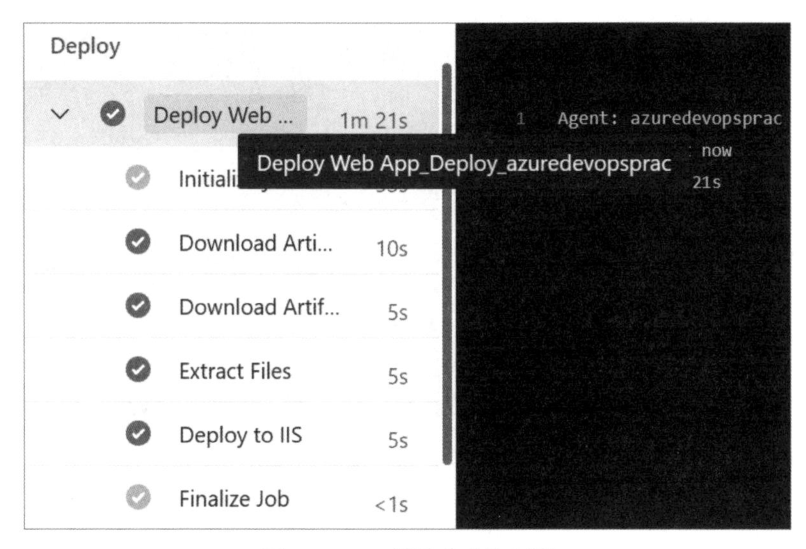

圖 1-4-32　部署成功的細節

三、是時候來跑一個最簡單的軟體開發生命週期（SDLC）了

從 1-2 到 1-4，我們在整理了 Git 後，上傳到 Azure Repo 中作為程式碼版本庫的來源，接著將目的地也設定完成，包含了 Azure APP Service 以及 VMWare 上的 IIS 站台。最後透過 Azure Pipeline 這個功能，將寫好的腳本設定在站台中，並設定條件在 main branch 有被更新時，就可以觸發 Pipeline 進行編譯以及部署作業。

接下來是時候來跑一個最簡單的軟體開發生命週期（SDLC）了。

圖 1-4-33　驗證第一個 SDLC

首先先將專案中的 /Views/Home/Index.cshtml 打開，接著將 **Welcome** 變更為**驗證我們第一個 SDLC**，然後 commit（提交）and Push（推送）。

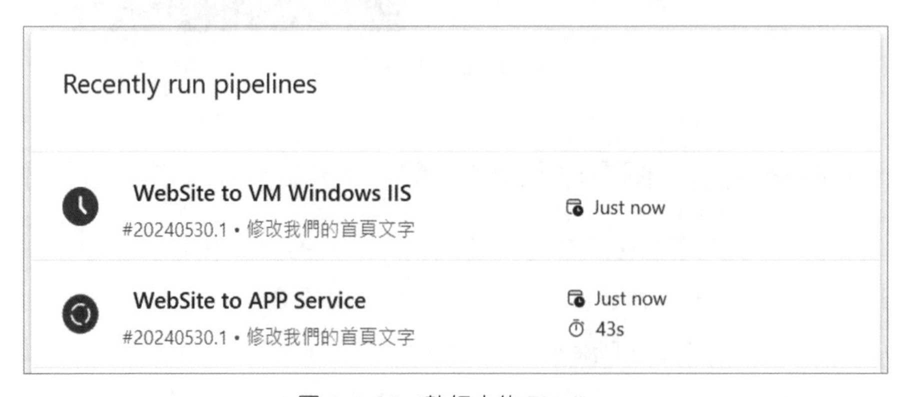

圖 1-4-34　執行中的 Pipeline

接著回到 Azure DevOps Service 的 Pipeline 中，確定兩個 Pipeline 都被觸發執行，接著就等它執行完成。

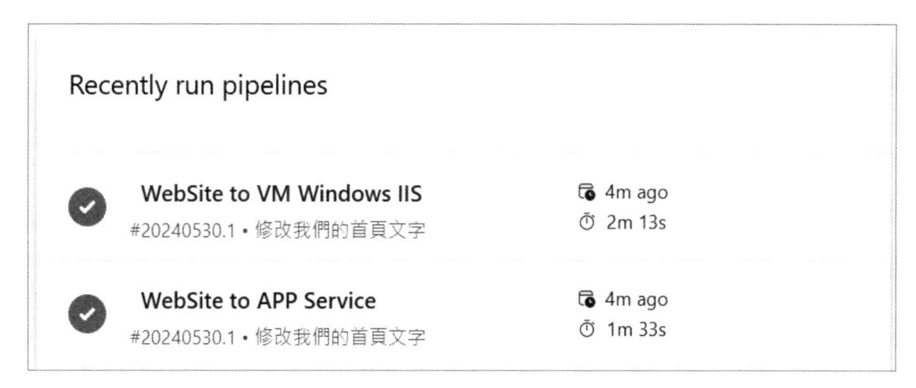

圖 1-4-35　執行完成的 Pipeline

執行完成後，確認沒有任何錯誤，這時候就該到目的地確定變更是否有完成。

圖 1-4-36　變更後的網站

OK，可以發現到剛剛的變更有成功的部署到目的地的網站，成功的完成了一次開發 -> 自動編譯 -> 自動部署的過程。

四、補充 - 使用自己建立的 Default agent 來執行其他的工作

上面透過 Microsoft-hosted agent，基本上已經可以完成大部分的任務了，不過前面有說到，當 Microsoft-hosted agent 的 image 沒有辦法滿足我們的需求，也是可以透過自己的伺服器（甚至是桌機）來建立 Self-hosted agent 來完成任務，前面示範有建立了一個 Self-hosted agent。

在筆者公司中，通常建立自己的 Default agent，可能適用場景如：

- 要編譯的程式語言過舊，如 .net framework 3.5。
- 呼叫內部其他伺服器，如發動黑箱掃描、呼叫內部訊息伺服器。
- 建置 Git Repo 備份任務到地端備份伺服器。

假設有一個任務，需要將 Azure DevOps Repo 每日定期 Git Pull 一份到公司內部的主機去做備份的工作，那可以透過 Self-hosted agent 來進行定期的備份作業，參考 yaml 如下：

```
schedules:
- cron: "32 23 * * *"  # 每天 UTC+8 07:32 執行
  displayName: "Backup Azure Repo"
  branches: # 指定分支
    include:
    - '*'
  always: true # 強制執行

trigger: none

stages:
  - stage: Backup
    displayName: 'Backup'
    jobs:
      - job: Backup
        displayName: 'Backup'
```

```
        workspace:
          clean: all
        pool:
          name: 'Default'
        steps:
        - checkout: self
          persistCredentials: true
          fetchDepth: 0 # 取得所有歷史紀錄
        - powershell: | # 執行 powershell 指令，將 repo 壓縮成 zip 檔，並根
據當下時間命名後傳至指定路徑
            $date = Get-Date -Format "yyyyMMddHHmmss"
            $zipFileName = "D:/Repo_Backup/Repo_Backup_$date.zip"
            Compress-Archive -Path "$(Build.SourcesDirectory)"
-DestinationPath $zipFileName
          displayName: "Zip Repo Backup"
```

程式碼範例 1-4-3

程式碼範例 1-4-3 的 yaml 簡單說明如下：

- **cron job**，指定在 UTC 時間 23:32 分執行，也就是 UTC+8(台灣時區) 07:32 執行。
- **trigger** 指定為 none，這樣就不會被其他的 commit 驅動到腳本。
- Stages->stage->jobs->job:Backup->pool 指定為 **Default**，這邊使用自己建立的 Self-hosted agent 來完成備份的工作。
- **checkout self**，將現有 Azure repo 的 git 複製下來，並指定 fetchDepth:0，將 git tree 全部都複製下來。
- **powershell**：執行 powershell 指令，將 repo 壓縮成 zip 檔，並根據當下時間命名後傳至指定路徑 D:/Repo_Backup/。

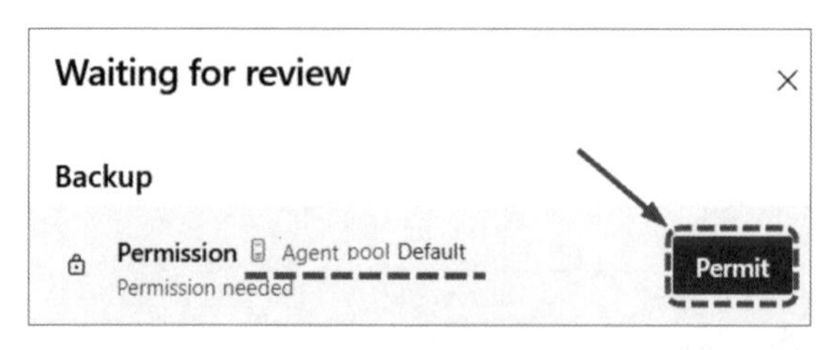

圖 1-4-37　Pipeline 初次呼叫 Agent pool Default

當第一次執行的時候，同樣需要提供權限讓 Pipeline 去存取 Agent pool **Default**，按下許可後，來驗收看看最後排程執行的結果。

圖 1-4-38　Cron Job 觸發的 Pipeline

首先會先發現到，Pipeline 這次是出現 **Scheduled for...**，這代表撰寫的排程觸發有作用。再來就是看成果的時候。

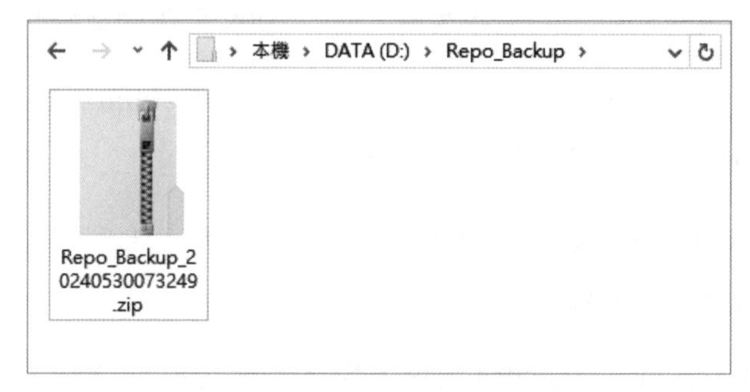

圖 1-4-39　備份成功

由於這次示範是使用筆者的筆記型電腦進行 Self-hosted agent 的安裝，因此可以在筆者本機指定目錄下，看到 Pipeline 執行備份的 zip 檔案有成功的被備份下來，未來這個 Pipeline 將會在指定的時間進行備份的作業。

其實在前面的範例中，就有示範了三種觸發方式，這三種觸發方式可以根據任務的需求，靈活用來觸發各腳本，說明如下列表：

圖 1-4-40　三種類型的觸發

- **Scheduled（排程觸發）**：這種觸發方式允許設定一個時間表，讓 Pipeline 在特定的時間自動執行。例如範例中的 YAML 就是指定每天 UTC+8 07:32 執行備份的工作。
- **Individual CI（持續整合 CI 觸發）**：這種觸發方式允許設定 Pipeline 在每次有程式碼 commit 到 Azure Repo 時自動執行。這可以幫助快速地發現和修復問題。讀者可以在 Pipeline 的 YAML 定義中使用 trigger 關鍵字來設定這種觸發方式。
- **Manually triggered（手動觸發）**：這種觸發方式允許手動觸發 Pipeline。這在需要進行一些臨時或者非常規的操作時非常有用，例如需要部署一個緊急的修復，或者需要運行一些手動測試。可以在 Azure DevOps 的網頁介面上，或者使用 Azure DevOps 的 CLI 工具來手動觸發 Pipeline。

小結 – Single Source 的觀念與技術力支持的重要性

在 DevOps 觀念中，「Single Source」（單一來源）通常指的是所有程式碼、設定、腳本、文件等都放置在同一個平台中。這種做法有以下幾個好處：

- **版本控制：**所有的變更都可以被追蹤，這讓團隊成員可以輕鬆地查看每一個變更的歷史，並在需要的時候還原到之前的版本。
- **協作：**所有的成員都可以看到並修改同一份資料，這讓團隊協作變得更加容易。
- **自動化：**由於所有的資料都在同一個地方，可以輕鬆地建立自動化的流程，例如自動建置、自動測試、自動部署等。
- **一致性：**所有的環境（例如開發環境、測試環境、生產環境）都使用同一份資料，這可以確保環境的一致性，並減少因環境差異造成的問題。

在第一章的四個小節，實現了程式碼、腳本到部署環境都實作在 Azure DevOps Service 中，如果這個專案是讀者個人需求的網站。例如筆者常為了實驗新的技術或是撰寫技術文章，而會在 Azure DevOps Service 中開立一個 Project，並將最小需求的 Pipeline 腳本寫好後，就可以專注在程式碼的產出，接著就是 Git 的 commit and push，接著編譯部署就會自然地發生。

在這種前提下，開發人員就可以專注在更有價值的研究與開發，而不需要花費時間去處理乏而無味的編譯與部署作業。可以參考看看前面的編譯及部署作業，自動化的過程大概需要 2 分鐘左右，就能完成編譯及部署任務。

或許有些人認為這過程可能看起來很短，使用一些 VS Code 的延伸套件應該也可以簡單地完成這個工作，例如用 SFTP 的方式部署到 APP Service 或 VM 也都可行，時間也不長也不需要學習 Azure DevOps Service 以及 Pipeline yaml 的技術與設定知識。

但要注意到如果今天進入到多人協作時，在缺乏單一來源平台的前提下，每個人在自己的電腦中進行版本控管、編譯及部署作業，到最後整合的時候會有多混亂又讓人絕望。更不用提那每次的耗費的重複性協調及作業會耗費多少專案團隊的精力與時間。

因此第一章看起來要實作在個人小專案中，會有一些進入的技術門檻會讓人卻步，甚至會讓讀者思考這個門檻是不是會拖慢專案的進度。其實應該要提升一個高度，從未來可能面臨的多人專案中，如果具備了這些基礎技術能力與協作的知識，那可以讓我在多人協作專案中，提升多少專案團隊的開發與溝通效率，進而成就專案的成功。

Note

CHAPTER

開發團隊在 Azure DevOps 平台中的協同開發、交付與溝通要點

前言

前面的第一章，從程式庫（Azure Repos）、佈署目標（Environment and App Service）以及自動化腳本（Azure Pipelines），讓我們完成了邁向 DevOps 世界的第一步。然而，在不同的技術平台、開發框架甚至團隊環境中，需要掌握的知識與技能千變萬化。因此永遠都不會有停下來的一天。就如同 Continuous Integration（持續整合）和 Continuous Delivery/Deployment（持續交付 / 部署）一樣，筆者認為 DevOps 的世界中也需要 Continuous Learning（持續學習）。

DevOps 概念十分的廣泛，有許多書本中都會説到，但最終的目的都是要持續交付價值這個核心概念，開發團隊應該持續地、快速地提供能為用戶創造價值的產品或功能。為了要能夠做到持續的交付價值，基礎就是自動化工程。

這就是為何會有許多人一提到 DevOps，就會馬上反應過來說：**喔！你說的是要做 CI/CD對吧？** 甚至會有人將 CI/CD 與 DevOps 劃上等號，這句話其實稍微狹義，但又可以看出其實自動化工程在 DevOps 的領域中佔了多大的份量。其實筆者一開始在接觸 DevOps 的時候，也非常著迷在自動化工程中。當時內部安裝了地端版本的 DevOps 平台（GitLab），就在內部三人開發的小團隊中，邊研究與摸索自動化腳本撰寫，然後協助（或說打擾）開發團隊，去討論如何在小型開發團隊中，使用自動化腳本進行團隊協作。

自動化工程在 DevOps 中的重要性簡單就可以敘述幾點如下：

1. **效率提升**：就如同前一章所呈現的，對於開發人員要交付的內容，可以透過自動化的手段去協助省去手動的編譯以及佈署。
2. **品質保證**：開發的過程中如果團隊有撰寫 Unit Test 的習慣，也可以透過 Azure Pipeline 的自動化腳本，來將 Unit Test 腳本執行測試，已確保開發人員交付的內容可以通過最基本的驗證。

3. **風險降低**：在過往手動建置與部署的時候，我們無法確保每次的操作都能如機械般精確一致，這種變異性很可能導致發布問題甚至災難。藉由自動化腳本的產生，可以確保每次的佈署都是一致的。而且自動化的腳本也可以覆現錯誤，藉由腳本將人為動作實例化後，可以藉由相互檢視與討論，最後將腳本修正成有效且又合規的內容

而在 Azure DevOps Sevice 這平台中，就是透過 Azure Pipeline 這個功能去進行自動化工程的實現，在前一章中我們有最基本的 Pipeline 的建置基礎。而這一個章節，會稍微深入到開發團隊的核心，去討論如何推動團隊要進行協作的秩序建立，並讓團隊可以**接受改變**。

改變？改革？

有思考過嗎？當你具備了某一部分的技術、知識或是經驗的時候，你是如何讓你的這些專長，推動到組織或是團隊中？讓你認為團隊是往正確的道路上前進？要知道，當組織或團隊要接受某個事物，並讓成員理解必須要做些甚麼時，那表示一定是現況有所不足，進而需要進行改變，或稱之改革。

在筆者公司的故事中，其實是從價值，或稱之痛點下手。我們的故事很痛，可以讓讀者參考看看。

筆者的公司團隊過去並沒有 Git 協作經驗的進行，特別是因為大多數同仁都是一人肩負多個系統的開發及維運，因此當一開始根本還搆不到 DevOps 的邊邊角角，反正就是各做各的事情。既不求交付效率，也不談快速回饋，更不用提知識的建立了。除了團隊中有建議要使用 Git 去進行各自系統的版本控管之外，再來就是交付到營運環境，需要提出非常多份的各式各樣文件。

這些文件不外乎：

- **需求分析文件** - 程式或是系統需要被異動，一定有其原因，不論是需求或是臭蟲，也可能是移除技術債，因此一份文件説明是必要的。

- **修改過的程式清單** - 為了上述目的，因此必須要進行程式的修改，而這些程式被驗證後，就可以被交付到營運環境提供服務。
- **變更步驟文件** - 因為要要求營運作業人員協助將寫好的程式進行編譯後，手動佈署到營運環境，開發人員不可自行佈署。
- **測試文件** - 不論是開發人員的測試，或是需求單位的測試，都必須用 word 截圖記錄下來，然後大家蓋蓋章。
- **安全性測試報告** - 可能是白箱或是黑箱報告，需要一併附上。

上面這些文件基本上都是 Word 檔，在我們組織中，當初其實是為了遵循 CMMI 的規範所訂定出來的，也運行了十幾年以上，從來沒有人提出做這些事情的背後真正的目的。而在這樣的組織文化中，或許有人會自豪自己在各種文件的精細程度，例如一個簡單的變更，測試的文件可以多達 30 頁，但其實只是一個表單的送出測試而已。又或者有營運作業人員可以成為手動佈署程式的大師級人物，就算多達十多個步驟，佈署的機器多達十台，他也可以輕而易舉在一個小時內完成所有的動作。

這些人或許在一定的範圍內值得讓我們驚呼不可思議，也可能因為組織環境與限制所導致的文化使然，讓這些高手沉浸在受人稱讚的浪漫之中，但總是哪裡覺得怪怪的。

痛點出現了

上述的方式，在十幾年下來的維運中，產生了一些問題，例如：

- **文件的產出即過期** - 因為文件太多了，到後面幾乎所有文件都是為了營運環境換版而產生的，因此當送出的那一瞬間結束後，只有稽核會來看當時是否檢附文件，對於營運一點幫助都沒有。
- **系統真實知識的匱乏** - 知識檔案化的建立，對於程式碼之間的關聯永遠都對不上，因為大多數的時間都拿去做被要求的文件，因此那一堆在工單系統的文件，還不如開發人員電腦中 Git 以及那份 txt 檔案的秘笈來的有用。

- **溝通的落差與難以找尋的歷史** - 不管是需求單位更換窗口，或是同事離職交接的知識換手減損，多年後完全沒有人可以說出，為何系統的這份封稽催信件需要每隔兩天發一次，而且還見紅就休。唯一能找到紀錄的，大概只能從離職同仁電腦曾經溝通的 outlook 信件中找到當時溝通的過程，這種狀況一個月來一次，就可以讓開發同仁痛苦個好幾天，而且還不見得可以解決。

這些狀況都不斷的衝擊筆者公司的同事，進而當然也影響了大家開發的能量，因為越來越多的庶務與文件製作，降低了開發人員真正應該關注的那些世界技術變化與潮流。也因為 CMMI 的使然，讓大家不願意去變更所謂的企業標準做法與程序，因此落入**不要問為什麼，做就對了**的氛圍。

加上程式碼版本變更的困難，以及繁瑣的文件的製作門檻，更導致了開發人員寧願將多個月的需求，合為一次進行營運環境變更，最好是一季變更一次就好，多年來這些痛點就越發影響整個環境。

KPI 與專案外包的甜蜜陷阱

不知道是不是有讀者也跟筆者的組織一樣，面臨上述那些痛苦的故事。筆者在組織中觀察非常久，也苦無契機推翻與變更那些陳舊的流程，但就如同獨角獸專案中的梅克辛 . 錢伯斯的夥伴們一樣，地下的反抗軍其實一直都存在。同事們許多都了解痛苦，同樣的也渴望改變的契機。

筆者觀察多年的經驗發現，其實機會通常稍縱即逝。一開始，主管也發現到了這個問題，因此也有試圖去尋求解決方案。通常大型企業在尋求解決方案時，很容易就會仰賴顧問公司或是外部產品廠商進行解決方案的導入，接著進入**客製化**，量身打造成企業中各個公公婆婆心中的願望，希望這樣就可以一舉解決企業真正的痛點。

這樣真的行嗎？

要知道在專案作為 KPI 制度的公司，有機會讓你編一大筆錢，由得標廠商進行大量的訪談以及客製化，綜合了企業中各單位的意見，並經歷了兩三年各種客製化與開發後，只要推到營運環境上線。這樣專案進度完成，系統如期上線，廠商也照著進度拿到專案尾款，同樣的你的專案也完成了，這樣不是皆大歡喜嗎？

顧問公司或是外包廠商目的為了公司可以賺錢營運，所以會盡力的配合客戶的需求。只要客戶希望，他們絕對不會在乎這個需求是不是真的可以讓開發工作流順利進行，因為有一句話說：**做事不由東，累死也無功**。因此廠商一定會努力達成所有人的願望，最終達到專案結案以及收到尾款，這是必然發生的事情，多年來也不斷重演一樣的劇碼。

最後根因沒有被真的解決，員工滿意度調查依然低迷，老闆永遠無法理解：**資源已經投入，專案如期完成，教育訓練也到位，到底是發生了甚麼事情？**

給追求真理的你，掌握那一瞬間的契機

筆者在多年企業中的解決方案導入的經驗中，深知過度的客製化，通常會是一場災難。特別是那些在旁邊敲鑼打鼓看著標題給意見的人，通常不會真的接觸到開發與維運的工作，因此不能夠理解到真正的痛苦點。有時候企業為了解決某些特定的問題，會不斷訂定出所謂的檢核流程，為的是追求能夠有效管理，降低錯誤並提高品質。最常見就是我們可以在各種活動或是會議中，會看到非常多的檢核表以及行程表，其實都是為了追求各種活動或是營運的成功。

但軟體開發生命週期在軟體工程界中，其實一直都有不斷被定義而且重新修正，從早期大家熟知的瀑布法、極限編程到近十年的敏捷式開發，都不斷地在探索要如何去追求軟體交付的品質。

所以當筆者接收到**老闆想做 DevOps** 這句話時，第一時間就是先站穩腳步，先從知識的取得開始。即使公司內傾向要尋求外部廠商的支援，可能是尋求工具導入，或是客製化系統的規劃與建置，筆者還是堅持先了解軟體開發的主流到底是甚麼，而且為何要這樣設計而出發。

筆者最推薦就是從下面幾項資源取得主流的知識：

1. **研討會**：近些年從台灣雲端大會、現代化網站開發研討會以及在全世界都著名的 DevOpsDays，這些研討會主講者所給予的知識，都是經過審查且高品質。特別推薦 DevOpsDays（因為這本書是 DevOps 嘛）。過去筆者參加過兩場 DevOpsDays Taipei，吸收了最主流的 DevOps 知識，這讓筆者能夠堅定的相信，自己所追求的軟體交付道路並不是盲目探索，而是基於每一位前輩曾走過的道路而前進。
2. **念書**：跟特定技術或是程式語言比起來，其實 DevOps 的書本算是少的可憐。但也因為如此，所以會被大家拿來推薦的通常都是經典中的經典。例如：
   - DevOps Handbook 中文版 第二版｜打造世界級技術組織的實踐指南。
   - 駕馭組織 DevOps 六面向：變革、改善與規模化的全域策略。
   - 鳳凰專案：看 IT 部門如何讓公司從谷底翻身的傳奇故事。
   - 獨角獸專案：看 IT 部門如何引領百年企業振衰起敝，重返榮耀。
3. **跟 ChatGPT 討論**：讀者會發現到，上面的推薦書都跟技術或是特定產品沒有直接關係，而是跟組織與文化變革比較有關係。因此在閱讀到有任何疑問時，可以考慮去與大型語言模型如 ChatGPT 聊天，來釐清心中的疑問。雖說不能說大型語言模型回應的答案就一定是正確，但是絕對可以協助大腦的思考。例如筆者就曾經問過：
   - Azure DevOps Service 的 Boards 中，支援使用 User Story 的概念來討論需求，如果我現在手上有一個人資系統，我要如何使用 User Story 來進行需求的描述。

- 敏捷式的開發強調的是小迭代的快速交付，但在我理解是與瀑布法的 SDLC 有所衝突，請問我的理解對嗎？
- Value Stream Delivery Platform 與 DevOps 不同之處？

環顧所處的環境，不斷的實驗及取得反饋

在主流的 DevOps 平台以及理解如何與 SDLC 的概念整合後，才逐漸的開始尋求主流解決方案，並開始透過例如社群版的地端解決方案，以及各種雲端方案進行各種實驗。

要注意的是，各企業中都有現有的各種流程及既存偏好技術，因此除了開發團隊需要溝通外，同樣的也需要判斷在企業中，對於軟體開發交付的道路中，可能存在的既有障礙。這些障礙可能是既有僵化的程序，穀倉高聳的各個單位或是古老的認證授權系統以及現有組織的一些防火牆規則天條。這些都應該要在導入的過程中不斷地進行釐清與溝通。

這就是為何大多數的 DevOps 的書籍，都是在撰寫有關於組織改造與變革的內容為主，因為 DevOps 是一種協作文化的改變，所以並不能從純粹硬技術的觀念去解釋，例如只陷入 CI/CD 自動化的迷思，而忽略了在團隊協作的那份軟溝通。

因此，接下來的章節中，由於已經進入到團隊協作，除了會討論在 Azure DevOps Service 該如何進行工具的操作，包含了需求的談定，程式碼併入審查以及測試排定外。另外還會透過一些變革管理的工具，來說明如何與團隊有效的溝通，並達到不斷地取得反饋，最終讓團隊往變革的道路上逐漸地前進。

2-1 任務、開發流及 Pull Request 的要點介紹

2-1-1 故事一：痛點與深空計畫的起始

請想像一下，Sam 的小團隊一共有四位成員，大家兼任著系統分析與開發的工作。原本大家都是在公司內架設的 git server，各自開著 branch 進行開發，把自己承諾的功能做完後，一次併入 main 分支後，繼續做下一個工作。

即使已經將系統模組以及檔案盡量依照分工切開，團隊還是偶有衝突，因為總是會有共用模組，因此併入時就會需要解決衝突，就會找相關檔案的另一位團隊成員，共同解決衝突的檔案。

開發團隊每週末都會輪流指派一位同仁，將 main 分支的最新版本，編譯後手動佈署到公司內的測試機，提供給業務單位確認開發成果，以及進行測試。

這項例行性工作，通常會在星期五下午兩點後舉行，通常會花一整個下午，甚至會造成加班。原因可能是 main 上面的程式碼並沒有辦法順利的成功被編譯完成，還有就是新增的 config 中，關於機敏資料連線的金鑰，因資安要求被強制放入了 git ignore 清單中。因此整個團隊需要為了這週要交付的進度，常常會需要暫停手上的工作，以協助將這次的發佈順利進行。

而這只是佈署到測試環境提供測試團隊進行測試，每一季團隊承諾要發布到營運環境提供服務，在那承諾的日子到來之前，團隊在一週前就會先凍結 main 分支的併入，以確保發布日的編譯以及佈署可以盡量順利進行。

成員還是可以自己建立 branch 繼續開發，這樣才不會浪費成員的時間，但卻可能長達一週都沒有併入 main 分支，這為了下一週的併入造成巨大的隱憂。因為每一次最嚴重的合併衝突地獄，都會發生營運環境發布後的那一個週末。

Sam 對這一切覺得困擾，因此試圖找出一些方法來改變。

2-1-2 與開發團隊溝通

這是每個月一次例行性的新知分享，在這場合是團隊每個月最輕鬆的時候，桌上放滿了雞排與珍奶，Sam 帶著自學在 Azure DevOps Service 的新知與大家分享，並談到 Azure Repos 中如何去進行審查與投票的機制，並提到了分支保護的策略，希望可以推行到團隊中。

Kai：你說建議我們把地端的 Git Repo 搬到 Azure Repos 中，差別在哪裡？他不就是雲端的 Git Repo ？跟我們現在遇到的狀況可以有改善嗎？

Sam：Azure Repos 的確如你所說的，就是把地端的 Git Repo 搬到雲端上去使用。不過因為可以設定審查機制，因此可以讓任何一個成員在交付合併時，讓大家有一個共同可以討論的地方，確保交付的程式有經過初步的討論，確認應該不會互相有影響後，才進行合併。

Lala：我討厭審查這個名詞，而且這樣不是每次交付時，都可能造成打斷其他成員的開發進度？而且我們現在遇到最大的問題應該是合併衝突的地獄狀況，以及拚了老命終於討論要如何合併後，卻常常編譯不過的問題又落入要重新討論的狀態嗎？

Sam：審查可能聽起來有點嚴肅，或許我們換成提早溝通會比較輕鬆一些，其實就是讓大家的討論提前，而不是在定期佈署前才來討論衝突問題。看可不可以降低我們每次週末的佈署痛苦，甚至我希望可以降低我們每季發布到營運環境的痛苦。至於編譯失敗這件事情，因為 Azure DevOps 支援在 Pull Request 的時候，就自動編譯，我想要試試看可不可以藉此降低我們的痛苦點。

Kai：Pull 甚麼？那又是甚麼？而且自動編譯要怎麼做？如果會造成額外的開發負擔，可能要看老闆准不准喔。

你：Pull Request 就是我上面說的交付討論機制，其實老闆那邊曾經希望我們降低團隊在交付的問題，因為每一次不管是交付測試或是營運變更，都有看到團隊成員忙成一團。雖説他有點出問題，但因為基於尊重開發交付是我們的專業，所以沒有另外下指導棋。或許我們可以藉由這個機會，跟他建議我們會投入一些人力來重新設計我們團隊的交付流程。而且要將程式庫從地端搬遷到雲端，可能也要經過老闆的同意。

Ling：Azure DevOps Service…這就是外面一直在談的 DevOps 嗎？

Sam：或許我們算是往那條道路上前進，但我們先別在意 DevOps 這個名詞或是產品名稱，我們先從我們現況改善看看。老闆那邊我會去跟他提案看看，畢竟平台可能也會需要一些費用，我們需要公司的支援。

這次的新知分享帶著一些未知的未來，團隊成員看起來有點擔憂，但只要想到可以降低發布前的那個痛苦感，又對新的作法充滿期待。

2-1-3　與老闆溝通

老闆在這裡是指我們技術團隊的主管，就跟大多數技術主管一樣，老闆一直都是開門溝通的風格，所以辦公室始終是敞開大門等著同仁，Sam 跟老闆提及了新知分享的狀況。在新的交付流程要被建立的前提，需要老闆的同意，以及一些費用的申請。

老闆：我們釐清一下，你説要把程式碼搬到雲端去，我比較擔心認證與授權的問題，會不會不小心造成程式碼的外流？

Sam：這部分我有研究過，其實在 Azure DevOps Service 中，使用的是微軟的 EntraID，其實就是我們現在公司有採購的 Microsoft 365 所使用的認證機制，就跟大家在使用 Teams 開會，或是 Office One Drive 檔案分享等等用的都一樣。因此只要我們設定好 Azure DevOps Service 成員授權，認證部分其實公司已經完善了。

老闆：有詢問過雲端與資安單位在使用 EntraID 的其他看法？或是有沒有其他在認證授權上更為嚴謹的建議？

Sam：我有跟雲端科負責 EntraID 的同仁確認過，如果希望強化認證授權的機制，可以使用 Conditional Access 去增強安全條件，例如只限制從公司的 IP 連入，或是增加雙因子驗證才可以使用，這些要另外增強都可以做到。

老闆：如果資安與雲端科沒有問題，那你打算要花多少錢？在我許可範圍內都可以討論。

Sam：其實雲端的報價很便宜，一位同仁一個月 6 美元，而且有五個免費額度可使用。目前我們團隊四位成員，所以還在免費額度中。另外微軟每個月提供一條免費的 Microsoft Hosted Pipeline，可以使用 1800 分鐘，目前我們打算先實驗自動編譯來降低合併的衝突，目前應該是夠用。

老闆：1800 分鐘？那如果超出免費額度需要購買，一個月會需要大概花多少錢？

Sam：我們暫時應該不會超出一條 Pipeline，一條 Pipeline 每個月報價是 40 美元，所以即使我們所有開發團隊全部 30 人都納入，使用三條 Pipeline 的金額大概是 300 美元一個月，大概台幣一萬元以下。

老闆：好，這額度在我許可範圍內，那跟資安及雲端科開一個會議，做出決議後你再去找總務確認公司如何採購雲端服務以及付款的方式，就試行在你們團隊。我只有一個要求，就是不要影響每季交付營運的目標，就允許你們放手去做。

Sam：那老闆有沒有甚麼需要我在過程中幫你達成的目標，或是期望得到的結果？

老闆：你不是說可以解決我們上次討論到在交付營運前的那一陣混亂？我目前也沒甚麼心中的想法，或許你可以找出一些數字？或是給我一些非量化的問卷資料也可以。在這個費用前提我不會需要跟上頭報告，但如果你們在試行過程中有一些量化的回饋那會更好，可以的話就定期在資訊月報上告訴我進度即可。記得，不可以影響每季交付營運上線的目標。

最後在後續溝通一切順利之下，開發團隊獲得了新玩具，Azure DevOps Service。

2-1-4 POWERS 分析

表 2-1-1 POWERS 分析

	Process（流程）	Objective（目標）	Window（影響窗口）	Evaluate（評估）	Relation（互動關係）	Structure（結構）
戰略	營運環境變更流程	在不影響每季交付營運目標前提，降低開發團隊每季交付營運產物之摩擦	資訊主管 資安主管 雲端主管	量化、非量化指標皆可	會議記錄決議、資訊月報追蹤	資訊處、資安處
戰術＋技術	Pull Request 人工審查 Pipeline 自動編譯檢查	使用 Azure Repos+Git Flow+Branch 分支保護，降低合併分支的衝突問題	開發團隊	測試及營運合併時間縮短	面對面討論、Pull Request	開發團隊

山姆補充一下

表 2-1-1 為 POWERS 模型，根據盧建成老師的著作：**《駕馭組織 DevOps 六面向：變革、改善與規模化的全域策略》**所引用的分析方式，將前面分別與團隊以及主管的溝通，建立起一個在不同層級的各個面向考量。這表格除了可以用來協助思考以外，同樣也可以用來作為變更討論的一種工具。

一、戰略

POWERS 的使用方式為，先從第二欄的目標填入，從前面與老闆的討論中可以看到，高階主管對於流程變更會有合規性、安全性、成本以及實際業務影響的各個層面進行對話。以確保組織可以在一定成本控制下，在合規及安全性都符合為前提，允許在不影響原有規劃里程碑進行改革。因此在戰略的這一列，將目標填入

降低開發團隊每季交付營運產物之摩擦，這是與老闆在對談與討論中，雙方有共識的目標。

接著再依序將各個欄位填入，說明如下：

- **流程**：這是影響到的是開發團隊每一季所要交付的開發產物所造成的摩擦，因此屆時一定會影響到每一季**營運環境變更流程**。
- **影響窗口**：在與老闆的討論中，特別在意的事情是合規與資安層面的考量，因此影響到的窗口在這列出了**資訊主管 + 資安主管 + 雲端主管**。
- **評估**：在與老闆最後的討論中，有提及如果可以，**量化或是非量化的指標**都可以提供，但由於前期其實並未有明確指標，因此可能會需要邊做邊找。
- **互動關係**：老闆有提及，要使用這個解決方案，先需要經過雲端以及資安單位的**會議討論與決議**，並將這個項目的進度在**資訊主管月報**中呈報。
- **結構**：這裡通常指的是在公司內組織層級，這是一個橫跨兩個處的變更，因此填入了**資訊處 + 資安處**。

二、戰術 + 技術

同樣的，先從第二欄的目標填入：

- **目標**：開發團隊希望透過**使用 Azure Repos + Git Flow+Branch 分支保護**，**降低合併分支的衝突問題**，再來就是填入其他各個欄位。
- **流程**：打算使用 **Pull Request 人工審查及 Pipeline 自動編譯檢查**的方式，試圖提早在併入前，已經先確認可編譯完成，而且完成審查合併後，也同樣的檢查確保可編譯。
- **影響窗口**：在與老闆的討論中，已經正式指派**開發團隊**為試行團隊。

- **評估**：現況是大家厭倦了合併日的一陣混亂，所以目標暫時寫上**測試及營運合併時間縮短**。在評估這個欄位，如果可以盡量去找尋可以量化的指標，例如改善前需要半天，改善後可以縮短到 30 分鐘，將現況與改善後的量化指標呈現出來。
- **互動關係**：開發團隊目前是基於**面對面直接溝通**，另外也透過 **Pull Request** 來進行程式碼併入的討論。結構：試辦階段，**開發團隊**就是我們整個組織結構。

山姆補充一下

在追尋量化指標時不要忘記了，老闆也有告知，**不可以影響營運交付的目標**為前提才是初衷。因此在找尋量化指標時，要注意到不要為了數字改善而追求所謂的局部改善，該指標應該不能背棄全域目標。

2-1-5 保護分支：Azure Repos Branch Policy

一、建立 PreBuild Pipeline

團隊成員現在心有期待，接下來進行對 main 分支保護，並且盡量滿足之前大家討論的，在 Pull Request 階段就先進行編譯確認，確保不會有團隊成員不小心把不可編譯的程式碼併入 main 分支。

這時候需要準備編譯使用的 Pipeline，讀者可以在示範專案中的 **\pipelines\AzureDevOpsPratice_PR_preBuild.yaml** 找到。

```
trigger: none   #不需要觸發器，因為是 Pull Request 的時候觸發

stages:
  - stage: PreBuild   #確保 Pull Request 的時候可以編譯過關
```

```
  displayName: 'PreBuild'
  jobs:
    - job: Build
      displayName: 'Build'
      pool:
        vmImage: 'windows-latest'  # 選擇 MS-hosted agent 指定為
windows-2022 image
      steps:
        - task: UseDotNet@2    # 指定使用 .NET 6
          displayName: 'Use .NET 6'
          inputs:
            packageType: 'sdk'
            version: '6.x'
        - task: DotNetCoreCLI@2  # 還原 Project 中的 nuget 套件
          displayName: 'Restore'
          inputs:
            command: 'restore'
            projects: '**/*.csproj'
        - task: DotNetCoreCLI@2  # 編譯專案
          displayName: 'build'
          inputs:
            command: 'build'
            projects: '**/*.csproj'
            arguments: '--configuration debug'
```

程式碼範例 2-1-1

程式碼範例 2-1-1 非常簡單，就是對 dotnet project 確保一定可以編譯完成，接著就去 Azure DevOps 中設定一個新的 Pipelines，準備給 Pull Request 階段使用。

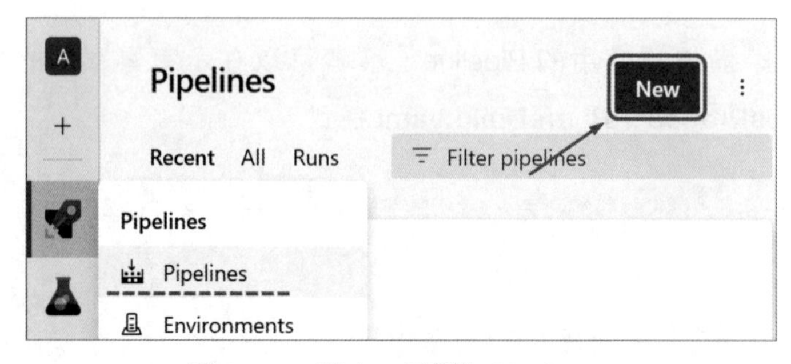

圖 2-1-1　建立一個新的 Pipeline-1

如圖 2-1-1，首先先設定一條新的 Pipeline，接著就與之前建立 Pipeline 的流程相同，選擇 Azure Repos Git 為 yaml 腳本來源，接著選擇 Exiting Azure Pipelines YAML file，選擇專案中這次的示範 yaml file（圖 2-1-1），並按下儲存按鈕（圖 2-1-3）。

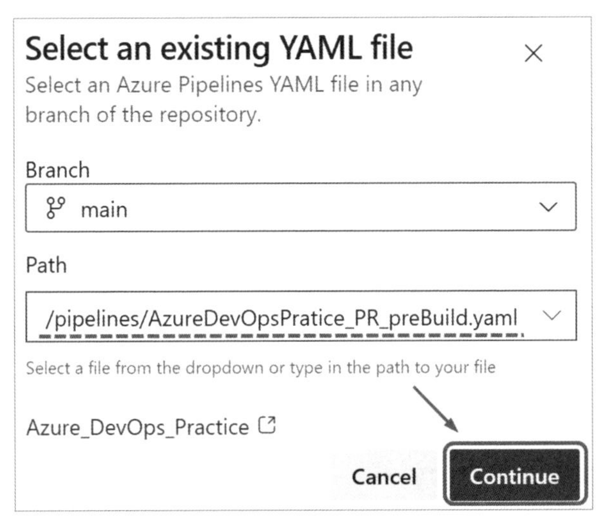

圖 2-1-2　建立一個新的 Pipeline-2

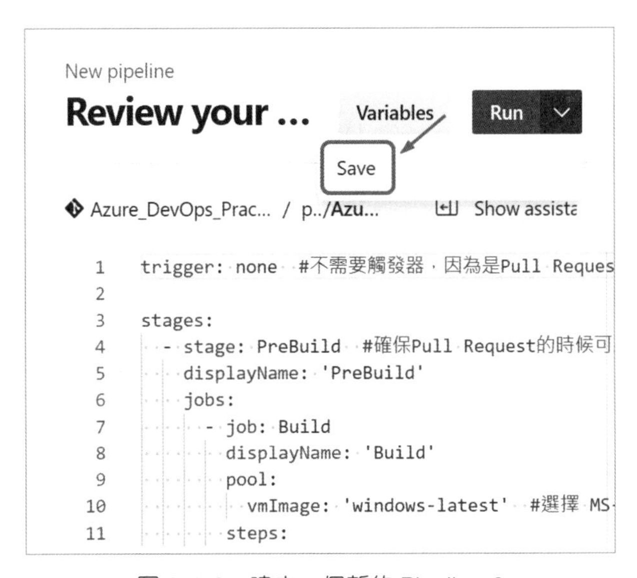

圖 2-1-3　建立一個新的 Pipeline-3

接著先將新的 Pipeline 變更名稱為 **Pull Request Prebuild**，然後按下儲存（圖 2-1-4）。到目前為止，我們準備好了 PreBuild 的 Pipeline 了。

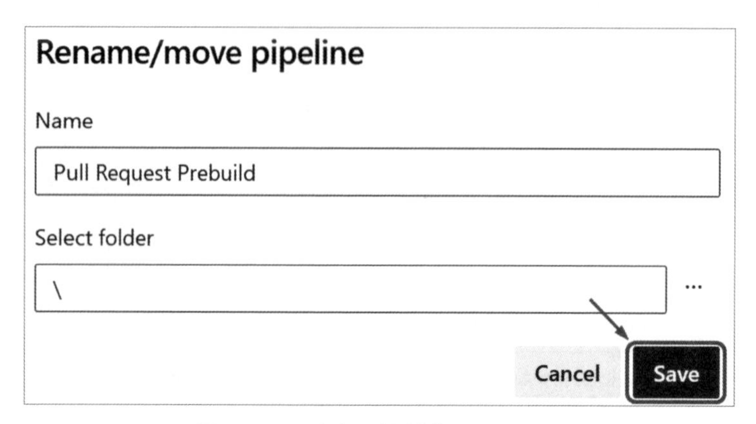

圖 2-1-4　建立一個新的 Pipeline-4

二、設定 Branch Policy

再來根據與團隊同仁討論的內容，要設定 Branch Policy，首先先依照圖 2-1-5，選擇 **Setting->Repos->Repositories->Repositories-> Azure_DevOps _Practice**。

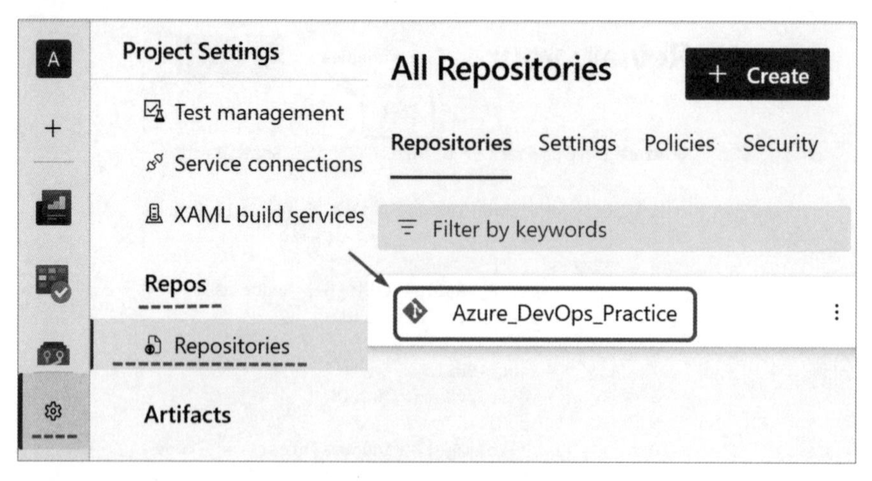

圖 2-1-5　設定 Branch 保護策略 -1

再來參考圖 2-1-6，選擇上面的 **Policies -> Branch Policies -> main**。

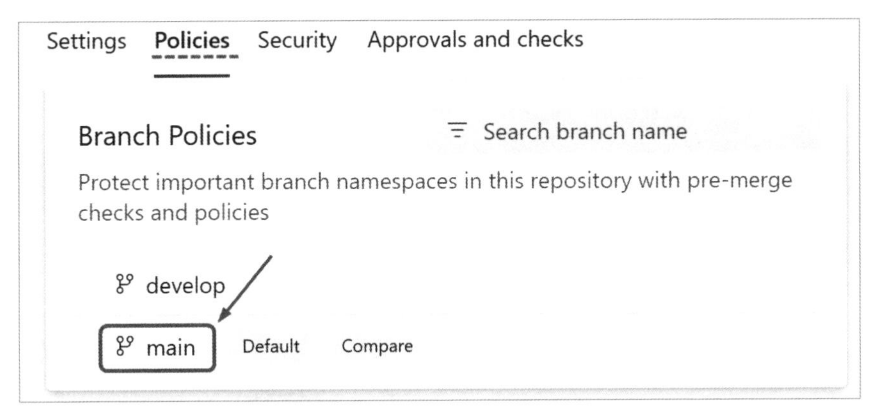

圖 2-1-6　設定 Branch 保護策略 -2

接著一樣選擇 **Policies -> Build Validation**，然後按下 **+** 號（圖 2-1-7）。

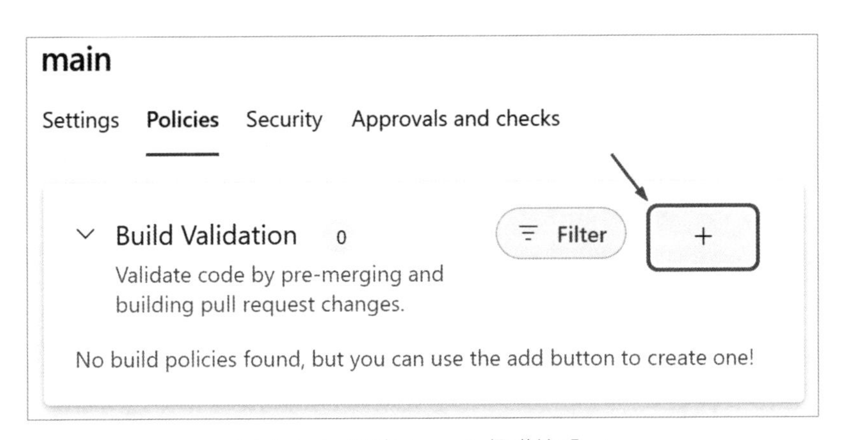

圖 2-1-7　設定 Branch 保護策略 -3

接著就是選擇剛剛設定的 Pipeline，也就是 **Pull Request Prebuild**，並按下 Save（圖 2-1-8）。

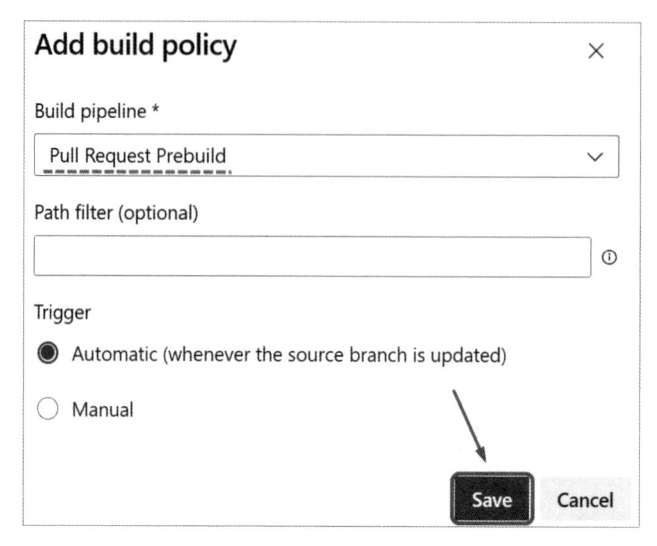

圖 2-1-8　設定 Branch 保護策略 -4

設定完成後，請點選 Menu 的 Repos -> Branches，這時候就會發現在 main branch 多出了一個像是小獎章的圖案，這就表示在這個分支已經受到了策略的保護。

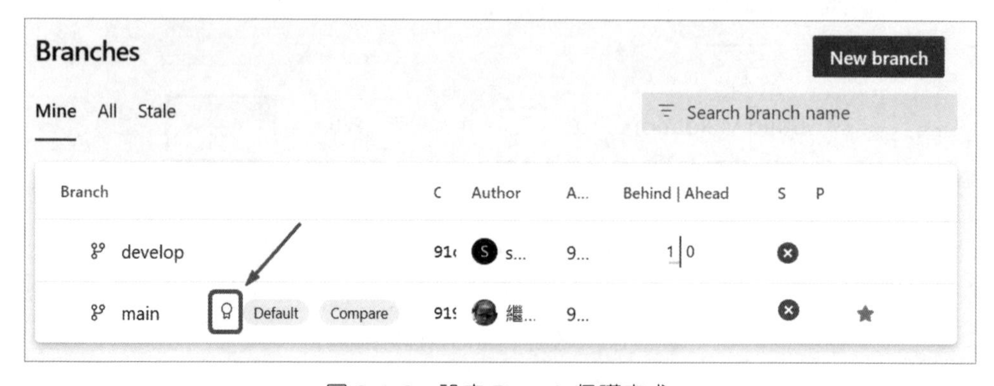

圖 2-1-9　設定 Branch 保護完成

這就表示，如果今天有同仁需要對 main 進行合併交付的時候，已經無法直接 Git Commit and Push，如果直接對 main branch commit and push，會得到圖 2-1-10 的結果。

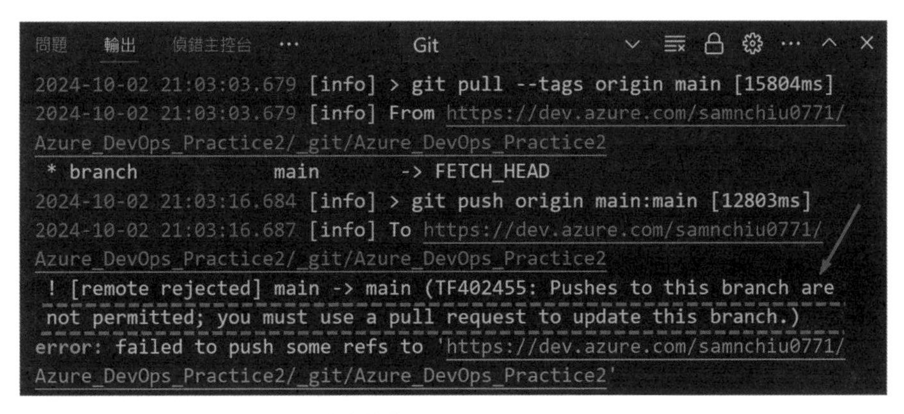

圖 2-1-10　無法直接對 main branch commit and push

該分支已經被保護起來了，必須要使用 Pull Request 才能夠更新該分支。

三、Pull Request 是什麼？

同事第一次接觸到 Pull Request，通常都會滿臉問號，詢問筆者到底怎麼樣用清楚明瞭的語言來說明 Pull Request 這個動作。筆者通常會畫出下面的圖案來說明 Pull Request 的觀念。

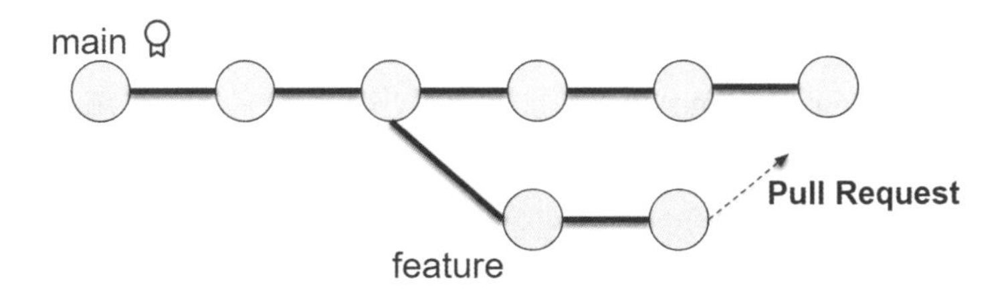

圖　2-1-11　Pull Request 說明

簡單來說，就是目標分支（在這裡是 main）受到保護，任何需要交付到目標分支的變更，都要發動一個請求（Request），請求目標分支在審查後，將請求拉入（Pull）。可以想像成，圖 2-1-11 的 Feature branch 是基於需求建立來進行開發，當需求被開發完成後，需要請求主分支拉入變更的分支，因此要進行 Pull Request，流程通常包括以下幾個步驟：

1. **分支**：貢獻者首先在本地創建一個新的分支，在這裡是 Feature 分支，並在這個分支上進行程式碼變更。
2. **提交**：貢獻者將變更提交到自己的分支上。
3. **發起 Pull Request**：貢獻者在 Azure DevOps 上起一個 Pull Request，請求將他們的分支合併拉進到主分支。
4. **審核**：項目的其他成員或維護者會審核程式碼變更，提出建議或要求進行更改。
5. **討論**：貢獻者和項目的其他成員可以在 Pull Request 中討論程式碼變更。
6. **修改**：根據審核和討論的結果，貢獻者可能需要對程式碼進行修改。
7. **合併**：一旦程式碼變更被接受，項目維護者就會將貢獻者的分支合併到主分支中。

接下來就來實作一次 Pull Request，並模擬如果將分支在不可編譯的狀況下發出，會發生甚麼狀況。

讀者可以參考到示範專案中，在 Azure_DevOps_Sample_TemperatureConverter/Models/CelsiusToFahrenheitModel.cs 的 ConvertToFahrenheit() 中，有一行刻意打錯字的註解。把錯誤的那行給解開，並把正確的程式碼給註解起來，來模擬開發人員不小心按到鍵盤（程式碼範例 2-1-2），卻沒有先把自己要交付的程式碼再次編譯確認，就進行 Git Commit and Push，並發出了 Pull Request 請求。

```
// 轉換方法
public void ConvertToFahrenheit()
{
        Result = ACelsius * 9.0 / 5.0 + 32;
        // 上面那行是刻意寫錯的，Celsius 前面不小心打了一個大寫的 A，目的是為了讓編譯器報錯
        //Result = Celsius * 9.0 / 5.0 + 32;
}
```

程式碼範例 2-1-2

圖 2-1-12 中，筆者建立了一個 Test_PR 分支，並執行了 Git Commit and Push，將這個分支發布到 Azure Repo 中。

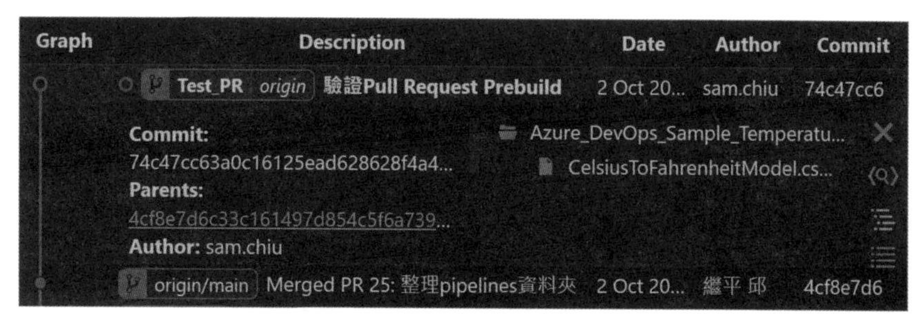

圖 2-1-12　推上有問題的 Commit

接著要在 Azure DevOps Service 上進行 Pull Request 的發動。找到 Repos->Pull Request，可以從圖 2-1-13 中看到，在幾分鐘之前，筆者曾經將 Branch **Test_PR** 更新過，那這也是這次要實驗的分支，因此按下 Create a pull request。

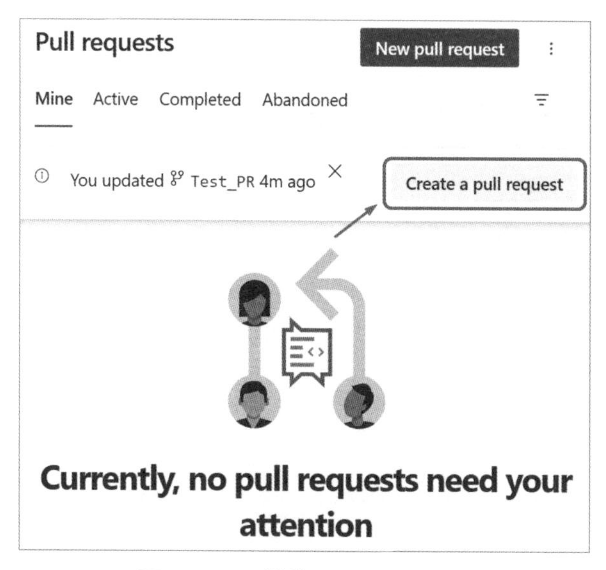

圖 2-1-13　發動 Pull Request-1

接著會看到一張表單如圖 2-1-14，資訊有一點多，簡單敘述如下：

1. 這是 Pull Request 的 source branch 與 target branch，在這裡是希望 Test_PR 可以併入 main 分支。

2. 這裡有三個頁籤：
   - **Overview**：可以視為一份表單包含了這次打算要交付的一些相關資訊。
   - **Files**：則是這次變更希望交付的檔案數。
   - **Commits**：則是這次交付的分支，進行過的所有 Git Commits。
3. **Title**：為這次的交付建立一個適合的標題供人審查。
4. **Description**：針對這次的交付，進行簡單的敘述，支援 markdown 格式，也可以將相關的 Wiki 連結、work items 以及 Pull Request 的內容進行連結註解。
5. **Reviewers**：這裡可以根據需求，將認為需要進行審查的對象手動加入。
6. **Work items to link**：可以跟工作項目進行連結，這裡未來會再稍微深入說明較佳的實踐。

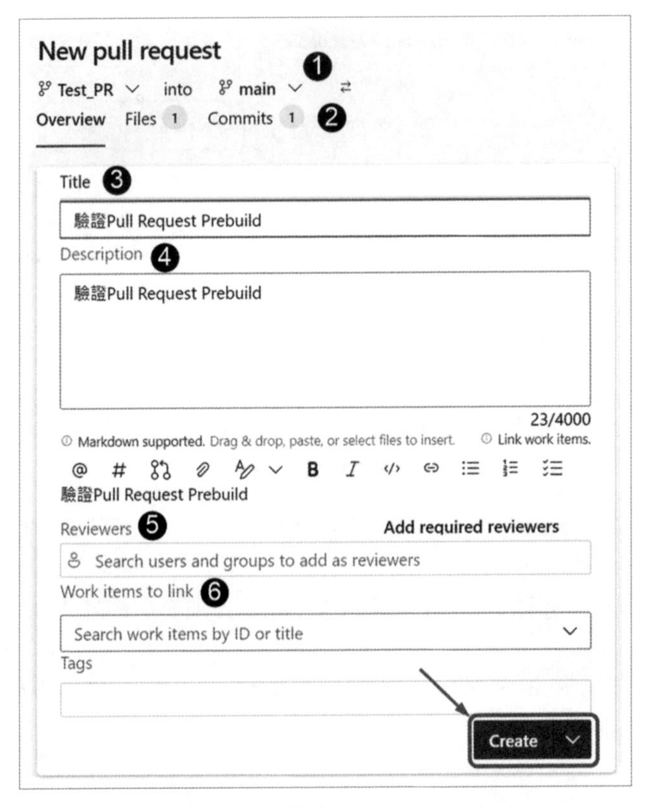

圖 2-1-14　發動 Pull Request-2

好，來看一下按下 Create 的效果。

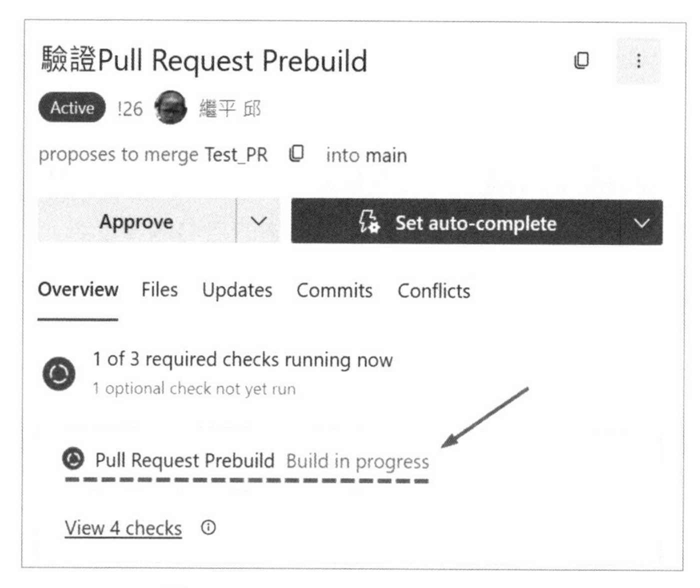

圖 2-1-15　Required check running

可以看到圖 2-1-15，在發動 Pull Request 的當下，先前所設定好的 **Pull Request Prebuild** Pipeline 就會被驅動，會根據這次交付的程式，進行預編譯的動作，來確保所交付的程式可以編譯成功。在經過一段時間後，最後會得到錯誤如圖 2-1-16。

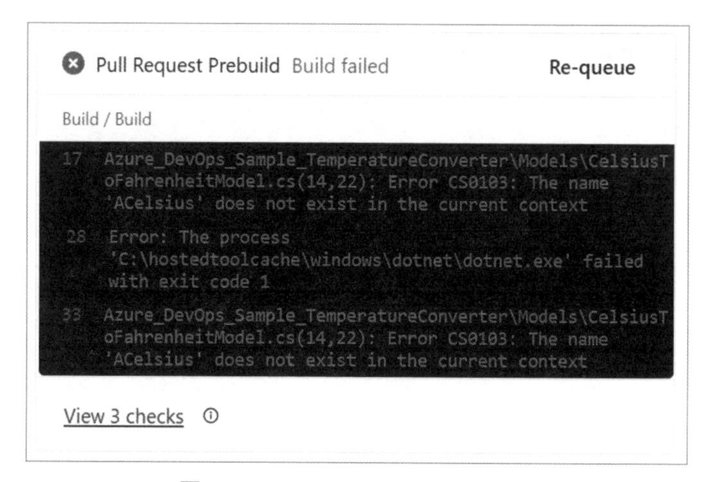

圖 2-1-16　Required check failed

圖 2-1-16 的錯誤訊息告訴我們，Pipeline 在 build 過程中，明確的指出 **'ACelsius' does not exist in the corrent context**，這時候就可以在 Pull Request 中進行合併前的確認，來確保併入 main 分支的程式碼確認可編譯成功，才可以進行併入。

這時候，團隊就可以在 Pull Request 中進行相互討論，根據所交付的程式碼，共同來研究這次交付所產生的問題，並可給出建議修正的內容。這樣就可以做到每位團隊成員在交付程式碼時，都進行一個最基本的自動編譯確認，並可以在錯誤發生時，阻止編譯有問題的程式碼併入 main 分支。

圖 2-1-17　對交付的差異檔進行討論 -1

圖 2-1-17 中，先點選 Files 頁籤，這個頁籤可以看到這次交付的差異檔以及內容，由於編譯器很明確地告訴我們錯誤是在第 14 列，因此我們可以在第十四列的旁邊給予意見。

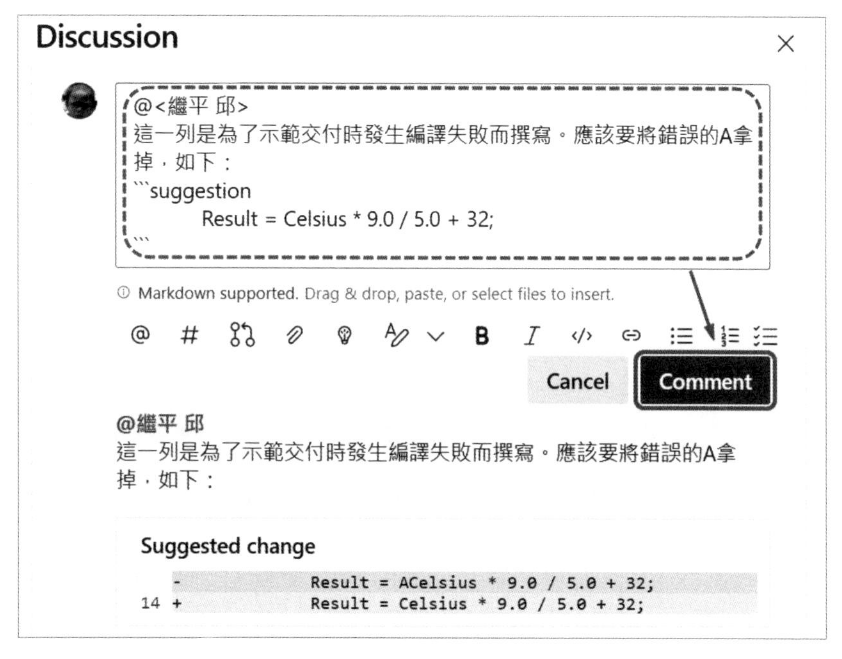

圖 2-1-18　對交付的差異檔進行討論 -2

圖 2-1-18 可以看到，對於剛剛點選的那行程式碼可以給予建議，由於支援 markdown 格式，因此就可以利用 @(mention) 提醒交付者有人曾經給過建議，同樣的也可以利用 ```suggestion 語法給予修改建議。

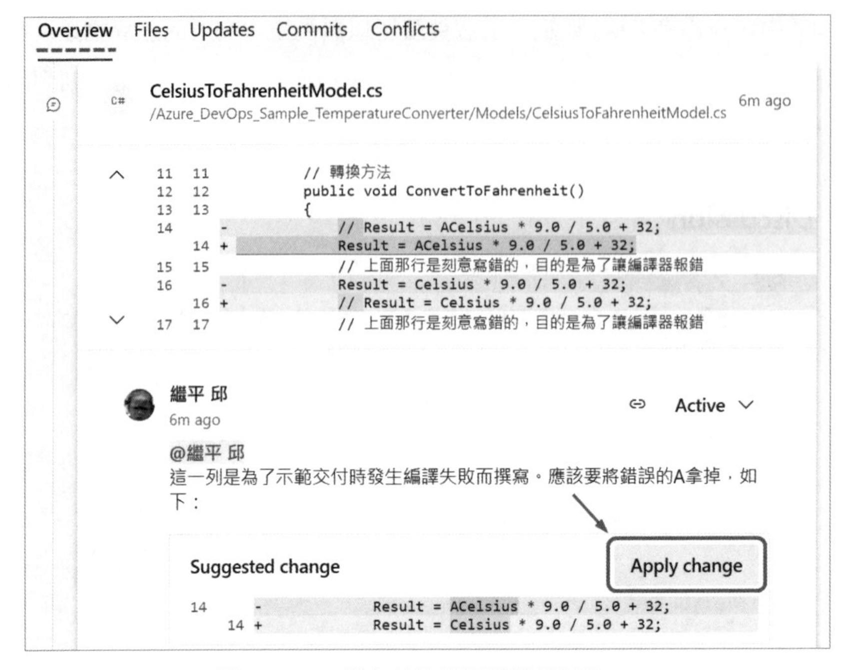

圖 2-1-19　對交付的差異檔進行討論 -3

圖 2-1-19 中回到 Overview 頁籤，將頁面向下拉動，就會發生剛剛提供的 Comment 會被註記在下面的討論串中，由於 Commenter 有提供 ```suggestion 語法給予建議，因此這時候就可以簡單的在 Pull Request 中直接 Apply change，接受別人建議的修改。

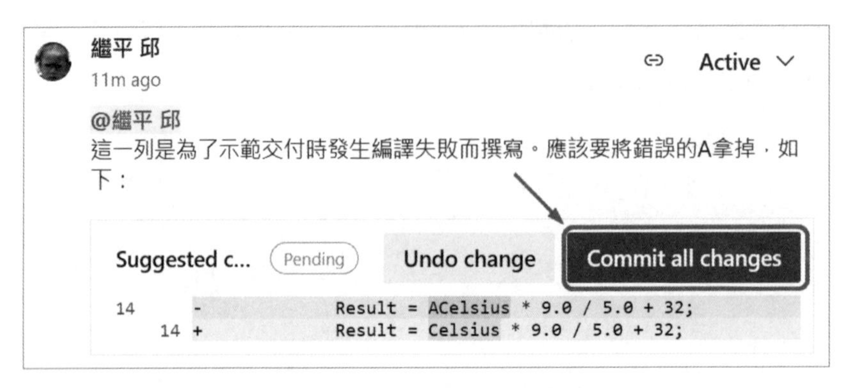

圖 2-1-20　接受別人變更建議

當 Apply change 的時候，按鈕就會轉換成 Commit all changes（圖 2-1-20），這表示如果這次的 Pull Request 如果有多處被團隊成員提供建議，可以在同意多個變更後，一次進行 Git Commit，這時直接按下 Commit all changes。

圖 2-1-21　Git Commit

接著就會跳到圖 2-1-21，類似我們自己在使用 Git Commit 的指令一樣，需要針對這次的 Commit 提供 Comment，並確認 Branch namme 是否正確，以及有變更的內容。確認這次要 Commit 的內容沒有問題後，按下 Commit 這個按鈕。

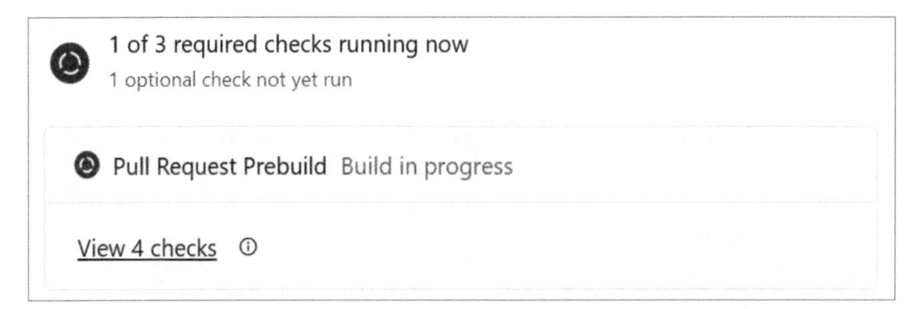

圖 2-1-22　重新交付後運行 Pull Request Prebuild check

圖 2-1-22 可以看到重新 Git Commit 後，Pull Request 會自動重新驅動 Pull Request Prebuild，再次檢查是否可以編譯完成。稍待片刻之後就會發現這次的檢查成功了，這樣就做到了在合併之前確保編譯成功的檢查有被完成，後面就可以進行合併的作業。

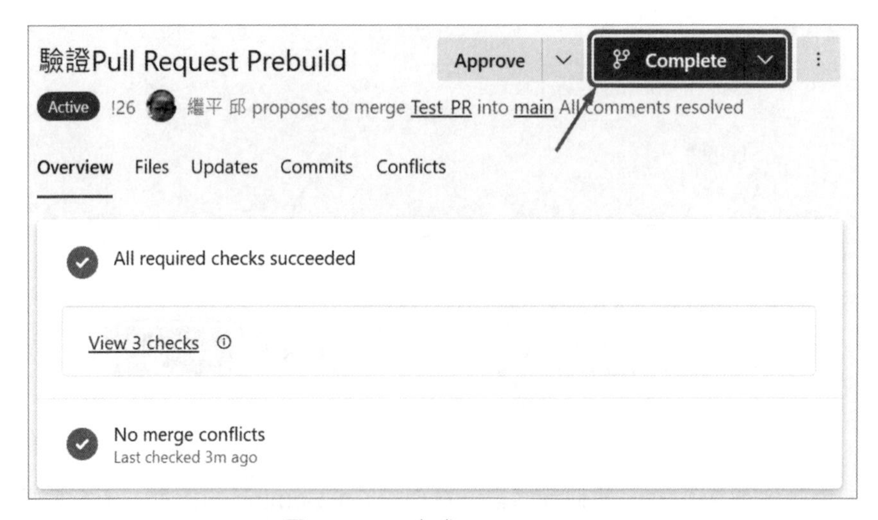

圖 2-1-23　完成 Pull Request

太好了，可以進行合併的作業了。

四、四種合併模式

在 Azure DevOps Service 的 Pull Request 中，提供了四種合併模式可以使用，簡單介紹如下：

❶ Merge (no fast forward)

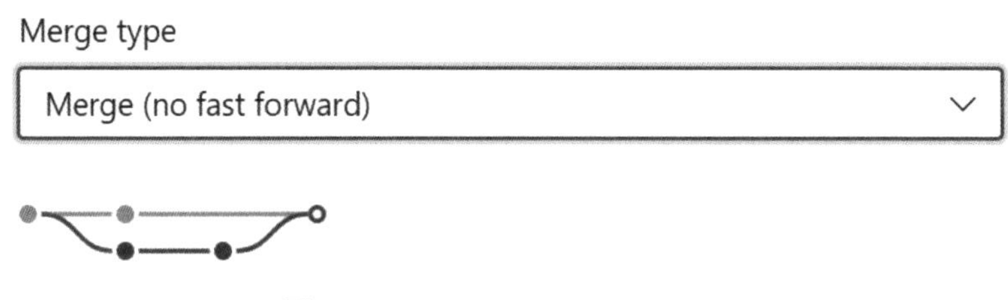

圖 2-1-24　Merge (no fast forward)

這是最基本的 Git Merge，從開始建立 feature branch 的 base，岔出來的開發完後，就合併回 target 的現況。這就是如果選擇 merge 的預設，就可以簡單的完成任務，但如果是多人開發，合併的線圖就會非常的混亂。

❷ Squash commit

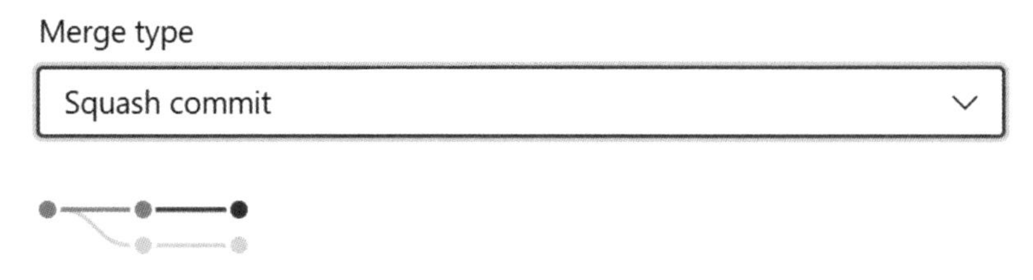

圖 2-1-25　Squash commit

Squash commit 的特點就是，會把所有 feature 上的軌跡，都合併成一個 commit，然後放到 target head 的最前面。這樣的好處是，整個樹形會非常乾淨，feature branch 如果有很多零碎的實驗，就不會被留存在軌跡中（其實還是查的到啦）。

這種其實很適合開發跟實驗階段的 Feature branch 併入方式，原因是開發階段總有一大堆實驗，如果太瑣碎其實資訊量會過大，因此使用在這種場景其實很適用。而且也可以以這個 Commit 作為 Pull Request 的依據，可以清楚知道每一個 commit 是清楚的被 Pull Request 進來的。

❸ Rebase and fast-forward

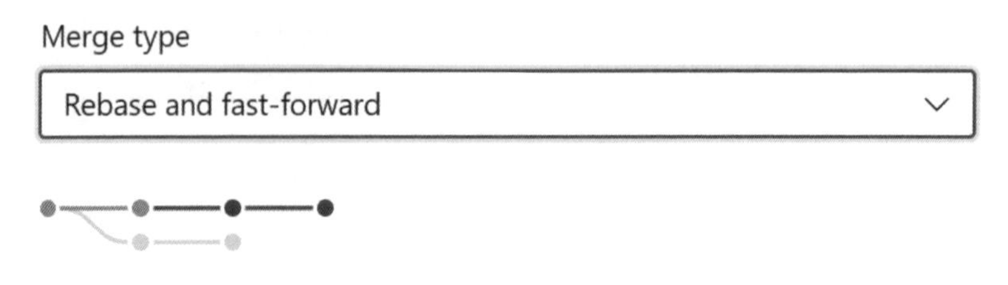

圖 2-1-26　Rebase and fast-forward

Rebase and fast-forward 的特點就是，會先幫 source branch rebase 到 target 的 head，然後把 feature branch 的軌跡全部的 commit 都搬到 target 中。在一般場景中其實比較少用到，但如果是為了修補第三方套件的安全性更新時，或許可以在 feature branch 中每一次的更新套件留下紀錄，也方便隨時可以在需要時，根據單次的 commit 進行 revert 的動作。

❹ Semi-linear merge

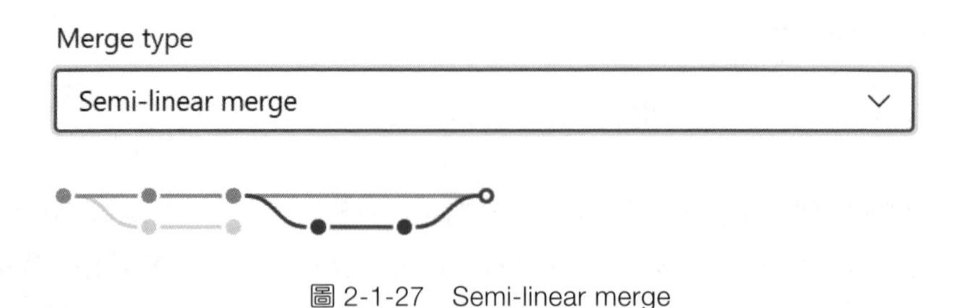

圖 2-1-27　Semi-linear merge

這個模式很適合使用在 Git flow，當在 develop 分支要合併至 main 分支時所進行的一種合併方式。目的在於 Git flow 中 main 分支通常代表要發布到營運環境，而 develop 分支則是代表團隊目前測試環境的現況。而所有在測試環境的細節變更都會被保留在 develop 分支，合併並發佈到 main 環境的則是由一個 commit 代表。如果有狀況，就可以隨時 Revert 回前一次 main 環境的狀態。

五、完成合併

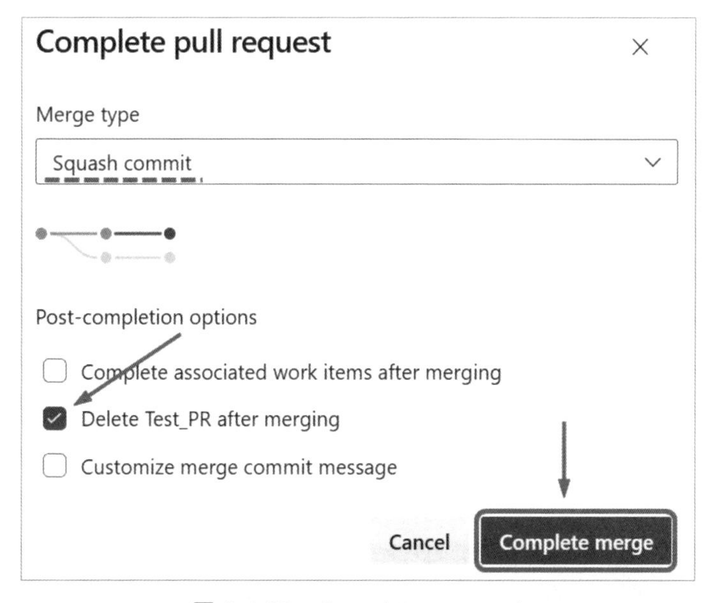

圖 2-1-28　Complete merge -1

敘述完四種合併模式後，目前由於還沒有建立多重長期分支的概念，因此選擇 Squash commit 來進行合併作為示範。圖 2-1-28 中，有特別將 Test_PR 勾選起合併後刪除，這是 Git 合併之後，如果該分支並不是一個長期分支，建議都要刪除，這邊後面會用一些篇幅與 work items 一起說明。

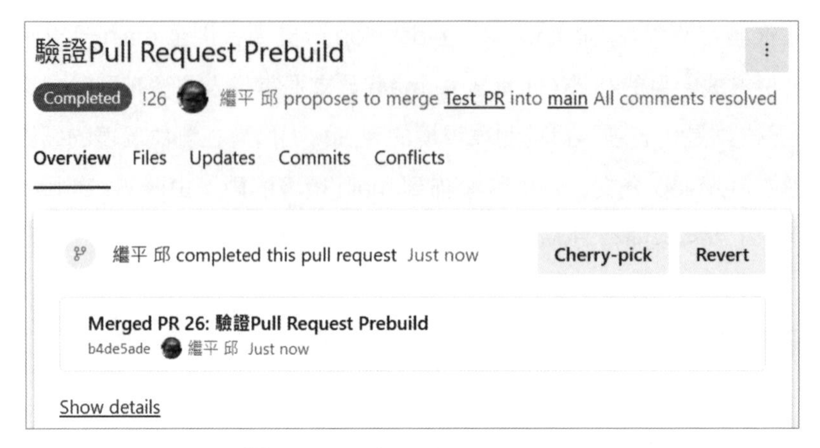

圖 2-1-29　Complete merge -2

圖 2-1-29 完成合併了，接著我們來看 VS Code 裡面的 Git graph。

TIPS

推薦一個 git 的全域設定，這樣可以在 Git Fetch 的時候自動修剪已經被刪除的遠端分支，如此就不會在自己的 IDE 中以為遠端分支還存在而繼續作業下去。

```
git config --global fetch.prune true
```

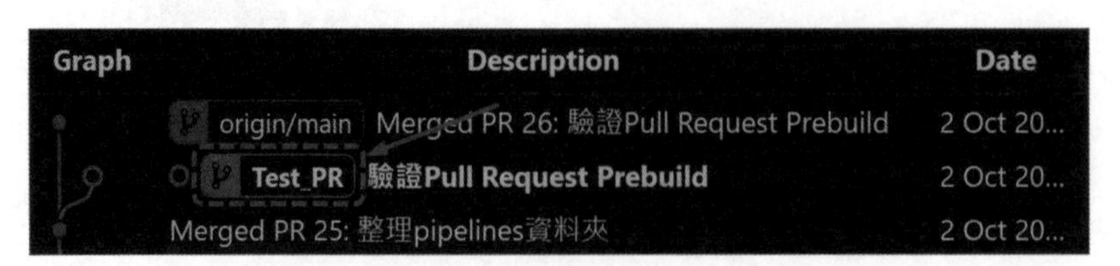

圖 2-1-30　合併完成，遠端 Test_PR 分支已被刪除

圖 2-1-30 可以看到，現在原本的 Test_PR 分支在遠端已經不見了，只剩下地端的分支還存在。而這時 origin/main 則因為我們使用了 Squash commit，因此建立了一個新的 commit，敘述說明是來自 PR 26 的合併。

這時候我們的合併作業基本上已經完成了。

2-1-6 升空目標與團隊的協作默契的建立

一、與團隊溝通

在完成了 Pull Request 的 Prebuild 檢核後，在團隊例行性討論上 Sam 向團隊成員說明了分支保護的說明，並解釋了整個 Pull Request 的流程，以及四種合併模式。

Sam：目前我們希望可以就以這個方向進行，這樣就可以確保團隊成員中所交付的程式碼，至少確定是可以完成編譯作業才交付，這樣應該可以降低我們在交付日的一些混亂狀況。

Kai：目前看起來很不錯，但現在審查看起來沒有預設任何人，有沒有需要強制設定任何人呢？

Lala：我倒是對 work items to link 這個欄位很有興趣，這個 work items 是什麼呢？工作單？

Sam：我們一個一個來，首先先是 Pull Request 可不可以強制設定人選，答案是肯定的。不過我們目前四位成員各自負責的功能大概都是拆開的，所以可能很難指定某一位成員要來擔任審查員。因此或許是在發起 Pull Request 時，自發的由發起者將他認為會受影響的人設定為審查者？

Kai：但這樣不就有可能還是落入各自做各自的，而不會有提早溝通的事情發生？還是說可以設定類似投票的方式？團隊四名成員有一半同意併入就可以？

Sam：我有看過設定，的確可以設定為團隊類似投票許可的做法進行，那不然我們現在把還有哪些設定一起做一個檢視？

二、哪些規則需要被開啟？

在 Branch Policies 這邊有幾個大項目可以被開啟，依序說明：

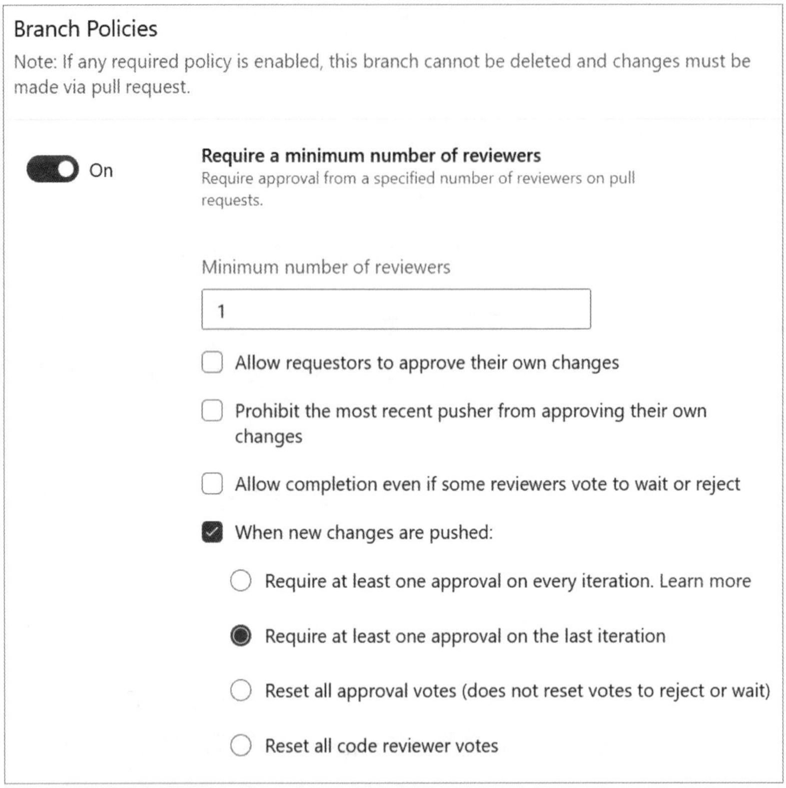

Branch Policies
Note: If any required policy is enabled, this branch cannot be deleted and changes must be made via pull request.

On
Require a minimum number of reviewers
Require approval from a specified number of reviewers on pull requests.

Minimum number of reviewers
1

☐ Allow requestors to approve their own changes
☐ Prohibit the most recent pusher from approving their own changes
☐ Allow completion even if some reviewers vote to wait or reject
☑ When new changes are pushed:
○ Require at least one approval on every iteration. Learn more
◉ Require at least one approval on the last iteration
○ Reset all approval votes (does not reset votes to reject or wait)
○ Reset all code reviewer votes

圖 2-1-31　哪些規則需要被開啟 -1

- **Require a minimum number of reviewers**：在 Pull Request 上必須有指定數量的審查員批准才能合併。
  - **Minimum number of reviewers**：設定最少需要幾位審查員進行審查。
  - **Allow requestors to approve their own changes**：允許發起 Pull Request 的人批准自己的變更。
  - **Prohibit the most recent pusher from approving their own changes**：禁止最近一次推送變更的人批准自己的變更。
  - **Allow completion even if some reviewers vote to wait or reject**：即使有審查員投票選擇等待或拒絕，仍然允許完成 Pull Request。

- **When new changes are pushed**：當有新的變更被推送時：
    - **Require at least one approval on every iteration. Learn more**：每次推送新的變更時，都需要至少一個審查員的批准。
    - **Require at least one approval on the last iteration**：最後一次推送變更時，需要至少一個審查員的批准。
    - **Reset all approval votes (does not reset votes to reject or wait)**：每次推送新的變更時，重置所有的批准投票，但不重置拒絕或等待的投票。
    - **Reset all code reviewer votes**：每次推送新的變更時，重置所有程式碼審查員的投票。

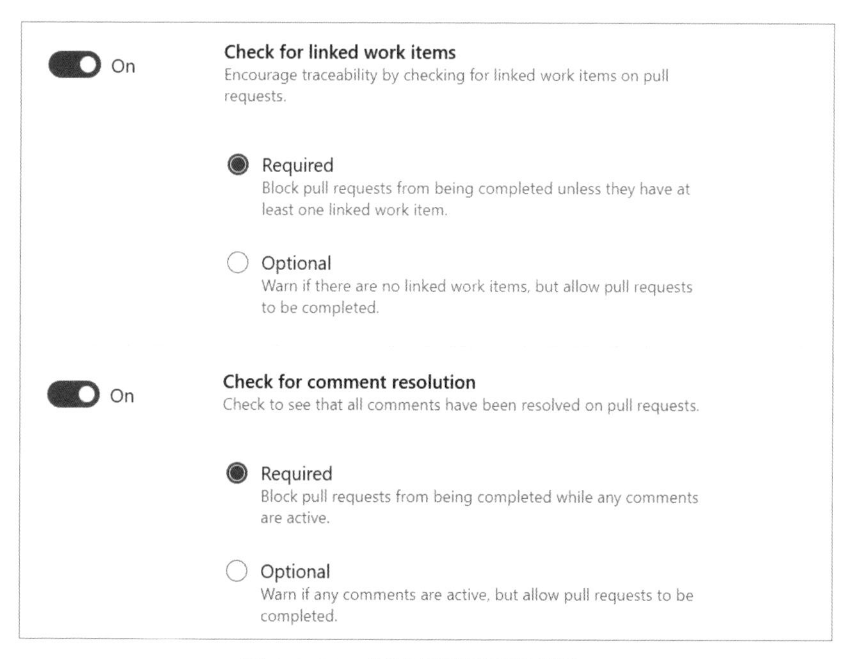

圖 2-1-32　哪些規則需要被開啟 -2

- **Check for linked work items**：確認變更必須要工作項目關聯。
    - **Required**：必要，如果 Pull Request 沒有與工作項目關聯將無法完成合併。

  - **Optional**：選擇性，如果 Pull Request 沒有與工作項目關聯將警示。

- **Check for comment resolution**：確認所有的建議都必須要切至解決狀態。
  - **Required**：必要，如果 Pull Request 沒有將所有的建議都切至解決狀態，將無法完成合併。
  - **Optional**：選擇性，如果 Pull Request 將所有的建議都切至解決狀態，將警示。

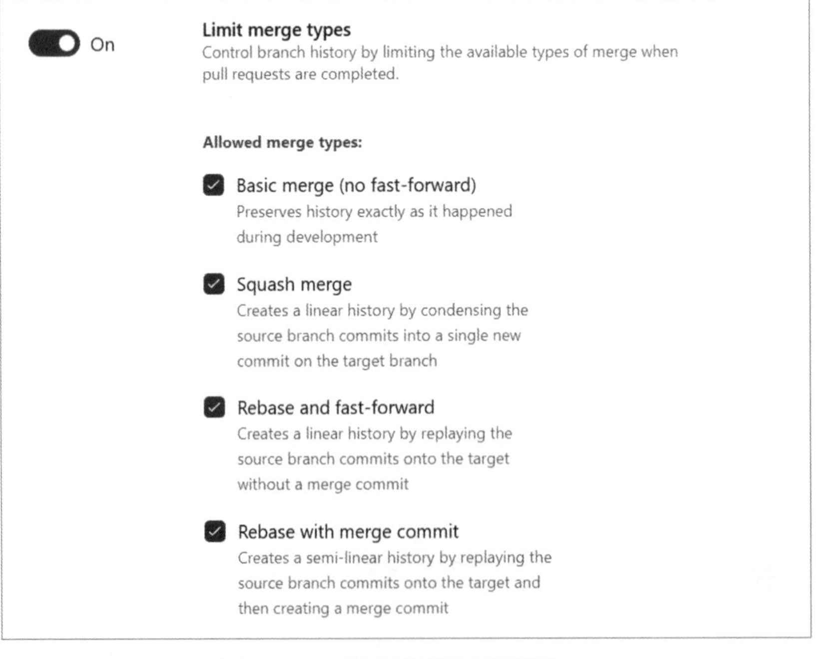

圖 2-1-33　哪些規則需要被開啟 -3

- **Limit merge types**：限制合併類型
  - Basic merge(no fast-forward)
  - Squash merge
  - Rebase and fast-forward
  - Rebase with merge commit

2-1-7 共識

經過一一說明後，大家對幾個項目比較有興趣的進行了討論。

Kai：原來 Pull Request 設定策略可以這麼複雜，但的確看起來可以用投票制度，我們團隊共四個人，如果扣除發起 Pull Request 的人，那只須要有另外一位成員投票即可。當然了，自己不可以投票許可。

Lala：贊成，另外就是如果在 Pull Request 的狀況下，如果有任何更新，要不要重新投票？

Sam：我認為僅需要在最新一次更新被重新許可即可，因為反覆修正的推送我認為難免，我們僅須要對最新一次把關就好。

Lala：也是，接著就是我剛剛提到的，要不要強制與 work items 進行關聯，我對這個 work items 非常有興趣，字面意義是工作單，這到底是甚麼？

Sam：在 Azure DevOps Boards 中，其實所有項目都叫做 work items，有一點點像是我們現在在 MantisBT 上的每一個 Issue，只是在 Azure DevOps 中又根據工作流做了不同的定義。但嚴格來說，這個欄位意思就是，我們所做的所有程式碼的變更，應該都要有所根據，不論是因為要修 Bug 還是要新增功能，應該都要有依據才會進行。

Ling：所以 .... 我們要棄用 MantisBT 而轉向 Azure Boards ？這聽起來好像除了我們要把地端的 Git Server 變更為 Azure Repos 以外，又是一個很大幅度的變化。

Sam：我只能說還好 MantisBT 僅有我們團隊成員自己用來做追蹤議題以外，只有主要維運業務負責人在使用而已，或許我們可以跟他討論看看，如何一起在 Azure DevOps Sevice 中進行追蹤與協作？

Lala：那這個項目我們先選擇 Optional，如果窗口願意，我們先把現在 MantisBT 尚未結案的 Issue 慢慢清掉，或是在 Azure Board 上建立一個一樣的。這樣我認為在 Pull Request 時，對於發起者或是審查人，才能夠更快連結到這次交付的變更目的為何。

Kai：聽起來滿合理的，我贊同。

Sam：那接下來…。

接下來的 15 分鐘，團隊最後做出了決定，以 POWERS 表格敘述如**表 2-1-2**：

表 2-1-2　開發團隊新的交付方式及待辦事項

	Process（流程）	Objective（目標）	Window（影響窗口）	Evaluate（評估）	Relation（互動關係）	Structure（結構）
舊的方式	各自 Git merge to main	在 Git Server 各自交付程式	開發團隊	過去經驗需半個工作天完成	周合併日輪值編譯遇到衝突或無法編譯時討論	開發團隊
新的方式	Pull Request	在 Azure Repos 以 Pull Request 交付程式，並預先確認可以編譯成功。 1. 需要有一位團隊成員投票許可併入。 2. 所有回復的意見必須被解決。 3. 不限制 merge type。	開發團隊	不影響進度為前提，希望縮短小於半天	Pull Request 審查，即時面對面討論	開發團隊
尚未討論的方式	Issue 回報與反饋流程	將 MantisBT 回報機制變更至 Azure Boards。 Pull Request 強制關聯 Work items。	1. 開發團隊 2. 主要維運業務窗口	回應及程式碼交付速度？	Issue 開立至程式碼修復與回報，即時 Teams 聯繫	開發團隊 業務單位

2-1-8 小結

所有的限制設定，目的都是為了提供交付的品質，才可以往目標邁進。例如團隊對於 Pull Request 的所有限制討論所下的決策，都是為了解決合併日的痛點這個目標所討論。團隊決定所有策略後，也可以根據不足的部分，提出未來可以繼續改善的方向，這個過程除了影響到團隊內需要大量溝通外，同樣的也會需要跟團隊以外的利害關係人進行溝通與討論。

使用各種工具可以進行團隊最後決議變更討論的紀錄，不管是使用白板寫在團隊共同可以看到的位置上，或是以電子的形式建立在任何數位平台中，只要團隊有默契這份共同規則的所在地，就是成功溝通的一種作法。

這個章節簡單的介紹了遇到的痛點、內部與外部溝通的方式以及 Pull Request 如何驅動 Pipeline 的作法，接下來會根據尚未討論的方式，以及還可以改善的事項繼續討論要如何在 Azure DevOps Service 中來完成。

2-2 工作項目的說明，與自動化流水線的觸發

2-2-1 故事二：升空計畫需跨越原有安逸現實的第一步

Sylvia 是業務單位的主要窗口，以精明能幹著稱，如果只把他當作一個一般不懂開發的業務人員而降低程式碼的交付品質，那位開發同仁一定是嫌自己電話太安靜了。Sylvia 的測試除了一般正向的測試外，還會另外追加許多的邊界測試，因此如果寫出來的程式沒有認真的測試過，相信 Sylvia 一定會樂意將開發人員的電話打爆。

過去開發團隊與 Sylvia 的所有系統的活動，都被記錄在 MantisBT 上，另外就是每一年的系統精進計畫，相關的文件以及知識，都會被留存在共同工作的 Microsoft sharepoint，以檔案的形式被留存下來。

雙方總是抱怨，那一堆文件、會議記錄以及知識其實並不好翻找，每次做出來後只有出事的時候才會去翻找，而且常常都是過時的資料，但又沒有更好的知識留存形式。但至少雙方在 MantisBT 上的溝通算順暢，因為只要是在 MantisBT 上所開立的 Issue，雙方都有默契會持續的追蹤、開發與交付。

原本有業務高層有討論過，要不要讓廣大的內部使用者也一起進入 MantisBT 一起開立 Issue 與追蹤，Sylvia 力排眾議覺得這個方式並不好，因為只要進入了 MantisBT 就代表要被持續追蹤到結案。但是外部使用者一方面沒有經過訓練使用工具，所以如果大量沒有品質的回報反而會造成 Sylvia 更沉重的負擔，再來就是有太多所謂吃瓜群眾，都只是為了滿足個人的願望而希望系統為他們量身訂做。

Sylvia 深知系統是服務眾人的業務流程而設計，不該為了某一兩位特殊需求而客製化，這樣只會浪費開發的能量，而造成原本可以服務更多人的功能卻因排擠而無法完成。這次他聽說了開發團隊希望把合作方式由 MantisBT 改至 Azure DevOps Service 中而感到訝異。

2-2-2 與業務單位窗口溝通

Sylvia：我以為 MantisBT 上面的那些追蹤項目，是我們雙方互動的最佳平台，你們這次要把議題追蹤的方式進行變更，那一定要有一個說服我的強烈理由，不然我難以理解這個改變。

Sam：我們其實了解 MantisBT 是一個很棒的平台，而且我們也使用了他好些年了，也沒出甚麼大問題。不過這次我們想要試圖把每次交付測試的那一個混亂的下午，進行一些改變。你懂的，一直以來在交付測試時，一不小心就因為合併的混亂就延遲下班了，那本來應該是一個個美好的星期五晚上，但卻偶有延遲。更不用提我們每一季營運環境的交付了，通常那一整個禮拜每天晚上根本稱不上美好。

Sylvia：這跟 MantisBT 的直接關係是什麼？有甚麼是他不能做到的嗎？

Sam：現有 MantisBT 的功能其實非常完整，但上面所有的 Issue 狀態都是需要人另外去變更，因此有時候會發生其實我們已經交付測試了，但忘記變更 Issue 的狀態以及沒有去註記 Tag。最終我們雙方就會需要在過版日當天重新一一盤點釐清，但有時候也是會不小心有遺漏。造成這些問題的主要原因，是我們無法直接將 Issue 與程式的變更記錄關聯起來。更不用說我們的程式甚麼時候佈署測試，也需要手動被維護在 MantisBT 中。

Sylvia：關聯？不用人為維護？這樣可以解決甚麼問題？

Sam：嚴格說起來，其實程式碼的變更還是需要一些簡單的方法，讓我們開發團隊在變更時，就可以直觀的被關聯並且呈現在 Issue 或是 Task 上。這對你的好處是，你所提出的 Issue 可以直接被關聯到程式的變更上，而且每一個項目都可以知道甚麼時候被交付了。而且因為這些關聯的建立，雙方在溝通上就會有更多線索可以對談，這樣或許未來可以邁向真正的美好星期五晚上。

Sylvia：嗯…暫時我大概有聽出來你們想要解決的問題，但實際上該怎麼進行，我覺得我需要一些簡單的教育訓練，而且要跟你們重新在新平台上磨合才可以。那原本那一些 MantisBT 上還沒結案的 Issue 該怎麼辦？還有就是過去那些被保留在 MantisBT 上的歷史軌跡會繼續被保留嗎？

Sam：教育訓練不敢說，但我們一起研究看看怎麼好好活用這平台那是一定要的。另外原本 MantisBT 上還沒有結案的 Issue，或許很適合拿來練習看看怎樣建立在 Azure DevOps Service 中。至於過去那些已經結案的知識，我們就先保留著，整個上軌道後我們再來討論該如何處理。

Sylvia：那好，首先先教我如何使用吧。

2-2-3 三步工作法

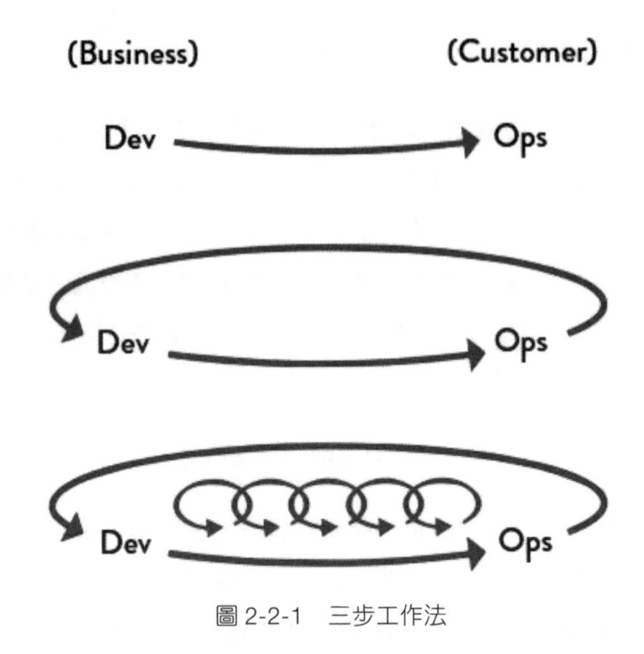

圖 2-2-1 三步工作法

圖 2-2-1 就是著名的三步工作法，其實只要説到 DevOps，就不會不提到三步工作法。三步工作法的核心概念，可以簡單的用下面三點説明：

1. **暢流**：從左到右快速流動，可以把它視為從工作項目建立、程式碼的撰寫到交付上線，或是工作流的起始到交付。
2. **回饋**：從右到左快速反饋，可以説是在程式交付後，可以快速反饋問題，並促進下一個循環的開始。例如衍伸功能的討論，或是 Bug 的回報等。
3. **持續學習和實驗**：在整個循環流中，可以不斷的實驗，累積知識，讓團隊持續成長。

其實上面只是僅用在 Azure DevOps Service 中，可以如何從工作項目開始，進而達到快速的程式碼交付流來簡單説明三步工作法。實際上大多數現實世界的團隊協作，都可以套用三步工作法。例如學生時期的專題製作、出社會的接壞而來的專案工作，或是工廠的生產線等，都適用於三步工作法的概念。

在第一章，我們從 Azure Repos，透過 Azure Pipelines 自動化工程的手段，最終順利佈署到指定的環境中，其實就快要達到了三步工作法，第一步的暢流。但其實在開發之前，還是有工作項目的建立，因為所有的開發或是程式變更，都一定有一個需求才會進行開發的工作，接下來就來介紹在 Azure DevOps 中最基本的工作項目。

2-2-4 軟體開發的起點，任務的開始與追蹤

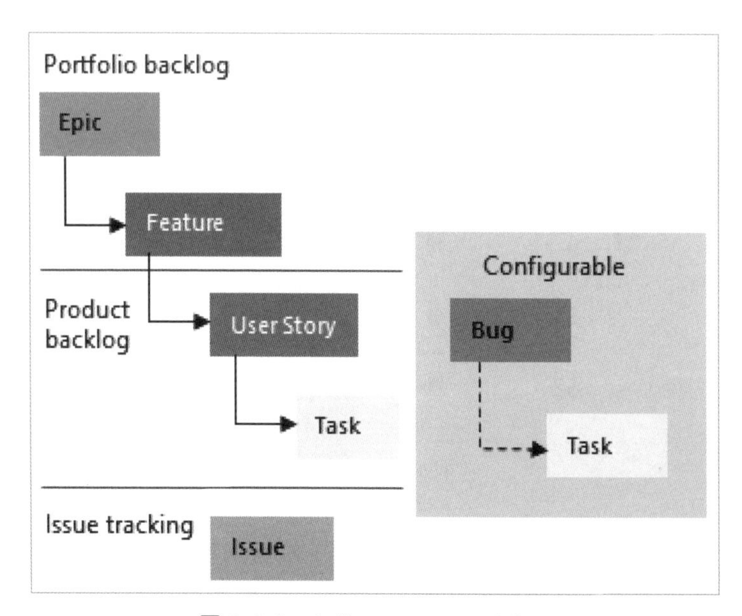

圖 2-2-2 Agile process workflow

在 Azure DevOps Service 中，預設支援了四種 process workflow，本書將以 Agile process workflow 來進行示範，原因在於與同事的討論後，大部分的同仁都頗為接受所謂使用者故事（User Story）作為需求的記錄方式。

參考圖 2-2-2，從策略層級的 Portfolio backlog 開始到 Product backlog，個別的 Work Item 是 **Epic -> Feature -> User Story -> Task** 作為從高到低的位階，而在這四個 Work Item 以外，又另外有 Issue 與 Bug 的 Work Item 存在。

這個章節暫時先談在大多數的 Issue Tracking System 都會用的 **Issue**、**Task** 與 **Bug**。

一、Issue

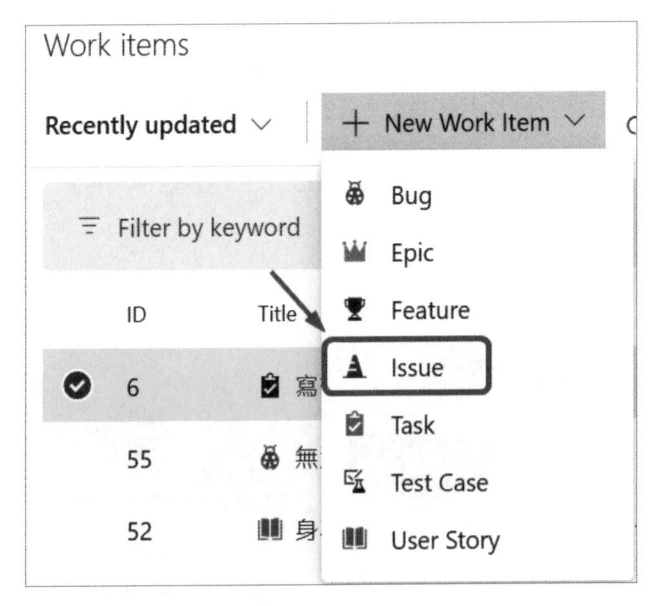

圖 2-2-3　Issue

Issue 是用來追蹤和管理工作中的問題或障礙，這些問題可能會影響專案的進度或品質。通常用來記錄和追蹤需要解決的問題或需要進一步討論的事項。例如說某個功能的需求不明確，需要進一步澄清；某個外部資源無法使用，需要找到替代方案。

在圖 2-2-2 Agile process workflow 中可以看到，Issue 被放在 Product backlog 以外，這代表著 Issue 並不是一項可以被指派的工作，而是一個待決的問題。

在經驗中，我們把 Issue 視為對於軟體專案中，所有利害關係人或是貢獻者，意見的集合體。通常組織內進行一個專案的時候，一定會有會議，會議中大家所提出的意見，都應該被放入，在許可的範圍內越多意見越好。

那通常會議中有些人並不發言，或許是個人特質不敢在大眾面前發言，也或者是有策略性的認為會後再來各別與負責人溝通會有意想不到的結果？

這些都沒有關係，我們鼓勵將所有意見不管在會中會後，都應該完整被紀錄下來，列為待辦事項去追蹤。

圖 2-2-4　Issue Sample

還有一個重點就是，並不是所有的 Issue 都會直接跟軟體開發有關係，提出的意見是需要被採納後才會派工。而被移除的可能性也非常多，不論是現有功能已具備、系統限制、商業價值不符、成本過高等這些都有可能。

正規的敏捷式組織應該要有產品經理為這整件事情負責。但大多數的資訊單位，並沒有這個角色存在。大家都知道，如果要對未確定的方向進行開發，一定會徒勞無功。但無止盡發散的需求絕對是每的專案管理以及開發人員心中的痛，而且到處都看的到這個狀況。

因此，可以透過這個工具將討論完整保留，讓所有利害關係人都可以專注在 Issue 提出，Issue 的提出等於人所表達的意見，所有的軟體開發起點，都基於人的需求，再來就是釐清需求的商業價值與成本之間的衡量，最後再來決定是否進入軟體設計與開發的階段。

二、Task

Task 是具體的工作項目，通常是可以分配給團隊成員並在一定時間內完成的工作。開發或是維運專案中有許多可以被分派的具體工作，例如系統分析作業、前端或是後端的程式碼開發、第三方套件的升級、文件的更新甚至是上線至營運環境前的安全性檢核作業，都可以屬於 Task 的範疇。

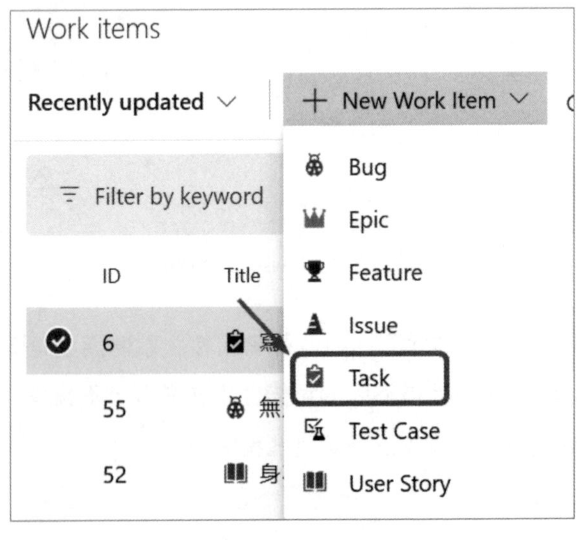

圖 2-2-5　Task

只是 Task 跟 Issue 有所不同的是，Issue 是可以廣納內外部意見的一個集合體，通常都會列為待討論事項，可能會在例會中討論是否需要被轉化為實質工作項目。但 Task 則代表的是，會消耗團隊開發能量或是人力資源的一個具體項目，同時也會被列入系統或是產品待辦清單的項目。

在軟體開發專案管理中，正常專案管理者（不論是產品經理或是專案經理）都應該會認知到，開發人員是最容易形成瓶頸的昂貴資源，因此 Issue 是否要轉化為 Task，有賴專案管理人員對於專案目標的考量，視真正具備商業價值的 Issue，轉化為實質的工作項目。

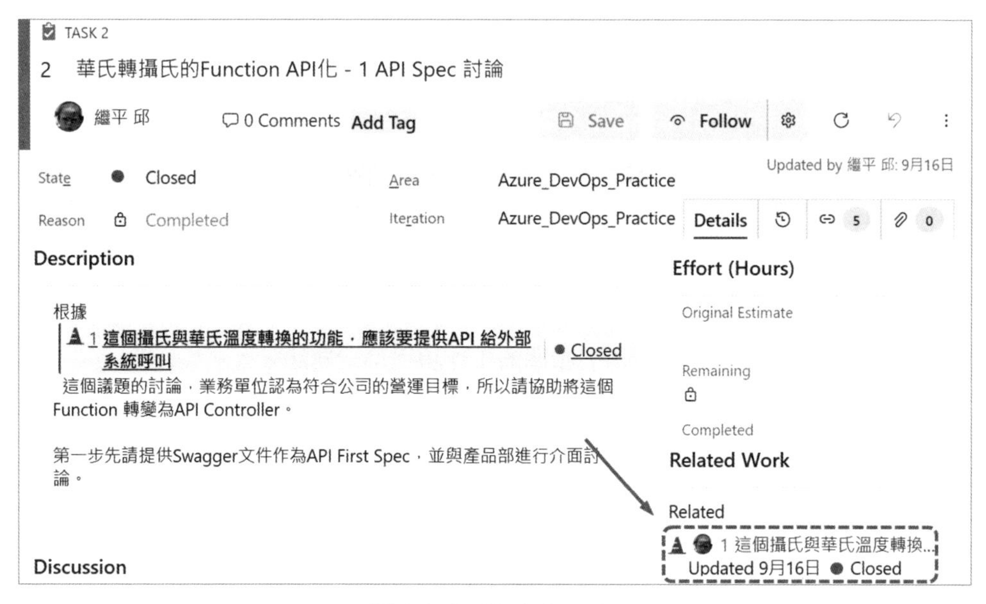

圖 2-2-6　Task Sample

圖 2-2-6 可以看到，在 Description 敘述中告知了決議的過程，並告知先產出 Swagger 文件與產品部進行討論，而在右邊圈起部分可以看到，這個工作項目是與 Issue1 相關聯的。另外也可以看到，工作項目是需要預估工時的，預估工時雖說並不是什麼稀奇的功能，但這個工時預估與敏捷式開發的預估息息相關，在這裡先不細談，後面的章節將會說明。

圖 2-2-7 Task 與 Issue 關聯

同樣的，在圖 2-2-7 的 Issue 中也可以看到與工作項目直接關聯在一起。這種做法的好處就是可以將有關聯的 Work Items 都互相關聯起來，以便於未來在查找相關議題與工作的分配時，可以把所有相關的工作項目都關聯起來。

❶ Task 的工作交付關聯

再來就是要説到，工作項目的指派，與真正產物的交付有著密不可分的關係。剛剛有説明到工作項目的範圍跟人力資源或開發能量的消耗有直接的關係，而且最終會有所謂的產出物，軟體開發專案的產出物大多都是程式碼或是文件等相關的內容。

以這個案例來說，工作項目的產出是一份 Open API Specification 文件，因此以下就示範如何將產出物與 work item 做到直接的關聯。

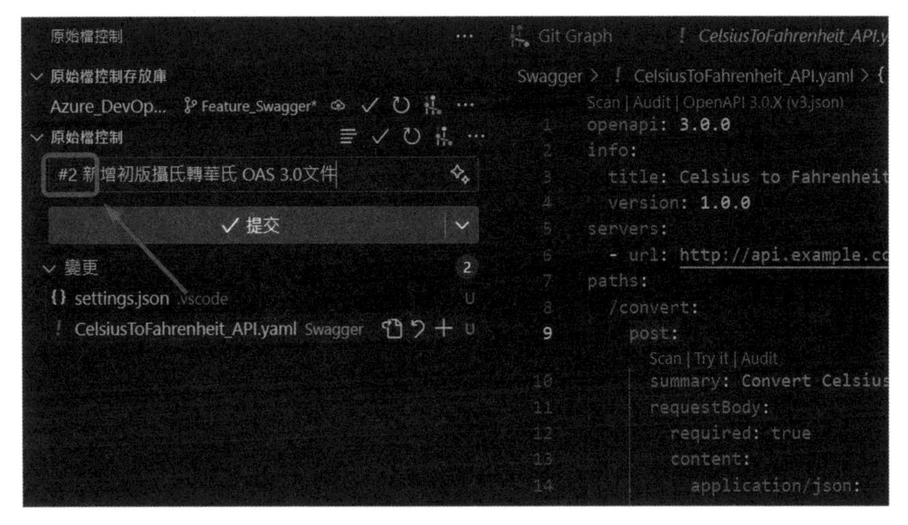

圖 2-2-8　新增 OAS 文件

圖 2-2-8 可以看到，筆者在 VS Code 在 Swagger 資料夾下新增了一個名為 CelsiusToFahrenheit_API.yaml 的 OAS(Open API Specification) 文件，而且在 Git Commit 的時候，在 Message 的前面特別將 Task 的 work item **編號 2**，使用 # 字號放在最前面。

接著就是 Git Commit and Push，將 OAS 文件推至 Azure Repos 中。接著再回去 Task 確認。

圖 2-2-9　與 work item 關聯 -1

在圖 2-2-9，Task 2 的紅色圈起來部分會發現，剛剛在 Git Commit 的連結，自動被關聯到這個工作項目可供追蹤。如果點擊那個超連結，就會看到細節被推入 Git 的產出檔案。

圖 2-2-10　與 Workitem 關聯 -2

圖 2-2-10 就可以看到，透過了 Azure Boards Work item 可以與實際的開發交付成果，透過在 Git Commit Message，將工作項目以及實質產出物做到關聯。如果工作追蹤項目還是存在原本的 MantisBT，就無法直接做到如此直觀的關聯。

三、Bug

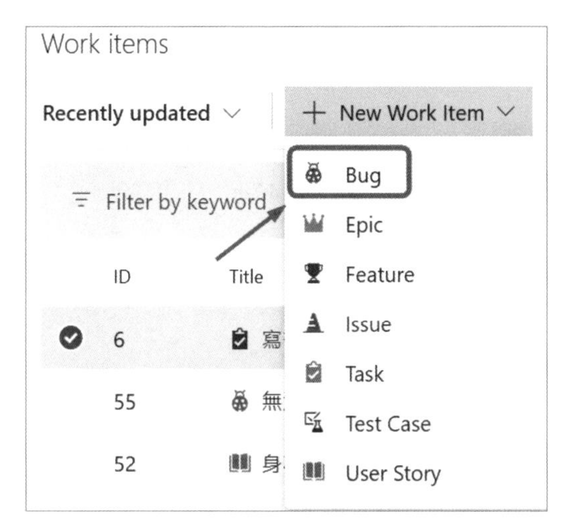

圖 2-2-11　Bug

從圖 2-2-2 的 Agile process workflow 可以看到，Bug 是根據設定來決定位階的。這裏我們先不談 Bug 的進階設定，我們就一般的思考去看待 Bug。一般我們定義 Bug，就是從產品或是系統當初所規劃的功能存在缺陷或錯誤，這些缺陷可能會影響軟體的功能或性能。不管是某個功能無法正常運作、使用者介面顯示錯誤、效能問題。

Work Item Type	Title
User Story	身為一個外部系統開發者，我希望可以使用華氏轉攝氏溫度...
Task	華氏轉攝氏的Function API化 - 1 API Spec 討論
Bug	API 無法完成Get

圖 2-2-12　Bug 預設的位階

在 Work Items 的預設設定中（圖 2-2-12），Bug 的位階是與 Task 一樣，都是在需求下（User Story 在這裡我們先稱之需求，後面章節將會細談使用者故事），通常代表的是基於某一個需求所談定的規格，開發後交付時卻無法完成滿足允收標準，所以 Bug 通常會被放在需求的子項目。

圖 2-2-13　Bug 與需求的父子關係

從圖 2-2-13 就可以看出來，在建立 Bug 的時候，是在某一個需求的驗收沒有被滿足的前提下，就會開出無法完成需求的 Bug。圖 2-2-12 是在 Backlogs 這個功能下被展出來的產品待辦清單，在此先不細談所謂的產品待辦清單的觀念，後面會再次細談。

圖 2-2-14　沒有父項關係的 Bug

當然也可以沒有基於任何父項目，去開出 Bug。因為通常需求在結束後，work item 就會被關閉，而那可能是多年前所撰寫的需求，現在該項目已經進入維運狀態，因此在刻意去把 Bug 與過去已經被完成的需求再做關聯並沒有意義。

對 Azure DevOps Boards 來說，是不斷專注在現在與未來每一個迭代來進行敏捷專案管理為主的工具，因此通常不會再把過去已經交付完成的工作項目再次開啟，這會造成開發團隊的混亂。

例如圖 2-2-14 中，所開立的 Bug 是一個以前就完成的登入需求，因此在這個開發週期中，並不會有正在進行中的需求被建立在 Azure Boards。但這個 Bug 又的確被發生，因此會被建立一個沒有父項關係的 Bug。

對於剛開始使用的團隊來說，其實 Azure Boards 的功能其實相當複雜，因此這個章節我們先專注在 work items 中，可以拿來跟 MantisBT 一樣，所有開立出來的 Task、Bug 以及 Issue 都可以在 work item 中找到即可。不論是否有父項，或是與誰關聯，只要還沒有被關掉的狀態，預設就會呈現在 work items 中。

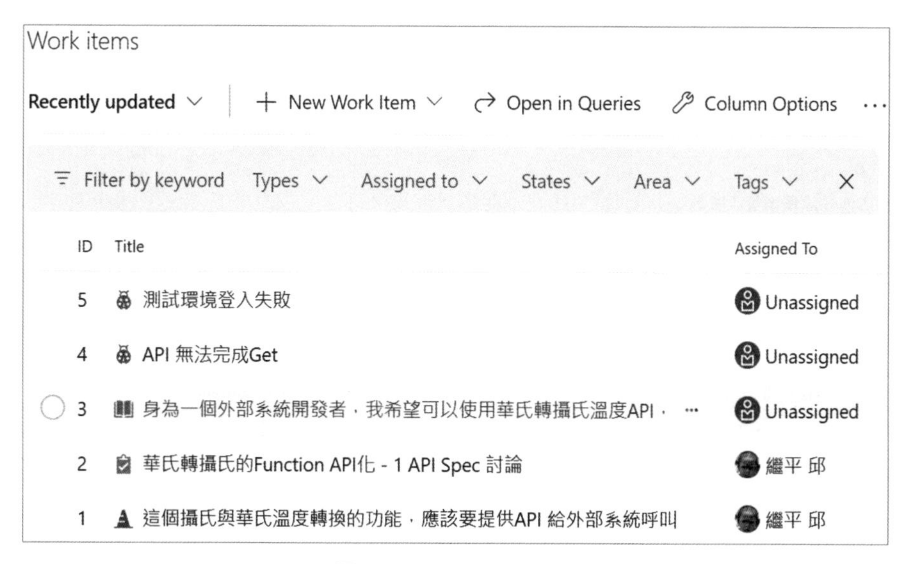

圖 2-2-15　Work items

最後要提到的就是，Bug 的修復也是一種工作交付的表現，需要消耗實際的開發或是維運人力。因此當接單人員進行程式碼修改的時候，與 Task 一樣，可以在 Commit 的時候，將 Bug 單一樣放在 Git Commit Message 中。這樣在交付修復完成的程式碼時，同樣的也可以把交付成果與 Bug 做關聯，進而可以將該單轉回給開單人，請他確認是否有修復完成。

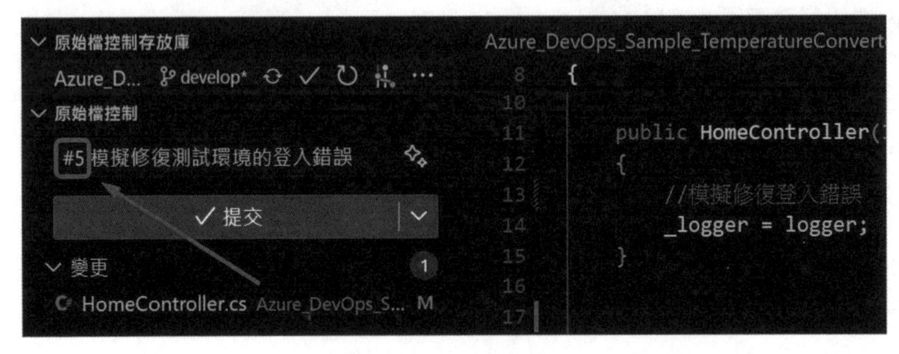

圖 2-2-16　修復 Bug

例如在圖 2-2-16 中，將 Home Controller 中增加了一行註解作為修復的示範。並且在 Git Commit Message 中，把 #5 這個 Bug 項目關聯進來後，進行 Git Commit and Push。

圖 2-2-17　修復 Bug

同樣的回到 Bug #5（圖 2-2-17），與 Task 工作項目關聯一樣，可以協助將實際交付的程式碼作為關聯，這樣未來在追蹤時，可以清楚了解程式碼的交付到底與哪份工作有直接的關聯。

2-2-5 共識

Sylvia：雖説還沒有很熟悉，但我基本上了解了你說的這些 work items 了，因此如果我有要討論的議題，就開 Issue，再來討論對嗎？如果説我確定是一個 Bug，我是不是直接開 Bug 就好呢？

Sam：其實在我們雙方之前在 MantisBT 上協作的模式，我認為你可以根據你的判斷，就直接開對應的 work item 就好。因為如果開的類型不恰當，也可以轉換類型再修正就好，非常彈性。

Sylvia：那如果我需要討論的內容，需要放附加檔案也可以嗎？

Sam：可以，直接將檔案拖拉到 work item 即可，我示範給你看。

Sylvia：操作看起來真簡單。

Sam：但有一個要注意的就是，你必須要在敘述中說明，有一份附加檔案要進行討論，不然預設看到 work item 的人不見得會去打開附加檔案來看。另外我們把 Task 或是 Bug 交付給團隊成員開發後，開工時開發者會把工作項目的狀態切成 Active，這樣你就可以知道哪一些工作項目已經開工了。但有時候如果開發人員忘記切換狀態，至少可以從工作單裡面的 Git Commit Link 看到我們持續在這個工作項目努力中，也麻煩就互相提醒狀態要記得切換。

Sylvia：知道了，先試試看好了，不用也不知道會怎麼樣，我先來練習看看把 MantisBT 還沒完成的追蹤事項，移到 Azure Boards 中好了。

Sam：如果有一些細節很不好移轉，特別是連結到過去已經 Close 的 Issue，我建議在轉移過來的 Work Item 直接給個超連結就好，只要還可以找到的我認為就夠了。

Sylvia：好，我來試試看。

Sam：那我把我們討論的內容，列成一個變更作法前後的表格，如果都認可，我們就照這個方向進行。

表 2-2-1　系統問題回報與反饋流程的 POWERS 新舊對照表

	Process（流程）	Objective（目標）	Window（影響窗口）	Evaluate（評估）	Relation（互動關係）	Structure（結構）
原本的方式	系統問題回報與反饋流程	MantisBT 回報 Issue 並追蹤	開發團隊 主要維運 業務窗口	n/a	1. Issue 溝通 2. Teams 聯繫	開發團隊 業務單位
新的協作模式	系統問題回報與反饋流程	1. 在 Azure Boards 中根據判斷開立 Task、Bug 以及 Issue 2. 舊有的 MantisBT 進行轉移或連結	開發團隊 主要維運 業務窗口	非量化雙方滿意度討論	1. Issue 溝通 2. Teams 聯繫 3. 程式碼 Commit Link work item	開發團隊 業務單位

當改變來臨時，需要注意到影響到的成員接受程度，如果人數不多，可以在相互信賴的團隊成員中以正向與激勵的方式進行。只要可以説明改變的利害關係，建議進行的方式，接著給予安全感後，就可以試著推行看看。

上述對開發團隊以外的窗口並不多，僅有 Sylvia 一人，而且雙方互信程度很高，因此在説明改變的必要性，與之前合作模式相左的部份以及原有知識轉移或保留方式，在互信的狀況下進行新一輪的協作，這樣才能夠將新的合作模式建立起來。

2-2-6 故事三：休士頓中心，我們遇到了一個問題（Houston, We Have a Problem）

Pull Request Rebuild 的機制實施沒一天，就開始聽到陸續還是有整合編譯不過的問題發生，因此團隊又聚集在一起討論 Pull Request 的時候到底發生了甚麼事情。

Lala：我剛剛試圖去 Fetch 而且 Pull 最新的程式，準備要交付我剛剛寫好的程式，但是我發現跟我的其實整合不起來，Git 顯示出現了一些問題，我有點看不太懂。我先暫時把我的程式碼保持原樣不動，看起來在 main 分支上的好像就有問題了。

Ling：前一次是我合併的，但我確定在 Pull Request 的時候，Pull Request Rebuild 確定有通過，因此我合併完成後我就繼續在我的分支上繼續工作，然後做第二輪的合併，同樣的 Pull Request 也通過了。所以我也不知道發生了什麼事情。

Sam：聽起來有點有趣，讓我們一起來看看現在 Git Tree 的形狀，應該可以看出一些端倪。

經過一番查看後，我們發現了 Git Tree 的形狀不太美麗，所以又進行了一些可能發生這狀況的討論。

Lala：這看起來合併形狀是不太好，不過據我了解，只要交付的內容正確，那應該不會有問題才對吧？

Ling：還是這其實有問題？我做錯了什麼嗎？

Sam：沒事，這件事情很有趣，我們這麼早就發生了非常好，因為這表示我們可以避免在事態發生更嚴重之前可以進行討論。例如萬一是交付日的那個下午發生了嚴重的衝突，那大家又要買便利商店的晚餐加班，園區晚上可是沒有餐廳營業的，我討厭便利商店的便當（笑）。

氣氛開始輕鬆下來。

Sam 繼續說：其實這跟多人協同開發 Git 的操作方式有關係，因為以前我們並沒有 Pull Request 的機制讓我們提早發現合併問題，因此我們都是在合併日當天才焦頭爛額的，這次會提早發生也多虧了這個機制，讓我們可以提早討論。

Ling：所以是不是有一些操作訣竅或是行為要注意？

Sam：沒錯，我們來看一下發生了甚麼事情，然後或許我們可以讓 Pipeline 幫我們做更多的服務。

Sam 拿起白板開始邊畫圖邊跟團隊說明。

2-2-7 在 Pull Request 後的多人協作要點

前一章節有示範過，其實在 Azure DevOps Service 中，準備將程式碼交付合併時，會需要透過 Pull Request 的方式來進行交付，Prebuild 檢查沒問題後，才進行合併。這些動作都是在雲端上完成，因此並不會馬上同步到開發者本端的電腦。

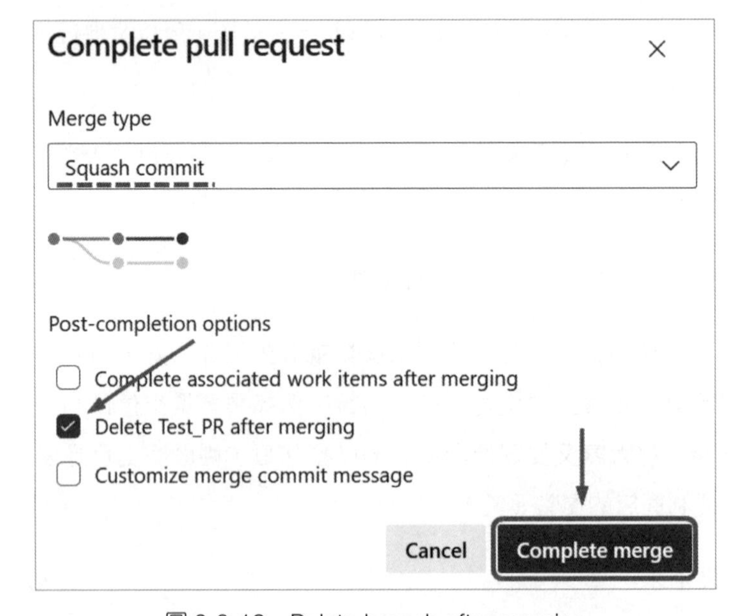

圖 2-2-18　Delete branch after merging

還記得嗎？圖 2-2-18 是在我們示範完成一個 Pull Request 的時候，有一個打勾的選項，可以在合併後把分支刪除。這個行為目的是在合併結束後，將不需要的分支在雲端進行刪除。

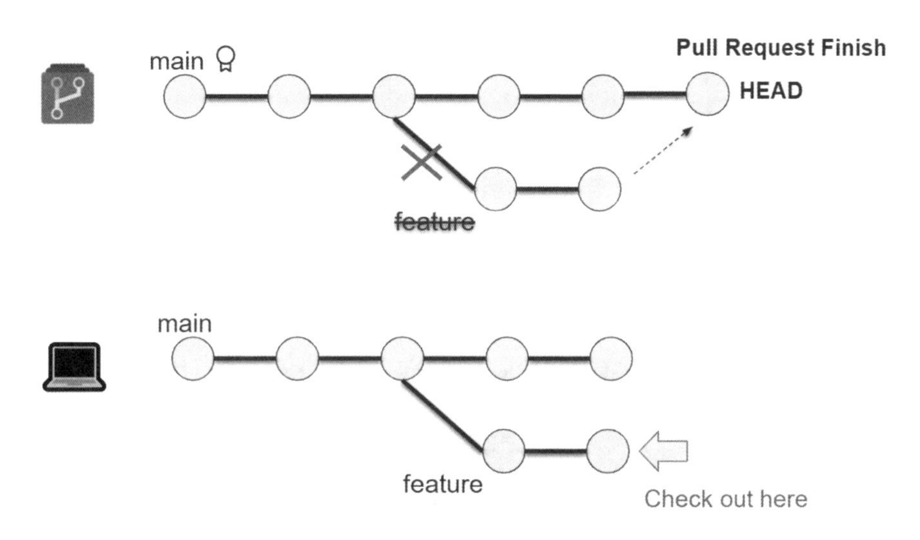

圖 2-2-19　Pull Request 後的分支落差

但這個刪除會造成落差，原因在於雲端的分支已經被刪除了，而地端開發人員電腦中的分支卻沒有被即時更新成對的狀態。就如同上圖的說明，雲端 feature 已經因為合併完成被刪除，但開發者還在 feature 分支。

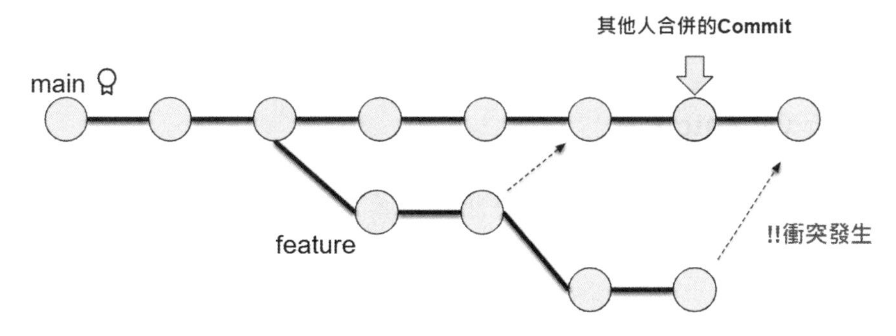

圖 2-2-20　繼續開發後造成的衝突

如果開發人員繼續開發下去，但同時間有其他人已經在受保護的分支進行合併時，最後在交付的時候，就有可能會造成衝突發生。這個的成因有一點複雜，但主因還是在本地端分支與遠端分支的不一致有關，因此有幾個方式可以避免這件事情的發生。

一、刪除本地分支

這是最直觀的作法，但是動作有一點多，因為通常開發者在本端開發並交付合併時，通常本地端的狀態都還是在該分支上，因此動作大概如下：

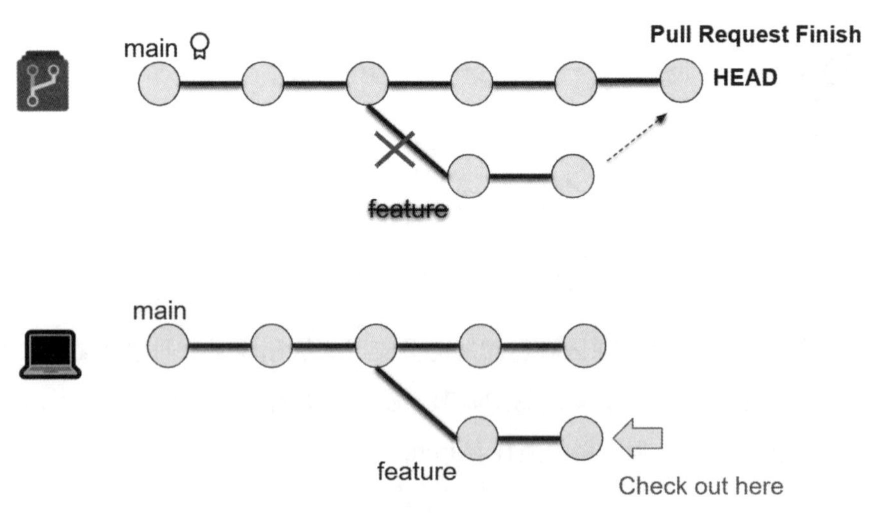

圖 2-2-21　初始狀態，合併後的原始狀態圖示

❶ 第一步 Git Fetch

首先我們要先做 Git Fetch，要把遠端的狀態同步下來，就可以看到現在遠端分支的現況。以下提供 Git 指令與 Git Graph 的實作。

```
git fetch origin
```

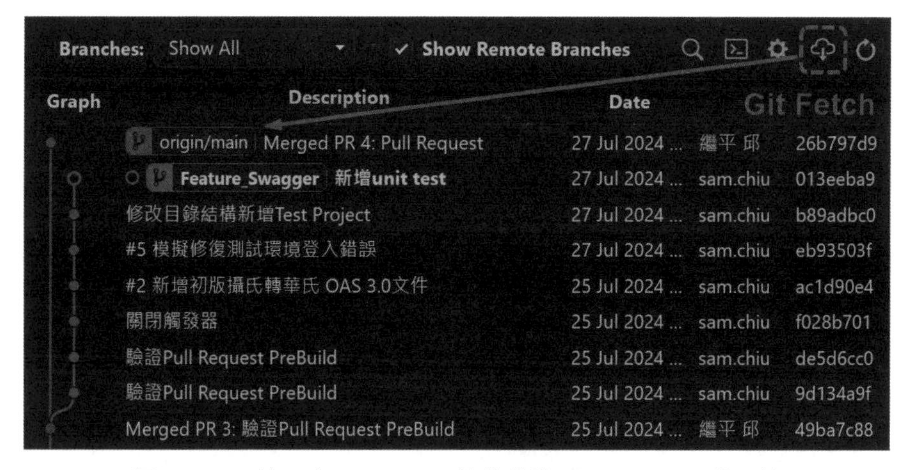

圖 2-2-22　第一步，Git Fetch 後的狀態 - 用 Git Graph 做示範

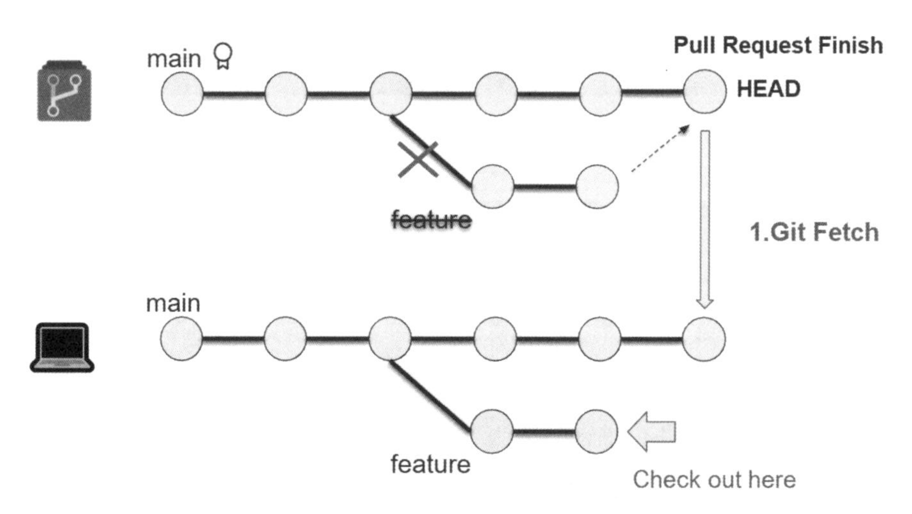

圖 2-2-23　第一步，Git Fetch 後的狀態圖示

❷ 第二步 在目標遠端分支建立新分支

當已經取得了遠端分支的最新狀態時，要基於最新的狀態，接續往後開發下去。這件事情其實非常重要，因為你已經不是一個人在地端不斷的往前衝，而是有夥伴一起協同開發中，因此別人可能隨時隨地也在開發並發布合併。

因此，不論在什麼時候，當併入完成後，就算時間短到只是去倒一杯茶的時間才準備建立新分支，也要注意一定要在目標遠端分支是最新狀態下，才可以基於最新狀態建立分支後開始工作。

```
git checkout -b <new-branch-name> origin/main
```

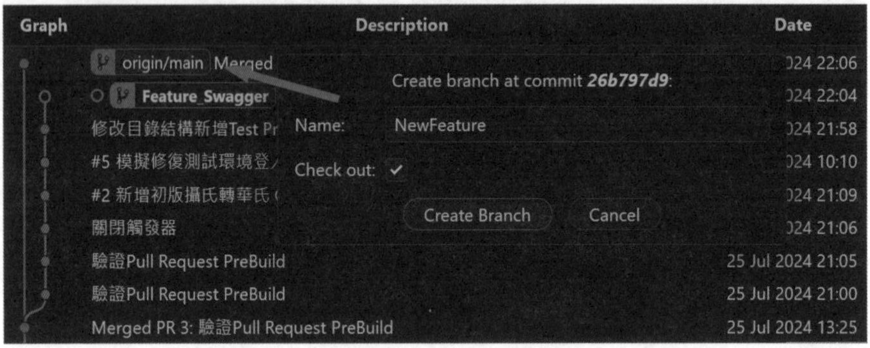

圖 2-2-24　第二步，在目標遠端分支建立新分支 -1 - 用 Git Graph 做示範

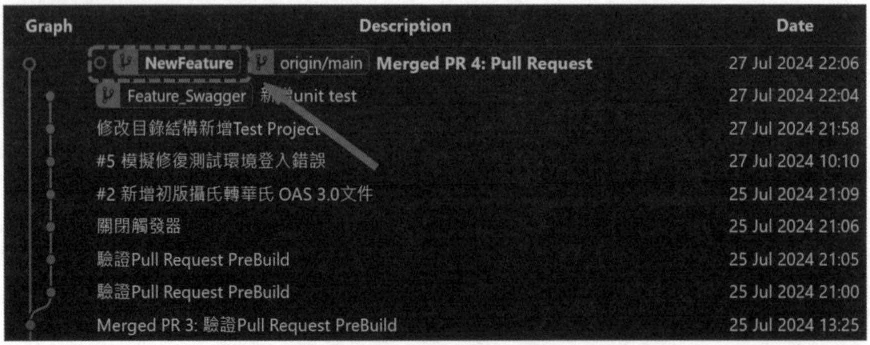

圖 2-2-25　第二步，在目標遠端分支建立新分支 -2 - 用 Git Graph 做示範

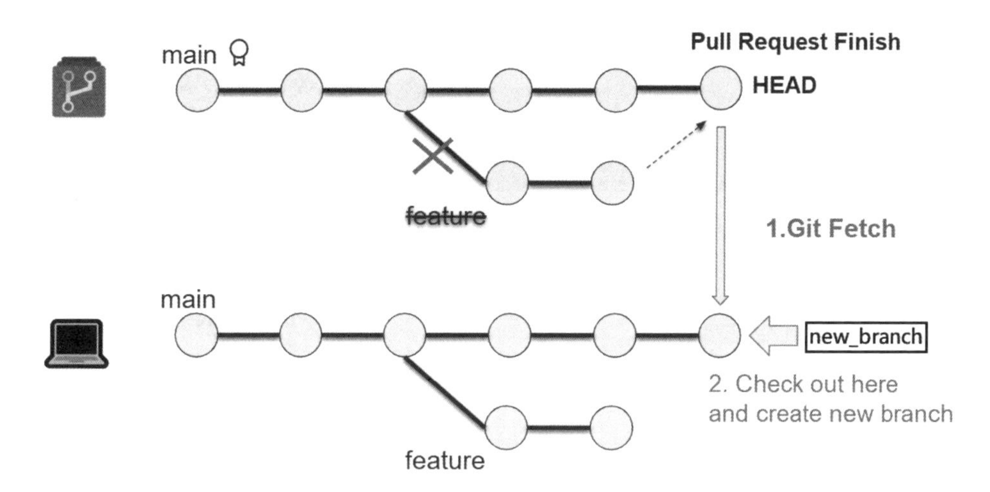

圖 2-2-26　第二步，在目標遠端分支建立新分支後的狀態圖示

❸ 第三步 刪除本地端不需要的分支

這時候，其實原本的分支已經合併完成，遠端分支已經被刪除了，在新分支開始工作之前，我們可以把舊的分支刪除。

```
git branch -d <old-branch-name>
```

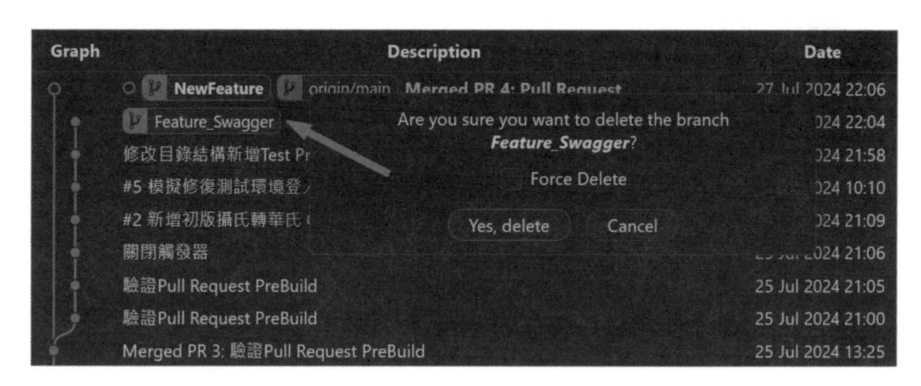

圖 2-2-27　第三步，刪除舊分支 - 用 Git Graph 做示範 -1

Graph	Description	Date
	NewFeature origin/main **Merged PR 4: Pull Request**	27 Jul 2024 22:06
	Merged PR 3: 驗證Pull Request PreBuild	25 Jul 2024 13:25
	main 修正yaml	24 Jul 2024 15:37
	新增Pull request要用的yaml	24 Jul 2024 15:32

圖 2-2-28　第三步，刪除舊分支 - 用 Git Graph 做示範 -2

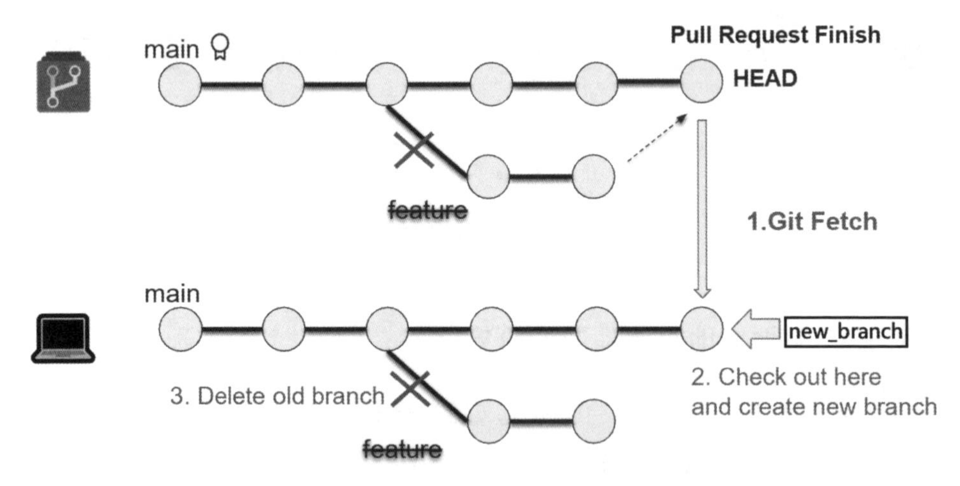

圖 2-2-29　第三步，刪除舊分支後的狀態圖示

二、沿用本地分支

如果你的工作團隊，習慣使用自己的名稱（例如 **Branch_Sam**）工作，這也頗為常見。但這時候如果用上面的方式，刪除後又要新增，其實也頗為煩人，因此可以使用 rebase（變基）的方式，讓自己的分支持續工作下去。示範如下：

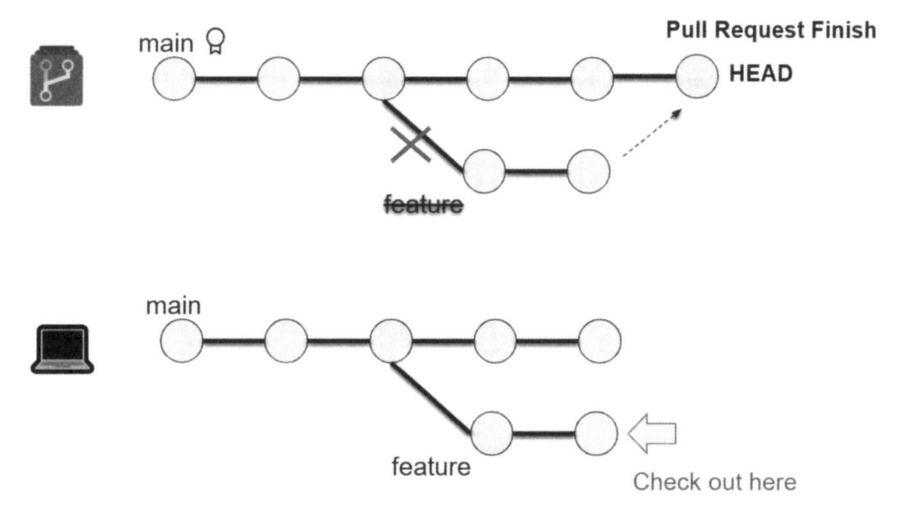

圖 2-2-30　初始狀態，合併後的原始狀態圖示

❶ 第一步 Git Fetch

同樣的我們要先做 Git Fetch，要把遠端的狀態同步下來，就可以看到現在遠端分支的現況。以下提供 Git 指令與 Git Graph 的實作。

```
git fetch origin
```

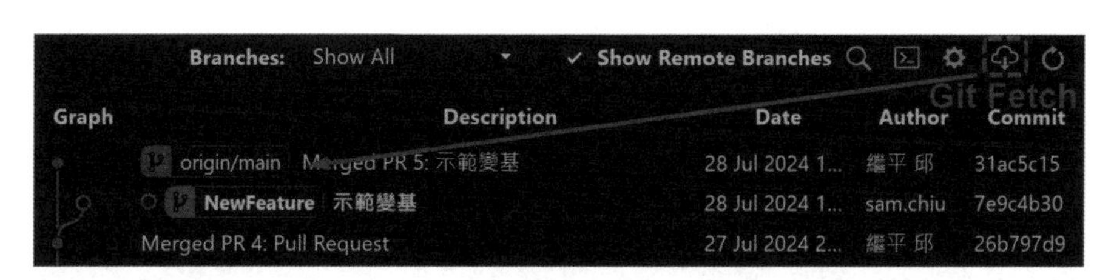

圖 2-2-31　第一步，Git Fetch 後的狀態 - 用 Git Graph 做示範

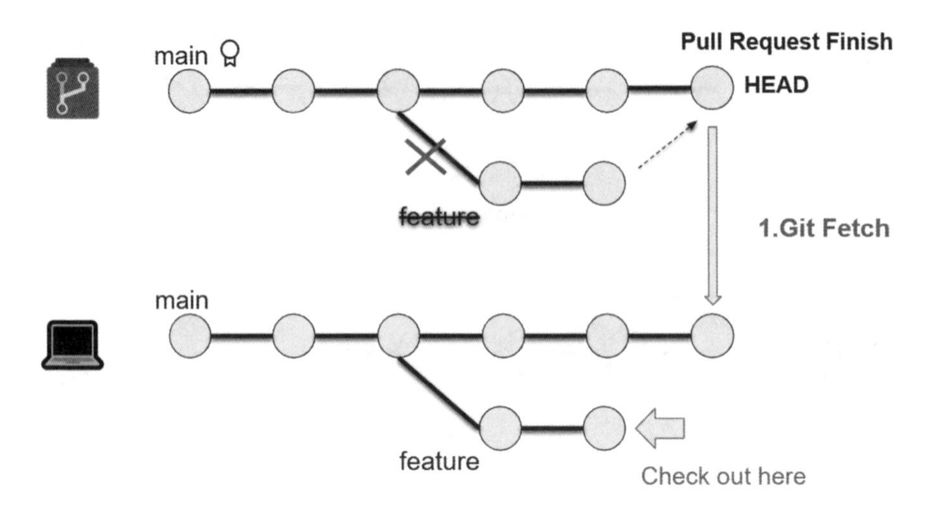

圖 2-2-32　第一步，Git Fetch 後的狀態圖示

❷ 第二步 Git Rebase（變基）

git rebase 是一個 Git 命令，用於將一個分支的更改應用到另一個分支的基礎上。這個過程會重新寫歷史，使得分支的提交歷史看起來像是從另一個分支直接派生出來的。

由於 git merge 有時候會讓 git tree 變得不太美觀，所以我們其實很常利用 git rebase 這個指令來將進行合併，樹形會比較單純而容易追蹤變更。

```
git rebase origin/main
```

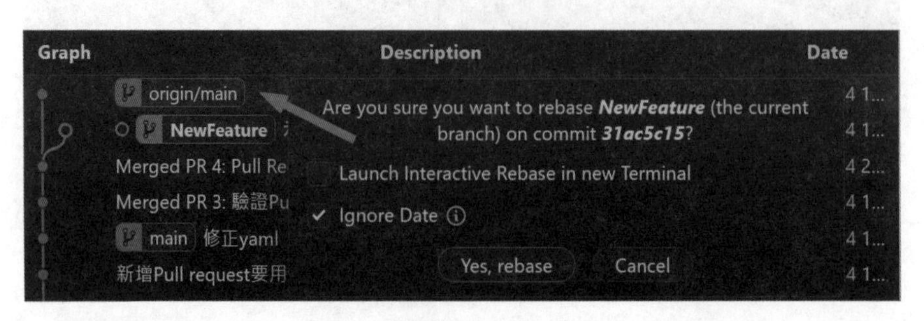

圖 2-2-33　第二步，變基分支 - 用 Git Graph 做示範 -1

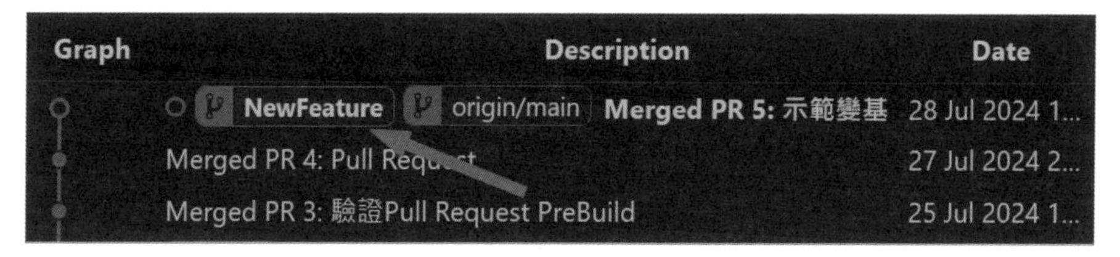

圖 2-2-34　第二步，變基分支 - 用 Git Graph 做示範 -2

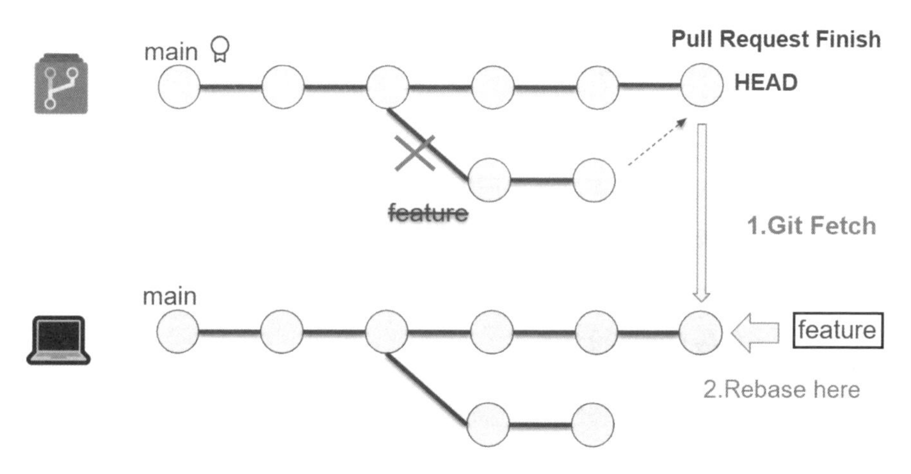

圖 2-2-35　第二步，Git Rebase 後的狀態圖示

這樣就可以順利在原本的分支中，繼續工作了。

2-2-8　讓 Pipeline 為我們多做一點

在解釋完這次可能發生的原因後，大家又熱烈的討論了起來。

Ling：Git 果然可以用得很複雜，不過這樣我更了解如何在遠端進行協作了。

Kai：這的確是沒有提早合併的時候不會注意到的，以前我們都讓事情在發布日當天發生，然後再來一次解決。

Lala：不過剛剛有説到，可以讓 Pipeline 為我們做更多事情，我記得這件事情，可以多做什麼呢？

Sam：目前我們做的事情是，讓大家在交付的時候就預先編譯看看，確保大家可以交付可編譯的程式後合併。不過這並沒有幫我們再次確認，在合併之後的程式碼是不是可以進行編譯，因此我打算在合併完成後，再做一次編譯確認。另外，我打算在 Pipeline 執行 Unit Test，我們可以把 Unit Test 加進去，確保大家交付的程式，都是經過測試的。

Lala：但我們並沒有寫過 Unit Test 的經驗，也沒有時間把過去那一堆程式都加上 Unit Test，更何況也沒有人教我們。

Sam：我在參加 DevOpsDays Taipei 2024 的時候，參加過一場工作坊，我記得主持人說：**你們每個人一定都測試過自己的程式，寫 Unit Test 只是改為使用程式的方式去進行測試，而且寫在 Unit Test 後，未來每一次交付都可以幫你重新確保一次品質。由 Unit Test 幫你確保品質，才可以達到高效的測試，這才是為了我們可以準時下班的一個最有效的投資。**

Lala：聽起來是很有道理，那我們從哪裡開始？

Ling：從 Github copilot 開始如何？

Sam：那是一個絕佳的點子，我們每個人都是 Unit Test 的大外行，不如從我們新開發的程式著手，用 Github copilot 來幫助我們進行 Unit Test 的第一步，那一定很好玩。

大家開始著手討論 Pipeline 的設計，以及如何加入自己第一個 Unit Test。

一、建立 Pipeline 以及加入 Unit Test

在第一章的時候，實做過如何在分支更新的時候進行 Build 以及 Deployment，在這邊重新實作，並且加入 Unit Test 的元素來進行測試。

我們的任務是，在大家使用 Pull Request 後，當 Git merge 完成，重新進行編譯並且把 Unit Test 執行完成。確保團隊成員所交付的程式，不論是在交付前有經過編譯的驗證，同樣的也在交付合併後，再次確認合併後的程式碼是可以編譯，並且經過測試驗證。

這個動作至關重要，因為在合併之後，進行主要分支上的程式碼的編譯以及測試檢查，這才真的有達到 DevOps 的基礎，持續整合（Continuous Intergration）與持續測試（Continuous Test）。

二、Pipeline

```
trigger:
  branches:
    include:
      - main  # 當 main branch 更新時會被驅動
  paths:
    exclude:
      - '**/*.yaml'  # 排除所有 yaml 檔案

variables:
  - name: 'system.debug'  #debug 模式關閉
    value: false

stages:
  - stage: BuildAndPublish  # 編譯並發布成品至 pipeline artifact
    displayName: 'Build and Publish'
    jobs:
      - job: Build
        displayName: 'Build'
        pool:
          vmImage: 'windows-latest'  # 選擇 MS-hosted agent 指定為
windows-2022 image
        steps:
          - task: UseDotNet@2   # 指定使用 .NET 6
            displayName: 'Use .NET 6'
            inputs:
```

```
          packageType: 'sdk'
          version: '6.x'
      - task: DotNetCoreCLI@2  # 還原 Project 中的 nuget 套件
        displayName: 'Restore'
        inputs:
          command: 'restore'
          projects: '**/*.csproj'
      - task: DotNetCoreCLI@2  # 編譯並發布 artifact
        displayName: 'Publish'
        inputs:
          command: 'publish'
          projects: '**/*.csproj'
          arguments: '--configuration Release --output $(Build.
ArtifactStagingDirectory)'
      - task: DotNetCoreCLI@2  # 執行單元測試
        displayName: 'Test'
        inputs:
          command: 'test'
          projects: '**/*.csproj'
          arguments: '--configuration debug'
      - task: PublishPipelineArtifact@1  # 將發布後的 artifact，上
傳至 pipeline artifact
        displayName: 'Publish Artifact'
        inputs:
          targetPath: '$(Build.ArtifactStagingDirectory)'
          artifact: 'drop'
```

程式碼範例 2-2-1

首先先看 Pipeline yaml，可以從 Demo 專案中的 pipelines 資料夾下，找到一個叫做 **AzureDevOpsPractice_Build_UnitTest.yaml** 的檔案，內容與之前其它 Pipeline 僅多了一點 Unit Test，而且關注在當 main 分支被更新，也就是被合併完成後，會進行驗證的作業。

這樣團隊成員在完成合併後，如果發生了編譯不過或是測試不通過，都可以在合併後的幾分鐘之內就得到通知，如此團隊成員就可以馬上進場處理問題。

接著就是一樣設定的過程，最終設定結果如下：

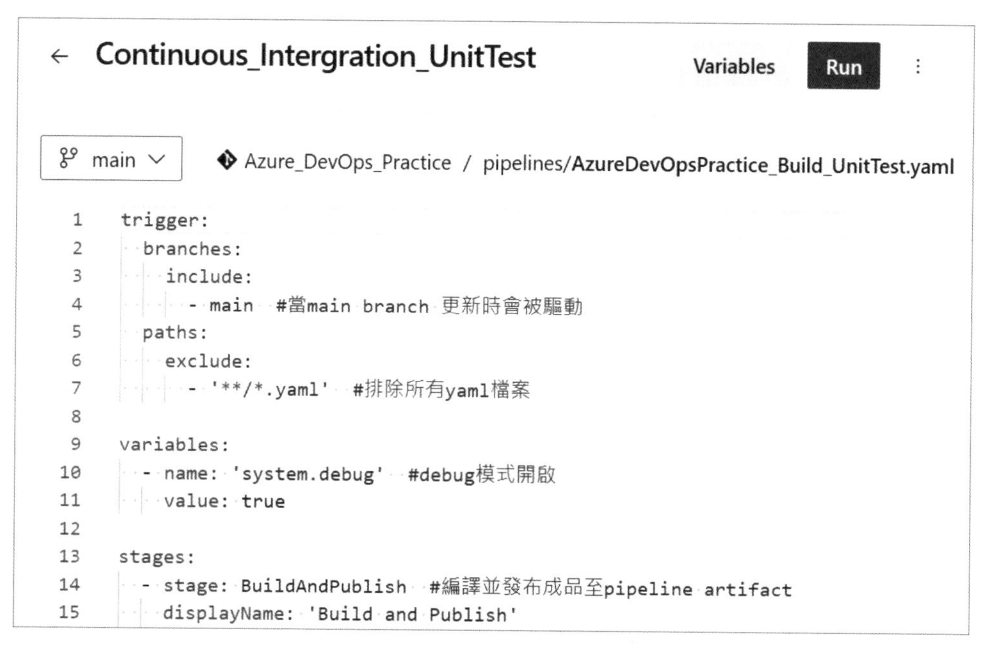

圖 2-2-36　持續整合與持續測試

三、Test Project

在 Demo 專案中，可以看到其實在根目錄下有好幾個資料夾，大概目錄結構敘述在下面：

```
├── Azure_DevOps_Sample_TemperatureConverter（MVC 網站資料夾）
│   └── Models
│       ├── CelsiusToFahrenheitModel.cs （攝氏轉華氏的 Method)
│       └── FahrenheitToCelsiusModel.cs （華氏轉攝氏的 Method)
├── Azure_DevOps_Sample_TemperatureConverter.Tests （測試專案資料夾）
│   ├── CelsiusToFahrenheitModelTest.cs （攝氏轉華氏的測試）
│   └── FahrenheitToCelsiusModelTest.cs （華氏轉攝氏的測試）
├── images （readme.md 的相關圖檔資料夾）
├── pipelines （協作開始的相關 pipelines 資料夾）
├── README.md
└── TemperatureConverter.sln（方案檔，包含了各專案的資訊）
```

其中可以看到有一個名為 **Azure_DevOps_Sample_TemperatureConverter.Tests** 的測試專案資料夾。

在軟體開發過程中，Pull Request（PR）是一個重要的協作工具，允許開發者在將程式合併到主分支之前進行審查和討論。然而，僅僅依靠人工審查並不足以保證程式的品質與穩定性。因此，在 PR 之後進行 Unit Test 測試具有多方面的好處。

Unit Test 可以自動化地驗證程式的正確性。只要有新的程式被合併後，Unit Test 會自動執行，檢查新程式是否破壞了現有功能。這種自動化測試能夠快速發現問題，減少人為錯誤的風險，並確保每次合併後的程式都是穩定且可靠的。

另外，Unit Test 有助於提高程式的可維護性。當開發者交付新程式時，Unit Test 可以幫助他們確認新程式碼是否與現有程式碼相容。如果測試失敗，開發者可以立即知道哪部分程式碼出了問題，並進行相應的修正。這不僅節省了整合時間，還讓程式更容易理解和維護。

在過去其實筆者也沒有寫過 Unit Test 的經驗，主要是因為其實一開始入門門檻不知道要從哪裡開始。而且在實務上，傳統專案管理比較在意的是功能何時開發完成，而且通常在估算時程都不會包含測試，因為在 PMP 的管理中，測試應該要有專屬的測試時程，也就是會把這項工作交給測試團隊去進行。

因此就造就了，開發人員就負責開發，怎麼會需要自己測試呢？

但在接觸了 DevOps 的概念之後，筆者對 Unit Test 在持續整合（Continuous Intergration）的階段認為是不可或缺的。持續整合的目的是為了讓大家所交付的程式碼可以相容，因此自動化的 Unit Test 測試也是另外一個基礎。

每一位開發者其實在開發完程式後，都會進行測試。只是我們可能是透過除錯點輸入自己預想的參數，確認我們撰寫出來的程式符合設計。但這動作其實跟 Unit Test 希望做到的事情一樣，只是一種是人為進行測試，另外則是透過程式進行測試。因此開發人員為了自己開發出來的程式撰寫 Unit Test，應該是更省時，又更能確保品質的一件事情。

另外，Unit Test 還能促進團隊協作。在大型團隊中，不同的開發者可能同時對同一個程式庫進行修改。通過在 PR 之後進行 Unit Test，團隊成員可以確保他們的修改不會影響其他人的工作。這種透明的測試過程有助於建立信任，並促進更高效的協作。

山姆補充一下

推薦閱讀**《你就是不寫測試才會沒時間：Kuma 的單元測試實戰 -Java 篇（iThome 鐵人賽系列書）》**，這本書雖說主要是在撰寫 Java 程式碼的測試為主，但是作者寫的淺顯易懂，會讓閱讀者樂於對 Unit Test 進行嘗試。即使你是寫 Dotnet 的程式也無訪，因為先建立起興趣後，配合 Github copilot，你會得到意想不到的進步速度（當然也會發現測試的水深得不得了）。

❶ 測試的程式碼

```
using Xunit;
using TemperatureConverter.Models;

namespace Azure_DevOps_Sample_TemperatureConverter.Tests
{
    public class CelsiusToFahrenheitModelTest
    {
        [Theory]
        [InlineData(0, 32)]
        [InlineData(100, 212)]
        [InlineData(-40, -40)]
        [InlineData(37, 98.6)]
        [InlineData(-273.15, -459.67)]
        [InlineData(20, 68)]
        [InlineData(30, 86)]
        [InlineData(50, 122)]
        [InlineData(10, 50)]
        [InlineData(-10, 14)]
```

```
        public void TestCelsiusToFahrenheit(double celsius, double
expectedFahrenheit)
        {
            var model = new CelsiusToFahrenheitModel
            {
                Celsius = celsius
            };
            model.ConvertToFahrenheit();

            // Assert
            Assert.Equal(expectedFahrenheit, model.Result ?? 0,
precision: 2);
        }
    }
}
```

程式碼範例 2-1-2

程式碼範例 2-1-2 是測試攝氏轉華氏的程式碼，其中帶了十種不同的輸入進行各種不同的測試。如果讀者在取得程式碼後，可以在 Demo 專案中執行下面指令：

```
dotnet test
```

```
正在啟動測試執行，請稍候...
總共有 1 個測試檔案與指定的模式相符。

已通過! - 失敗:     0，通過:    20，略過:     0，總計:    20，持續時間: 36 ms
- Azure_DevOps_Sample_TemperatureConverter.Tests.dll (net6.0)
```

圖 2-2-37　dotnet test

最終會得到類似上述的結果，由於專案中筆者為了攝氏轉華氏以及華氏轉攝氏這兩個 Model，都進行了 10 項測試，因此會看到一共通過了 20 項測試，而且會發現到測試時間才不過 40ms，所耗費的時間非常的短。因此未來只要有合併程式的時候都執行測試，也不會造成太多時間的等待，又可以確保品質，實在沒有不做測試的道理。

❷ 測試看看 Pipeline 的運行

接著就來驗證看看 Pipeline 運行的狀況，首先進行一個簡單的變更，發動 Pull Request，經歷過了 Prebuild，接著合併完成。再來就可以看看合併後，Pipeline 執行完後的效果。

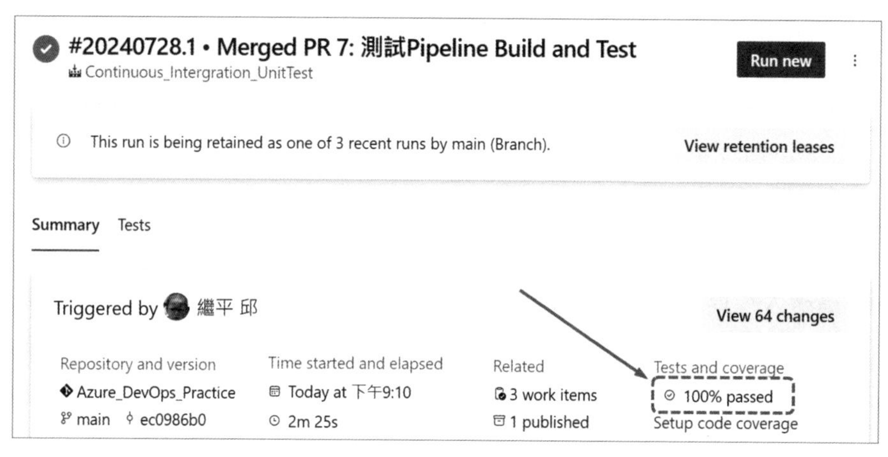

圖 2-2-38　驗證我們的 Pipeline

這次合併後，所觸發的 Pipeline 比起之前，我們可以看到在 Test and coverage 的部份，我們看到了 100% passed，這表示 Pipeline 在運行的過程中，測試也已經被運行完成，並得到了 100% 都通過的結果。點進去紅色圈起來部分，會看到測試的報告如圖 2-2-39。

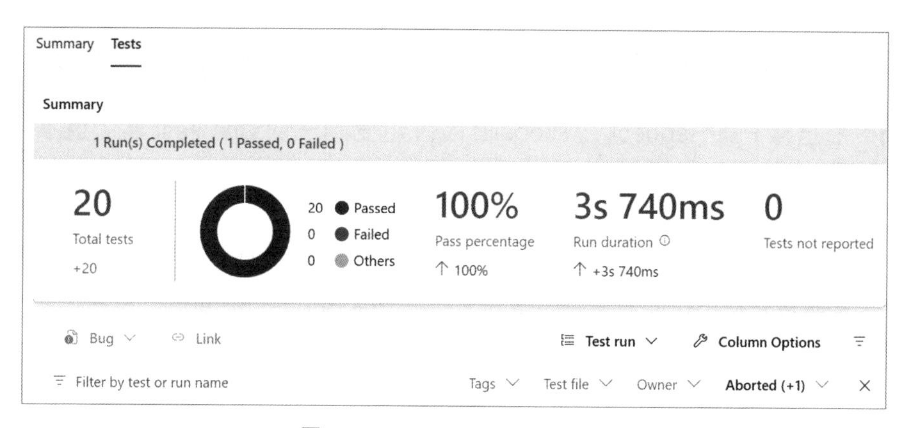

圖 2-2-39　Test Case Report

這裡就會有圓餅圖呈現這次 Pipeline 執行的 Unit Test 的結果，因此如果在 Pull Request 之後，如果合併後有任何的問題被 Unit Test 檢驗出來，那開發人員就可以馬上介入處理，確保做到持續整合與持續測試，確保交付的程式也都具備高品質。

2-2-9 共識

Lala：Unit Test 看起來也很有趣耶，而且在合併後執行，這樣應該可以避免在多次交付之後才發生編譯失敗的問題。加上 Unit Test 的自動執行，這樣我應該可以對我自己寫的程式更有信心。

Ling：所以我們從哪裡開始呢？要把過去的方法都加上 Unit Test 嗎？

Sam：這樣大家負擔太沉重了，不如我們就從這一秒開始練習，把我們新寫的程式加入 Unit Test。如果有多的時間，就把接觸到的 Method 慢慢地加上去，這件事情一定要時間累積，所以成效沒辦法這個時候就看到。

Lala：那有沒有甚麼準則要遵循呢？例如 Pull Request 之後的錯誤該怎麼處理？還是說上去之前我們就要先執行？

Sam：由於我們都沒有實做的經驗，先來實驗看看。我先在 Prebuild 以及 Merge 後的分支都執行一次完整的 Unit Test，那如果有錯誤，我們就一起看看發生了甚麼事情。另外就是，理論上執行的時間成本這麼低，大家在推上去自己的變更之前，其實本地端也可以預跑看看，確保自己在發出 Pull Request 前就可以知道我們沒有把別人的程式弄壞掉。

Ling：那這樣 Pull Request 在 Prebuild 階段也要跑一次 Unit Test 嗎？這不是很重複？

Sam：應該是說，在本地端先運行 Unit Test 只是確保交付前的一個品質確保禮貌動作，這其實是每一位開發著應該做的。而在 Pull Request Prebuild 則是預防，有人忘記確保卻不小心真的把有問題的程式碼推送上去。我們可以比賽看看，看誰先不小心把有問題的程式送出後被 Pull Request Prebuild Pipeline 發現，下次新知分享就來分享 Unit Test ！

Kai：這主意不錯！

團隊就在歡樂的氣氛下繼續工作。

	Process（流程）	Objective（目標）	Window（影響窗口）	Evaluate（評估）	Relation（互動關係）	Structure（結構）
原本決議的交付方式	Pull Request	在 Azure Repos 以 Pull Request 交付程式，並預先確認可以編譯成功。 1. 需要有一位團隊成員投票許可併入 2. 所有回復的意見必須被解決 3. 不限制 merge type	開發團隊	不影響進度為前提，希望縮短小於半天	Pull Request 審查即時面對面討論	開發團隊
追加的交付方式	開發 Unit Test 與 Pull Request	1. 本次新增或異動之程式盡量新增 Unit Test 2. 發動 Pull Request 時，合併前後 Pipeline 都進行編譯以及 Unit Test	n/a	n/a	第一個 Unit Test 失敗要準備新知分享！！	n/a

2-2-10 小結

這次對於開發團隊而言，因為有 Azure DevOps Pipelines 在 Pull Request 階段的合併的影響。這時候需要注意到團隊成員的互動，記得隨時都要建立成員的心理安全感，千萬不要找尋戰犯。要將提早發現問題視為正向的發現，並且鼓勵成員持續學習。

透過這次事件，除了將合併前後都進行編譯，以確保持續整合的效果，並且也透過鼓勵撰寫 Unit Test，將持續品質測試的觀念灌輸給團隊成員。這樣才能讓團隊持續學習，持續交付，持續改善。

2-3 自動化佈署以及資訊安全注意事項

2-3-1 故事四：讓開發團隊的星艦不斷的送上軌道吧！

在團隊成員持續了幾天的 Pull Request 後，迎來了第一交付測試環境的日子。目前看起來持續整合的步調非常順利，Pipelines 建置出來的產物通過了編譯以及自動測試的動作，因此週五的下午，團隊非常輕鬆的聚在一起。這週輪到的是 Sam 進行佈署作業，而 Sam 完成了一些自動化的佈署腳本撰寫，正準備展現給團隊成員。

Ling：你說你完成了甚麼？佈署的自動化腳本？這也可行嗎？

Sam：當然可以，這就是 DevOps 觀念中的 Continous Deployment，持續佈署的概念。因為我們原本的 Pipeline 已經協助我們將產物都自動產出了，那怎麼會有可能手動去做佈署的作業？我們當然要打鐵趁熱，把自動佈署的腳本也一起完成！

Lala：所以…以後我們每週交付到測試環境的動作，也可以大為節省時間嘍？

Sam：其實我認為，或許我們可以把每週交付到測試環境的動作，直接變成每一刻我們都在交付測試，星期五下午例行性交付測試的作業的時間，或許可以考慮改成…回顧與改善時間？

Kai：甚麼意思？這樣我們要甚麼時間去通知業務單位，告訴他們那些維運工作項目或是 Bug 已經可以進行測試了？

Sam：應該説，當我們完成程式撰寫後，其實我們就可以將工作項目進行測試與交付，現在 Sylvia 已經會在 Azure Boards 上面開立 Issue 與 Bug 給我們了。目前我們最基礎的協作模式大概已經有雛形，因此可以試看看，在我們確認工作項目開發完成時，接著在 Pull Request 時經過我們團隊成員的確認與投票許可後，就可以將成果隨時隨地佈署到測試環境，然後將 Bug 單指向 Sylvia，讓他可以進行測試。

Lala：意思是説，我們開發完後經過 Pull Request 的審查後，馬上就可以佈署到測試環境？讓 Sylvia 可以馬上就知道可以測試了？這在以前好難以想像。

Sam：其實我必須説，我連如何送上營運環境我都已經大概想好策略了，就等著跟你們討論如何進行下去！

Kai：認真的嗎？資安團隊是不允許我們接觸到營運機房的伺服器的，除非有任何緊急狀態，不然通常我們都會透過營運管理的同仁經手，將我們打包好的程式手動放到營運環境的！這樣確定不會出現問題嗎？

Sam：其實我一直都認為，這樣手動放置檔案才是真正的問題的所在，我們有多少次溝通都耗費在那份佈署文件？告訴他要把哪一個檔案放到伺服器的指定位置，而畢竟是人工作業，其實過往也常常發生放置位置錯誤的問題，這就變成了剛剛説到的緊急狀況，最終還是要我們申請主機作業系統權限去救火。因此，我認為我們應該要先把我們的 Pipeline 延伸到測試環境的持續佈署，接著要處理到營運環境的持續佈署。

Lala：這的確一直都是個問題，説吧！我們該如何從測試環境進行，接著在看怎樣去跟營運以及資安團隊證明我們的方向是正確的！

2-3-2 Git 分支策略與 Environment 之間的關係

一、基於 ISO 27001 的營運與測試環境隔離

通常在撰寫 Azure Pipelines 的時候，最常見的就是透過監控 Git 分支方式，當分支被更新時就觸發腳本的條件，進而執行我們寫好的腳本。由於大多數大型企業的機房，通常會將測試環境與營運環境以防火牆隔離，其實這是源自於 ISO 27001 資訊安全管理系統（Information Security Management System /ISMS）的一項重要規範。ISO 27001 強調資訊安全的三大核心原則：機密性、完整性和可用性。實體隔離測試環境和營運環境有助於達成以下目標：

- **機密性：**確保測試環境中的敏感數據不會洩露到營運環境，反之亦然。
- **完整性：**防止測試環境中的變更意外影響到營運環境，確保營運環境的穩定性和可靠性。
- **可用性：**避免測試環境中的問題（如校能瓶頸或錯誤）影響營運環境的正常運行，確保服務的可用性。

這種隔離策略可以防止潛在的安全漏洞和操作錯誤，並確保在測試環境中進行的任何實驗或測試不會對營運環境造成影響。因此，實體隔離是許多大型企業遵循 ISO 27001 標準的一部分。

二、代表測試環境的開發分支 -develop

一般企業中在針對佈署到營運環境的程式，都會經過一個審查的動作，而在 Azure DevOps Service 中針對審查的行為，是透過 Pull Request 這個動作在進行。因此，常常會看見使用分支來定義所面對的環境的策略，如圖 2-3-1 所示，就是類似於 Gitflow 的一種分支策略，以 develop 分支定義為測試環境的開發主幹。因此當開發人員需要開發新功能時，就會從 develop 分支為基準，開立自己的 feature 分支來進行自己被分配到的開發工作。

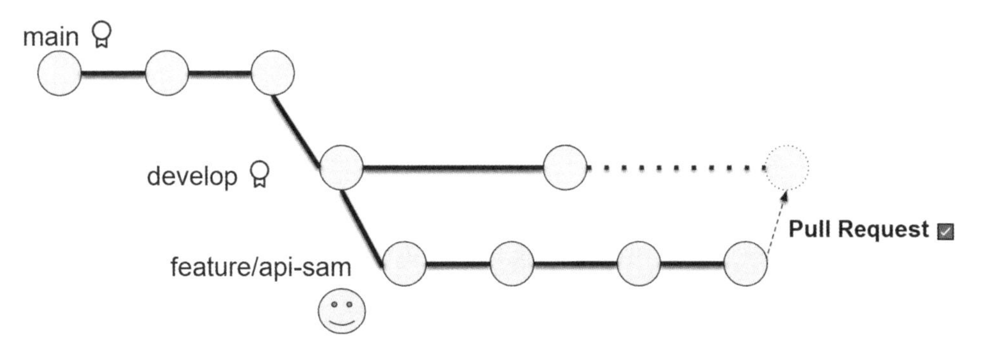

圖 2-3-1　開發者分支策略

在基於 Gitflow 的開發流程中，feature 分支的命名方式通常遵循一定的規則，以便於識別和管理。以下是一些常見的 feature 分支命名方式：

1. **功能名稱：**
   - feature/login
   - feature/user-profile
2. **功能名稱加上開發者名稱或縮寫：**
   - feature/login-sam
   - feature/user-profile-mj
3. **功能名稱加上任務編號：**
   - feature/login-1234
   - feature/user-profile-5678
4. **功能名稱加上版本號：**
   - feature/gin-v1
   - feature/user-profile-v2

5. 功能名稱加上日期：

- feature/login-20231001
- feature/user-profile-20231002

這些命名規則沒有一定的正確方式，基本上是依照團隊可以溝通為前提，根據團隊的需求或習慣進行調整，但要盡可能保持一致性與可讀性，好讓團隊成員之間在開發的時候，可以進行有效的命名解讀以達到協作。

所以我們在實務上的設計，就會常常看到透過不同的分支來進行 Pipelines yaml 的設計。

三、代表營運環境的主分支 -main

而相對於 develop 代表的是測試環境，通常 main 分支則是代表營運環境，這表示現在 main 分支的最新版本，就是現況營運的環境所運行的版本。

通常開發團隊互相在進行協作開發時，會不斷的將交付後的程式碼提供到開發分支，然後不斷的交付測試。但營運環境則不同，大多數企業對於營運環境的變更管理較為嚴格，常見的措施包含了：

- **機密保護：**開發人員不可持有營運環境系統所需之服務密碼，例如資料庫、SMTP 服務帳號密碼等等。
- **權限限制：**一般開發人員所使用的測試環境，都會由開發人員使用自己在企業中的帳號，進行服務相關設定以及變更。而企業中正式的營運環境，一般會將作業系統最高權限或是服務帳號進行交付，需申請後在嚴格的工作站中進行使用。
- **連線限制：**開發所使用的測試環境，通常開發人員可以透過公司所配發的電腦直接連入。而正式的營運環境，通常就是會需要在規定的工作站或是透過虛擬桌面等跳板的環境，來進行管制變更。

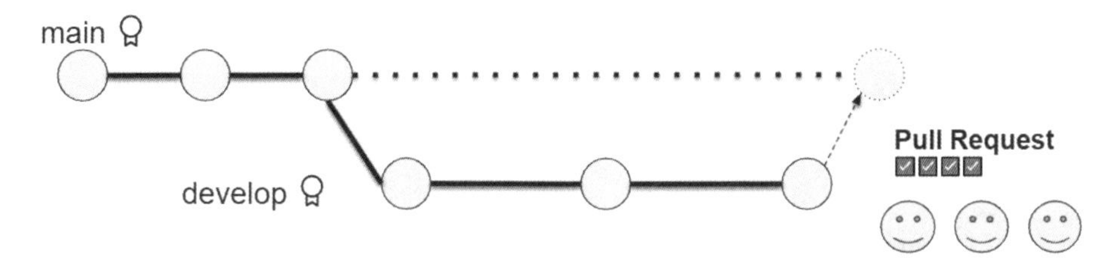

圖 2-3-2　主分支策略

上述的措施雖說麻煩，但是企業基於持續營運的需求，而將相關的制度建立是必須的。之所以要變更管理，也是企業基於持續營運為前提而進行的要求。

同樣的，對於程式碼的交付要求至營運環境，也相對會較為嚴格，就如同圖 2-3-2 所示，需要更多的許可項目。由於開發人員被限制接觸營運環境，因此會需要作業人員協助將相關開發產物進行代理操作的動作，因此最常見的相關文件如下：

1. **變更操作手冊：**最常見就是一份表單，其中包含了大大小小所有要變更的檔案，也會說明操作的指令，最重要的是在失敗後，需要有還原的步驟供作業人員退回前一版本。
2. **測試報告：**測試的本質是為了需求有被滿足，而需求有被滿足的品質則與測試這門學問有關，而最常看到就是用報告的形式來滿足對於品質的要求。
3. **比對報表：**最常看見就是與前一版本之 diff 報告，這份差異對於變更管理有其意義，程式碼的通常會藉由團隊相互審查來達成品質，但也很常見用於交付營運時所需檢附的一份文件。
4. **申請單：**這通常會是一份蓋了不少印章的文件，且上述文件都會變成附件。也很常見以電子流程形式將該次發布內容進行相關敘述，然後流程流過各個關卡後，經層峰許可後才可進行營運環境的變更。

而作業人員確認變更作業被許可後，就會依照上述變更操作手冊，在指定的時間進行被要求的變更作業。變更完成後，就實現了 main 分支上最新的版本與營運環境的版本一致。

四、各自的 Environment 以及 Library

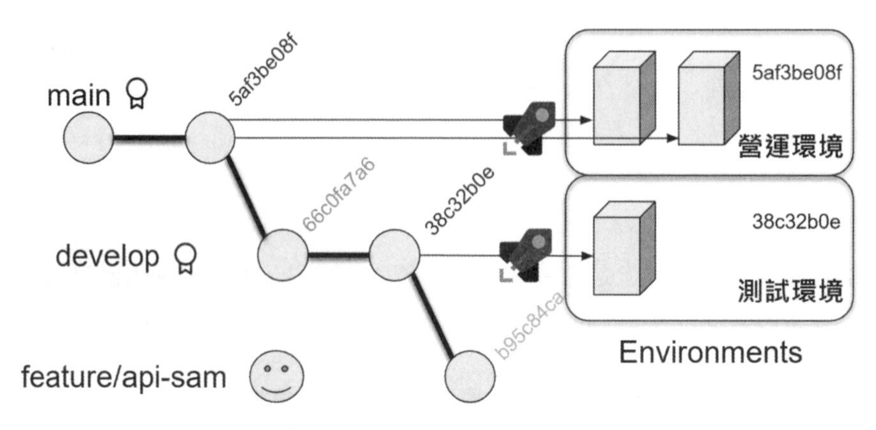

圖 2-3-3　各自的 Environment

前面討論到 Git 分支分成了 main 以及 develop，分別是對應到不同的真實環境。而要將 Git 分支上的程式碼打包成產物，送到目標環境佈署，就是透過 pipelines 這個功能，撰寫 yaml 來敘述期望執行的步驟。

在撰寫 pipelines 的 yaml 之前，我們還需要考量兩個必須被預先設定的元素，那就是 Environments 以及不同環境的相關變數。

Azure DevOps 提供了多種功能來幫助管理和自動化軟體開發流程，其中 Environments 和 Library 是兩個重要的功能。

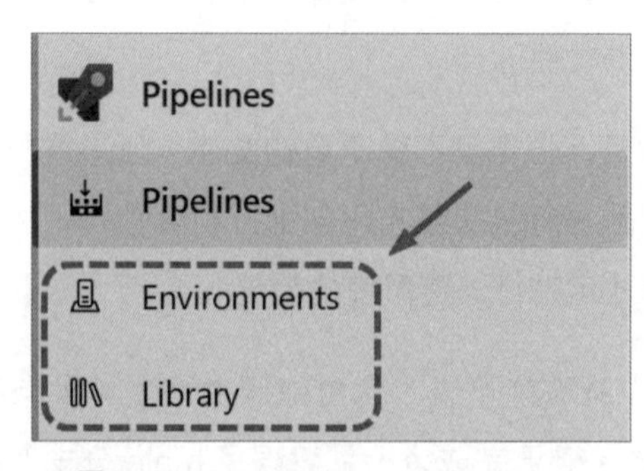

圖 2-3-4　Environment and Library

❶ Environments

Environments 是 Azure DevOps 中用來管理和組織不同部署階段的功能。它們可以幫助定義和控制應用程式在不同環境中的部署過程，例如開發、測試和營運環境。每個 Environment 可以包含多個資源，例如虛擬機、Kubernetes 叢集或其他服務，並且可以設定不同的安全性和核准流程。

圖 2-3-5　VM_SIT

在一般企業最常看到使用營運環境與測試環境被分成不同的 Environment，來提供給對應的 pipeline 來進行佈署的動作。例如圖 2-3-5，就是取名為 VM_SIT 來直觀的敘述這是該專案的測試環境，而且是以 VM 作為佈署的目的地。在 Deployments 的頁籤中，則會看到 pipeline 在這個 Environment 所有曾經佈署過的紀錄，這裡我們可以看到最新一筆為 5/30 日被觸發，變更目的則是來自於 git comment 的內容：**修改我們的首頁文字**。

圖 2-3-6　VM_SIT

另外在 Resources 的頁籤中可以看到，僅有一台名為 **azuredevopsprac** 的主機，而且前一次更新是透過名稱為 **WebSite to VM Windows IIS** 的 pipeline，在 **20240530** 的第一次觸發，也就是 Deployments 最新的那一筆紀錄。這裡清楚的紀載了每一個 Resources 的最新一次更新狀態。

有一個觀念要說明，對於 pipeline 而言，專案中 Resources 中如果有複數以上的伺服器，預設在觸發 pipeline 進行 deployment 作業的時候，會將 Resources 中所有的目標都進行相同作業的佈署。

所以 **runOnce** 的策略下，如果在目標 Environment 中有數台伺服器，將預期同步會進行一樣的佈署作業。因此即使目標有十台伺服器，也將會一口氣全部跑完。

```
  - stage: Deploy   # 佈署至 VM 的 IIS 階段
    displayName: 'Deploy'
    dependsOn: BuildAndPublish # 依賴前一階段 BuildAndPublish
    jobs:
      - deployment: DeployWebApp
        displayName: 'Deploy Web App'
        environment:
          name: 'VM_SIT'   # 呼叫前一章節註冊在 pipeline -> Environment
->VM_SIT（共一台伺服器）
          resourceType: 'VirtualMachine' # 標的類型為虛擬機器
        strategy:
          runOnce:  # 佈署策略，單次全佈署
            deploy:
              steps:
```

程式碼範例 2-3-1　RunOnce 的佈署策略

佈署策略還有另外兩種，簡單敘述如下：

- **Rolling**：滾動更新可以策略性地將虛擬機器集群，根據定義的百分比或是虛擬機目標，進行迭代的更新，目前僅支援 VM。
- **Canary**：著名的金絲雀佈署，主要是用來佈署在 Kubernetes 為主的目標，微軟的範例使用的是 AKS 中的 Pod 變更，可以根據定義百分比，來決定迭代要更新的比率。

而上述這兩種佈署策略，最困難的都還是在如何定義在每一次迭代的佈署後，如何自動或是手動確認佈署出去的服務正常可行，接著才進行後續迭代的更新。這關係到服務健康度的確認，如 Kubernetes 的 Liveness Probe 或 Readiness Probe。此書佈署目標以實體或是虛擬伺服器並搭配 runOnce 策略為主，有興趣的讀者可以去探索看看。

當然在企業中，佈署可能性五花八門，所以即使 Environment 中有數台目標，但也遇過僅需要在其中一台進行佈署任務。例如四台伺服器中，僅有授權服務只能運行在其中一台指定的主機中，這時候也可透過 Environments，針對單一 Resource 進行標籤的動作，如圖 2-3-7 及 2-3-8。

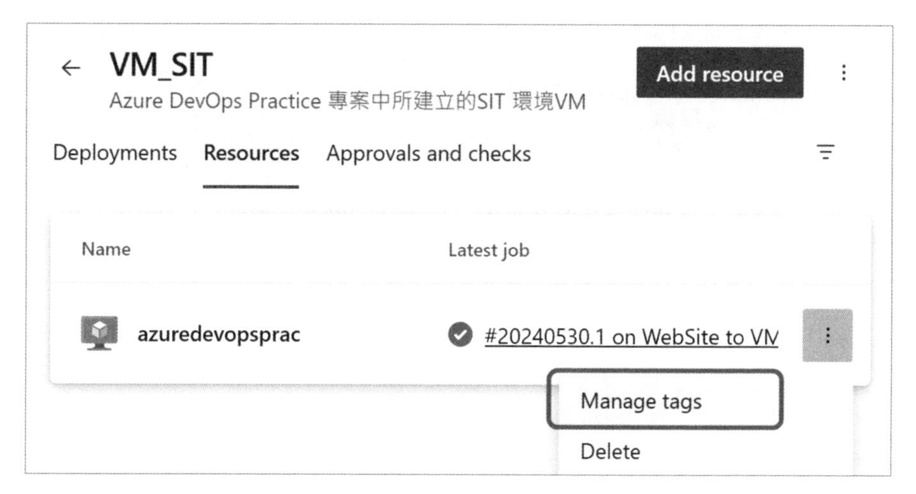

圖 2-3-7　將 resource 貼上標籤 -1

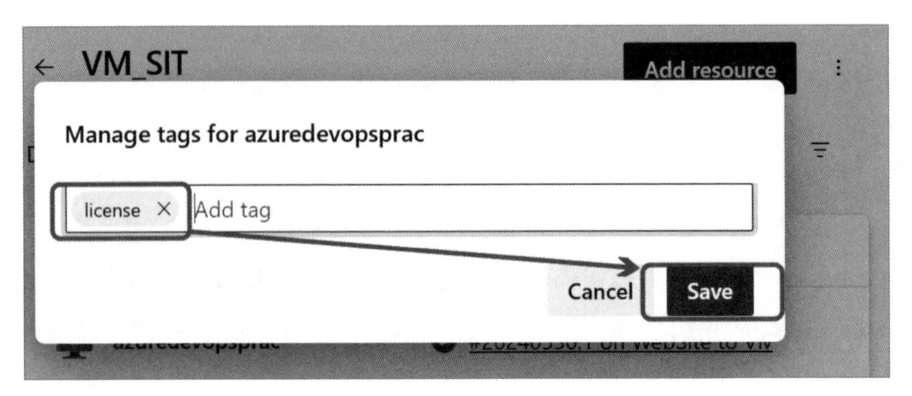

圖 2-3-8　將 resource 貼上標籤 -2

在將標籤設定完成後，搭配在 pipeline yaml 的指定下，如程式**碼範例 2-3-2**，也可以只針對被標籤設定為 **license** 的主機進行指定的佈署動作。

```
  - stage: Deploy   # 佈署至 VM 的 IIS 階段
    displayName: 'Deploy'
    dependsOn: BuildAndPublish # 依賴前一階段 BuildAndPublish
    jobs:
      - deployment: DeployWebApp
        displayName: 'Deploy Web App'
        environment:
          name: 'VM_SIT'   # 呼叫前一章節註冊在 pipeline -> Environment
->VM_SIT（共一台伺服器）
          resourceType: 'VirtualMachine' # 標的類型為虛擬機器
          tags: 'license' # 僅有標籤為 license 的 resources 才會被佈署
        strategy:
          runOnce:  # 佈署策略，單次全佈署
            deploy:
              steps:
```

程式碼範例 2-3-2　搭配標籤的佈署策略

❷ Library

Library 是 Azure DevOps 中用來管理和共享變數、憑證和其他設定的功能。Library 允許建立變數群組（Variable Groups），這些變數群組可以在多個 Pipeline 中重複使用。這樣可以確保設定與參數的一致性，並且簡化變數管理。同樣的也可以將各式各樣變數以及須保護的機敏檔案，跟前面的 Environments 相互呼應，企業中如果是以虛擬或實體伺服器為維運目標的環境，在測試與營運區，最少就可以搭配兩組變數群組。

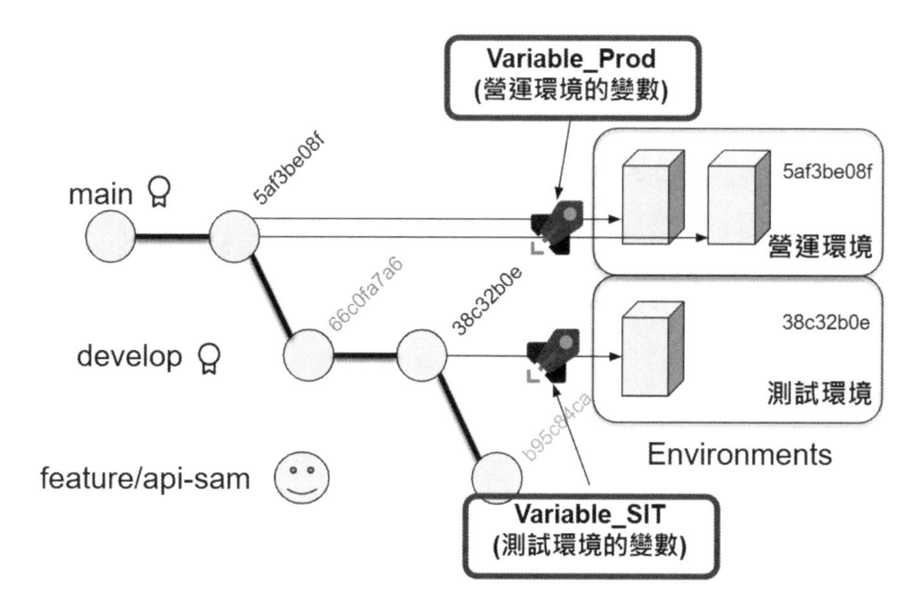

圖 2-3-9　不同 Pipeline 呼叫不同變數群組

大多數的企業中，為了遵循營運環境與測試環境的實體分離的鐵則，通常在各自的環境中，會建置許多相同功能性的服務。例如系統需要使用的資料庫，Active Directory（AD）伺服器，Mail Server 或是 ELK 來收攏各系統的 Log。

因此，在營運環境與測試環境的這些不同的服務，也會有各自不同的 IP 以及協定，如圖 2-3-10 所示。這些資訊就可以根據環境，被設定在不同的變數群組中，供 Pipeline 在持續佈署的時候，引用到 yaml 中來實現不同環境的持續佈署。

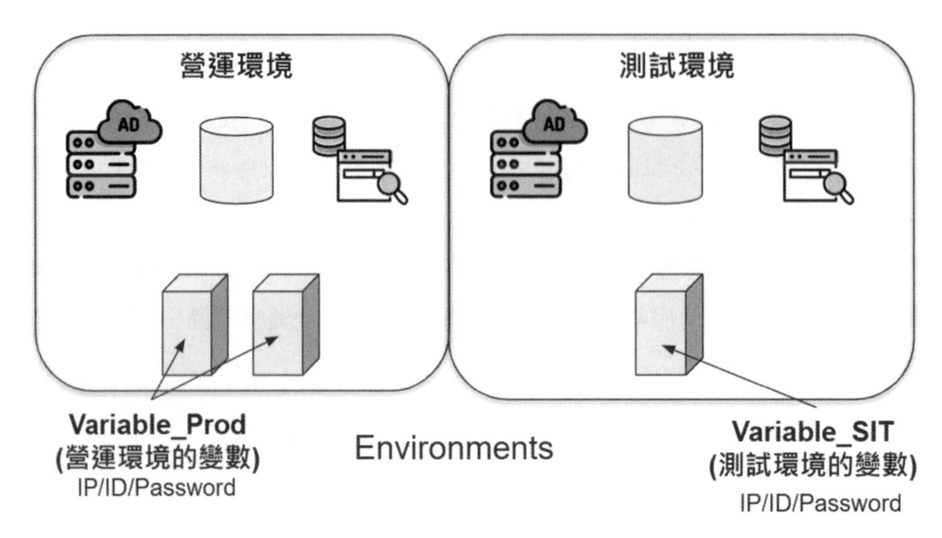

圖 2-3-10　不同環境所設定的不同變數群組

要新增一個變數群組非常容易，如圖 2-3-11，我們先選擇左側功能列，然後找到 **Pipelines ->Library -> +Variable group**。

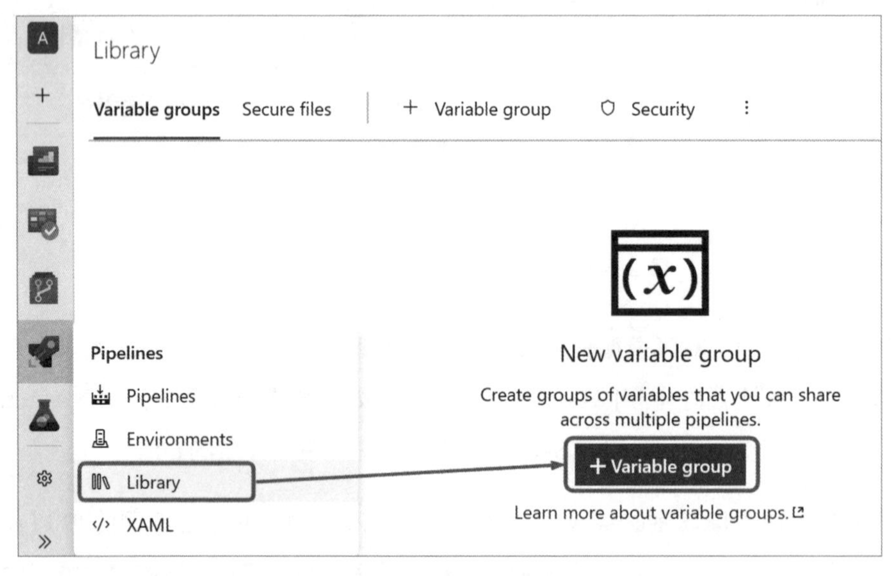

圖 2-3-11　新增變數群組 -1

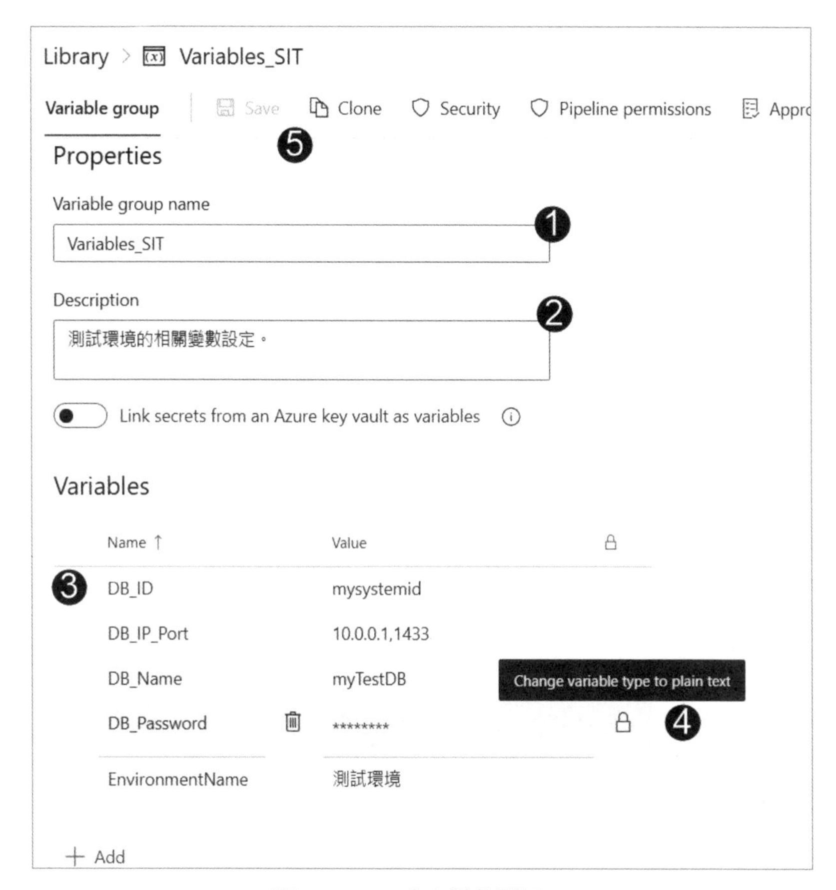

圖 2-3-12　建立變數群組 -2

接著，會看到如圖 2-3-12 的畫面，簡單將各部分說明如下：

1. **Variable group name**：為變數群組取一個名稱，筆者的習慣都是以環境來取名，例如 Variables_SIT 代表測試環境的變數，而營運環境可能就是 Variables_Prod，團隊容易辨識即可。

2. **Description**：為變數群組提供一些敘述，特別如果當變數群組數量眾多的話，可能在敘述的部分就需要更多資訊讓團隊了解這個變數群組的使用情境或是意義。

3. **Variables（明碼）**：在這裡可以填入需要的變數，並記得變數名稱（Name）在變數群組中必須唯一值，另外也在值（Value）的部分記得要填入。

4. **Variables（機敏）**：在變數欄位右側有一個小鎖頭，如果這個值是敏感到連團隊都不建議直接持有，例如營運環境的資料庫密碼，這時就可以請密碼管理員在此介面輸入值後，按下小鎖頭，這個欄位的值就會變成 ****。這樣可以有效的確保一些公司內部明確規範的機敏資訊，不被不應持有的成員取得。

5. **Save**：最後，記得一定要按下存檔後，這些設定才會生效。

當變數群組要被引用時，只要在 yaml 的 variables 的區域中，直接引入變數群組，可以參考**程式碼範例 2-3-3**。

```
trigger:
  branches:
    include:
      - main  # 當 main branch 更新時會被驅動
  paths:
    exclude:
      - '**/*.yaml'  # 排除所有 yaml 檔案

variables:
  - group: Variable_SIT  # 引用變數群組 Variable_SIT
  - name: 'system.debug'  #debug 模式開啟
    value: true
```

程式碼範例 2-3-3　引用變數群組 Variable_SIT

另外有一些檔案例如憑證或是金鑰等，也可以以檔案的形式被儲存在 Library 中。這種類型的檔案在企業中，通常不會讓開發人員直接持有，例如企業內部憑證中心所核發的憑證，並輔以變數群組加入憑證密碼來保護。或是企業所購買的 iOS APP 的企業簽發憑證等等，只要被上傳至 Secure file 後，就只能夠在 pipeline 中撰寫相關工作項目後，才可以在 agent 中被下載，而且在**工作階段結束後，該檔案就會被直接刪除**。

操作步驟可參考如圖 2-3-13，我們可以在 Secure files 頁籤中，按下 **+Secure file** 的按鈕。

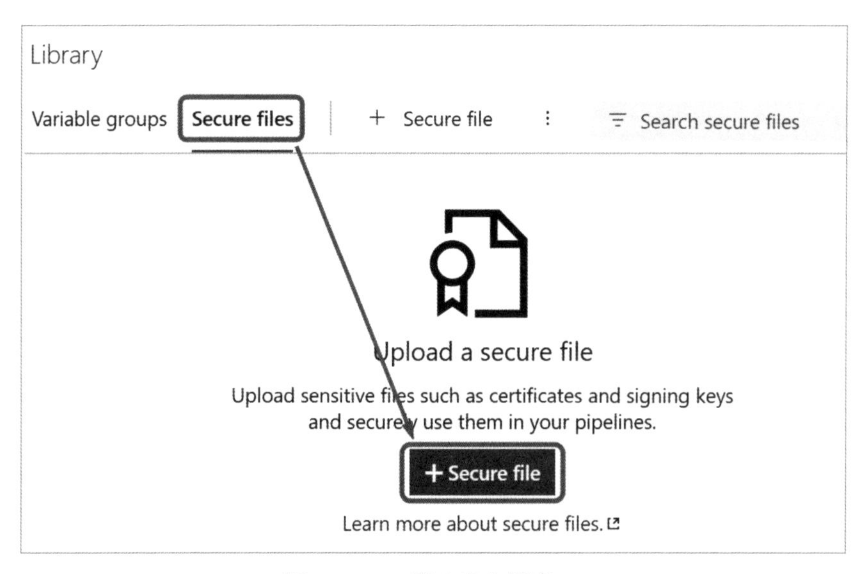

圖 2-3-13　建立安全檔案 -1

接著就根據圖 2-3-14 以及圖 2-3-15 的操作，將需要被上傳的安全性檔案傳入，這裡範例存入了一個檔名為 SIT.crt 的憑證檔案。

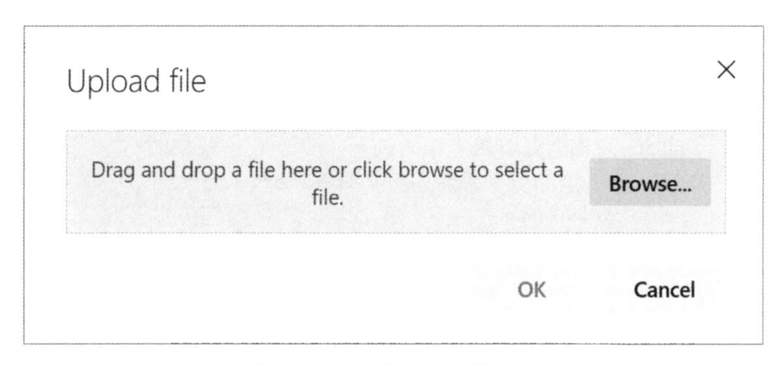

圖 2-3-14　建立安全檔案 -2

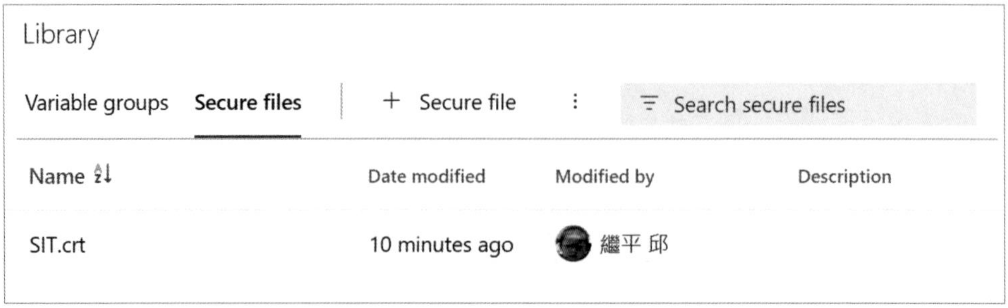

Library

Variable groups　Secure files　|　+ Secure file　⋮　Search secure files

Name	Date modified	Modified by	Description
SIT.crt	10 minutes ago	繼平 邱	

圖 2-3-15　建立安全檔案 -3

如此一來，我們就成功建立了安全檔案，而要引用的方式可以參考**程式碼範例 2-4-4**。

```
- stage: Deploy  # 佈署至 VM 的 IIS 階段
    displayName: 'Deploy'
    dependsOn: BuildAndPublish # 依賴前一階段 BuildAndPublish
    jobs:
      - deployment: DeployWebApp
        displayName: 'Deploy Web App'
        environment:
          name: 'VM_SIT'  # 呼叫前一章節註冊在 pipeline -> Environment
->VM_SIT （共一台伺服器）
          resourceType: 'VirtualMachine' # 標的類型為虛擬機器
        strategy:
          runOnce:  # 佈署策略，單次全佈署
            deploy:
              steps:
                - task: DownloadPipelineArtifact@2  # 將前一階段
pipeline artifact 產物進行下載
                  displayName: 'Download Artifact'
                  inputs:
                    buildType: 'current'
                    artifactName: 'drop'
                    targetPath: '$(System.DefaultWorkingDirectory)'

                - task: extractFiles@1  # 解開前一階段 pipeline
artifact zip 到指定目錄
                  displayName: 'Extract Files'
                  inputs:
```

```
              archiveFilePatterns: '$(System.
DefaultWorkingDirectory)\Azure_DevOps_Sample_TemperatureConverter.zip'
              destinationFolder: '$(System.
DefaultWorkingDirectory)\publish'
              cleanDestinationFolder: true
              overwriteExistingFiles: true

          - task: DownloadSecureFile@1  # 下載 Secure File
            displayName: 'Download Secure File'
            inputs:
              secureFile: 'SIT.crt'

          - script: |
              REM 使用下載的 Secure File
              copy "$(Agent.TempDirectory)\SIT.crt"
"$(System.DefaultWorkingDirectory)\publish"
```

程式碼範例 2-4-4　下載安全性檔案並複製到目標目錄

五、Marketplace

在前面的**程式碼範例 2-4-3**，引用變數群組 Variable_SIT，但其實這僅有把變數放置在執行的 agent 中當下的環境變數而已。雖說可以使用環境變數在 pipeline 中來引用，但對於如果是應用程式的 config 中的各式各樣參數替代任務，就需要另外找解決方案了。因此，透過 Marketplace 中的一些延伸套件，可以協助將不同環境的參數進行替代。

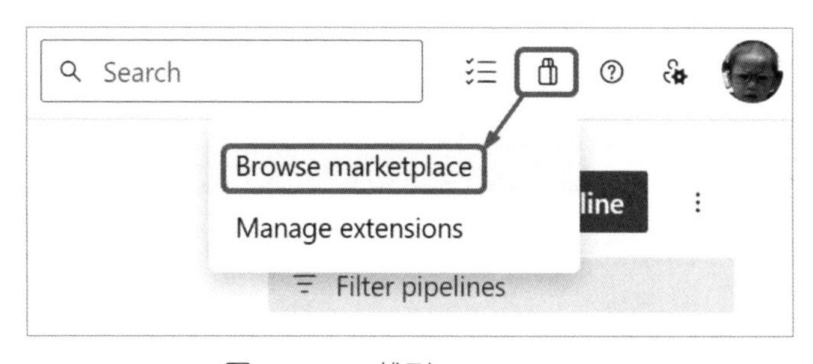

圖 2-3-16　找到 Marketplace

從圖 2-3-16 可以看到，在 Azure DevOps Service 右上角的地方，個人頭像旁邊有一個像是小禮物的 icon，按下去之後就可以去瀏覽 Marketplace 了。

Azure DevOps 中的 Marketplace 是一個延伸套件和整合工具的集中平台，允許開發者和團隊擴展 Azure DevOps 的功能，以滿足特定的需求。這些工具可以與 Azure DevOps 服務高度整合。大多數是由 Microsoft 及其合作夥伴開發，目的在增強 Azure DevOps 的功能，並提高開發和運營團隊的生產力。

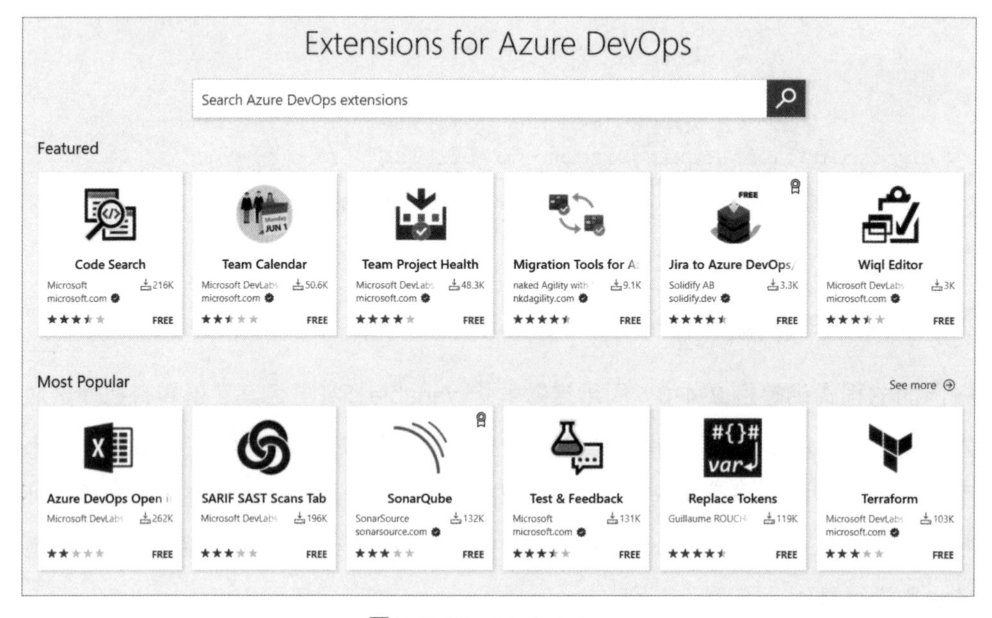

圖 2-3-17　Marketplace

而這次準備使用圖 2-3-18 的套件：**Replace Tokens**，首先先按下 Get it free 的按鈕。

圖 2-3-18　Replace Tokens - 1

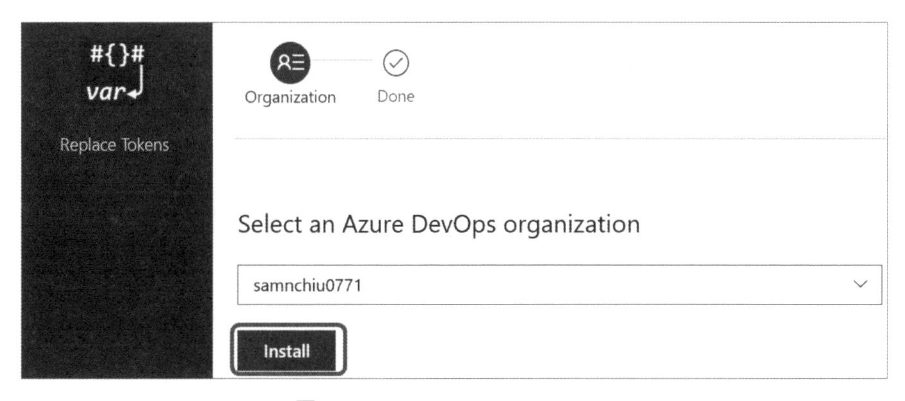

圖 2-3-19　Replace Tokens - 2

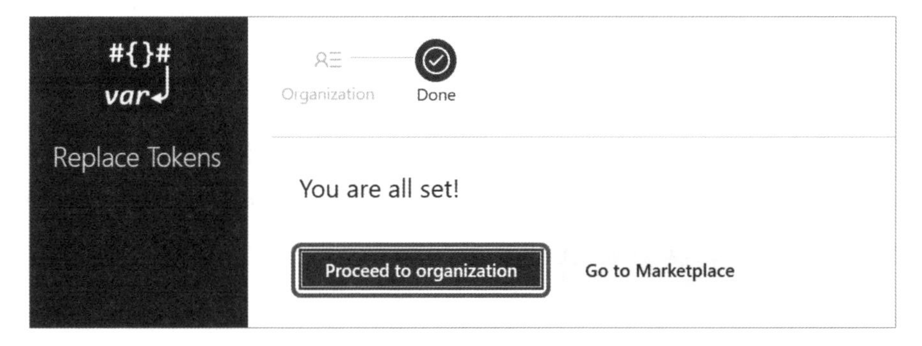

圖 2-3-20　Replace Tokens - 3

接著如圖 2-3-19，先確認要安裝在哪一個 Azure DevOps Organication，確認後按下 Install。如圖 2-3-20，就可以在 Azure DevOps Service 中使用了。

再來回到我們的範例專案中，讀者可以在路徑 **/Azure_DevOps_Sample_TemperatureConverter/appsetting.json** 找到網站的預設設定檔，大概如下：

```
{
  "Logging": {
    "LogLevel": {
      "Default": "Information",
      "Microsoft.AspNetCore": "Warning"
    }
  },
  "AllowedHosts": "*",
  "ConnectionStrings": {
    "DefaultConnection": "Server=#{DB_IP_Port}#;Database=#{DB_
Name}#;User Id=#{DB_ID}#;Password=#{DB_Password}#;"
  }
}
```

程式碼範例 2-4-5　appsetting.json 中的 ConnectionStrings

程式碼範例 2-4-5 中，在 ConnectionStrings.DefaultConnection 區段，有許多使用 **#{}#** 包裝起來的字段，這些字段就是預備用來在不同的環境，透過 **Replace Tokens** 這個套件，將引用在 yaml 中的變數進行替代。

這個套件可以實現在不同的 Git 分支，透過不同的 yaml 對應到不同環境，並引用預先設定好的變數群組，來進行不同佈署對象客製化變數群組的抽換。使用的方式並不複雜，可以看到**程式碼範例 2-4-6**。

```
- task: qetza.replacetokens.replacetokens-task.replacetokens@5
   displayName: '替換 connectionstring in appsettings.json'
   inputs:
targetFiles:'$(System.DefaultWorkingDirectory)\publish\appsettings.json'
```

程式碼範例 2-4-6　使用 replacetoken

在這段**程式碼範例 2-4-6** YAML 中，看到一個 Azure DevOps 的任務。這個任務使用了 qetza.replacetokens.replacetokens-task.replacetokens@5 這個第三方套件，主要功能是替換目標檔案中的標記（tokens）。

- displayName 屬性設定了這個任務在 Azure DevOps 管道中的顯示名稱，這裡顯示為「替換 connectionstring in appsettings.json」，表示這個任務的目的是替換 appsettings.json 文件中的連接字串。
- inputs 部分定義了這個任務的輸入參數。在這裡，targetFiles 屬性指定了目標文件的路徑，即需要進行標記替換的文件。路徑使用了 Azure DevOps 的變數 $(Build.ArtifactStagingDirectory)，這個變數指向建構產出物暫存目錄，後面跟著 .json，表示具體的文件位置。

其實在 Marketplace 還有許多非常好用的第三方套件，簡單舉幾個讓讀者參考。

- **Pull Request Merge Conflict Extension**：微軟實驗室所推出的衝突解決工具，可以讓團隊在 Pull Request 的時候，在 Azure DevOps Service 中，直接就解決衝突。
- **Code Search**：同樣是微軟實驗室所推出的搜尋工具，原本的搜尋會去尋找 Work Items 以及 Wiki，這個套件則是可以連程式碼都列入搜尋的標的。
- **Tachyon GPT Work Item Assistant**：這是由 IBM 的團隊所進行維護的服務，可以透過 OPENAI 的 API，將 work items 中的 User Story 進行最佳化，並且可以透過 User Story 的內容另外去生成 Test Case 或是切割 Task。

2-3-3 實作 Git 分支策略：develop 分支到測試環境

一、腳本、變數以及安全性檔案確認

接下來就來實作 develop 分支到測試環境的腳本，讀者可以參考範例專案中的檔案：

/pipelines/AzureDevOpsPractice_CICD_VM_SIT_Variable_SIT_Secure_SIT_sample.yaml。

```
trigger:
  branches:
    include:
      - develop  #當 develop branch 更新時會被驅動
  paths:
    exclude:
      - '**/*.yaml'  #排除所有 yaml 檔案

variables:
  - group: Variables_SIT  #引用變數群組
  - name: 'system.debug'  #debug 模式開啟
    value: true

stages:
  - stage: BuildAndPublish  #編譯並發布成品至 pipeline artifact
    displayName: 'Build and Publish'
    jobs:
      - job: Build
        displayName: 'Build'
        pool:
          vmImage: 'windows-latest'  #選擇 MS-hosted agent 指定為
windows-2022 image
        steps:
          - task: UseDotNet@2   #指定使用 .NET 6
            displayName: 'Use .NET 6'
            inputs:
              packageType: 'sdk'
              version: '6.x'
```

```
        - task: DotNetCoreCLI@2  #還原 Project 中的 nuget 套件
          displayName: 'Restore'
          inputs:
            command: 'restore'
            projects: '**/*.csproj'
        - task: qetza.replacetokens.replacetokens-task.
replacetokens@5
          displayName: '替換 _Layout.cshtml'
          inputs:
            targetFiles: '$(System.DefaultWorkingDirectory)\
Azure_DevOps_Sample_TemperatureConverter\Views\Shared\_Layout.cshtml'
        - task: DotNetCoreCLI@2  #編譯並發布 artifact
          displayName: 'Publish'
          inputs:
            command: 'publish'
            projects: '**/*.csproj'
            arguments: '--configuration Release --output $(Build.
ArtifactStagingDirectory)'
        - task: PublishPipelineArtifact@1  #將發布後的 artifact，上
傳至 pipeline artifact
          displayName: 'Publish Artifact'
          inputs:
            targetPath: '$(Build.ArtifactStagingDirectory)'
            artifact: 'drop'
            name: 'Azure_DevOps_Sample_TemperatureConverter'  #指
定 artifact 名稱
  - stage: Deploy  #佈署至 VM 的 IIS 階段
    displayName: 'Deploy'
    dependsOn: BuildAndPublish #依賴前一階段 BuildAndPublish
    jobs:
      - deployment: DeployWebApp
        displayName: 'Deploy Web App'
        environment:
          name: 'VM_SIT'  #呼叫前一章節註冊在 pipeline -> Environment
->VM_SIT（共一台伺服器）
          resourceType: 'VirtualMachine' #類型為虛擬機器
        strategy:
          runOnce:  #佈署策略，單次全佈署
            deploy:
              steps:
```

```
            - task: DownloadPipelineArtifact@2  # 將前一階段
pipeline artifact 產物進行下載
              displayName: 'Download Artifact'
              inputs:
                buildType: 'current'
                artifactName: 'drop'
                targetPath: '$(System.DefaultWorkingDirectory)'

            - task: extractFiles@1  # 解開前一階段 pipeline
artifact zip 到指定目錄
              displayName: 'Extract Files'
              inputs:
                archiveFilePatterns: '$(System.
DefaultWorkingDirectory)\Azure_DevOps_Sample_TemperatureConverter.zip'
                destinationFolder: '$(System.
DefaultWorkingDirectory)\publish'
                cleanDestinationFolder: true
                overwriteExistingFiles: true
            - task: qetza.replacetokens.replacetokens-task.
replacetokens@5
              displayName: '替換 connectionstring in
appsettings.json'
              inputs:
                targetFiles: '$(System.DefaultWorkingDirectory)\
publish\appsettings.json,$(System.DefaultWorkingDirectory)\publish\
Views\Shared\_Layout.cshtml'
            - task: DownloadSecureFile@1  # 下載 Secure File
              displayName: 'Download Secure File'
              inputs:
                secureFile: 'SIT.crt'

            - script: |
                REM 使用下載的 Secure File
                copy "$(Agent.TempDirectory)\SIT.crt"
"$(System.DefaultWorkingDirectory)\publish"
              displayName: 'Copy Secure File'

            - task: IISWebAppDeploymentOnMachineGroup@0  # 佈署
至主機 IIS 的 Default Web Site
              displayName: 'Deploy to IIS'
```

```
                  inputs:
                    WebsiteName: 'Default Web Site'
                    VirtualApplication: 'SIT'
                    package: '$(System.DefaultWorkingDirectory)\
publish'
                    TakeAppOfflineFlag: true
```

程式碼範例 2-4-7　實作 develop 分支到測試環境的虛擬機

程式碼範例 2-4-7 的實作，與之前的第一章不同之處有幾項，包含了：

- **監控 develop 分支**：當 develop 分支有變更時，就會觸發。
- **引用變數群組 Variables_SIT**：將指定變數群組引入腳本使用。
- **下載安全性檔案 SIT.crt**：將指定的安全性檔案，引入腳本使用。
- **Replace Token**：將變數群組 Variables_SIT 中的變數，在 appsettings.json 以及 _Layout.cshtml 進行替代。
- **佈署至 VirtualApplication SIT**：有別於原有腳本直接佈署給 IIS 根目錄，這裡則是指定了一個虛擬應用程式 SIT，並且佈署至該虛擬應用程式中。

接下來，來確認要引用的變數群組狀態，如圖 2-3-21，目前共有五個變數可以使用。

Variables

Name ↑	Value
DB_ID	mysystemid
DB_IP_Port	10.0.0.1,1433
DB_Name	myTestDB
DB_Password	********
EnvironmentName	測試環境

圖 2-3-21　Variables_SIT

下一步驟，則是確認 **Secure files** 的現狀，我們可以看到有一個名稱為 SIT.crt 的檔案可以被使用，如圖 2-3-22。

Library

Variable groups　**Secure files**　+ Secure file　Security　Search secure files

Name	Date modified	Modified by	Description
SIT.crt	2024/8/29	繼平 邱	

圖 2-3-22　Secure files

二、虛擬機站台確認

示範以虛擬機 VM_SIT 中的虛擬目錄來代表 SIT（測試）與 Prod（營運）環境（如圖：2-3-23 所示），因此需要對 IIS 來進行設定。

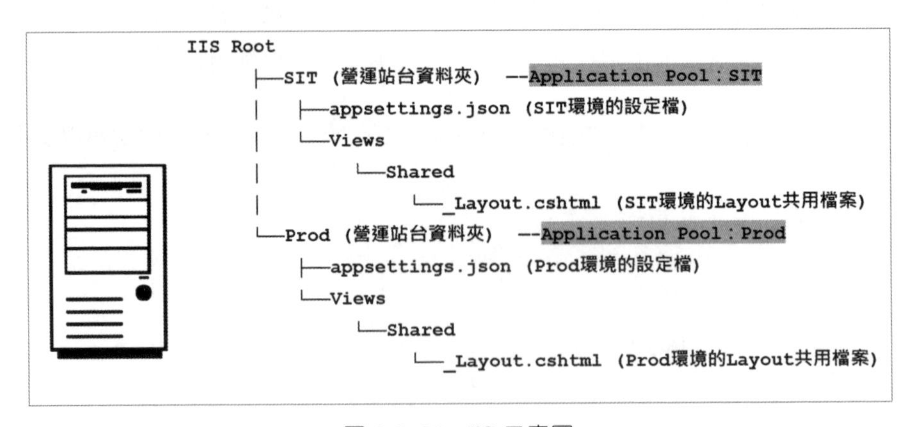

圖 2-3-23　IIS 示意圖

第一步，在 IIS 中新增兩個應用程式池（Application Pool），分別代表兩個站台，名稱為 SIT 與 Prod，如圖 2-3-24 步驟，示範建立 SIT 應用程式池（Prod 應用程式池步驟則一樣，僅有名稱不同）。

1. 按右鍵 **Add Application Pool**。

2. Name 為 **SIT**。

3. .NET CLR version 為 **No Managed Code**。

4. 按下 OK 新增後，同樣步驟也建立 Prod Application Pool。

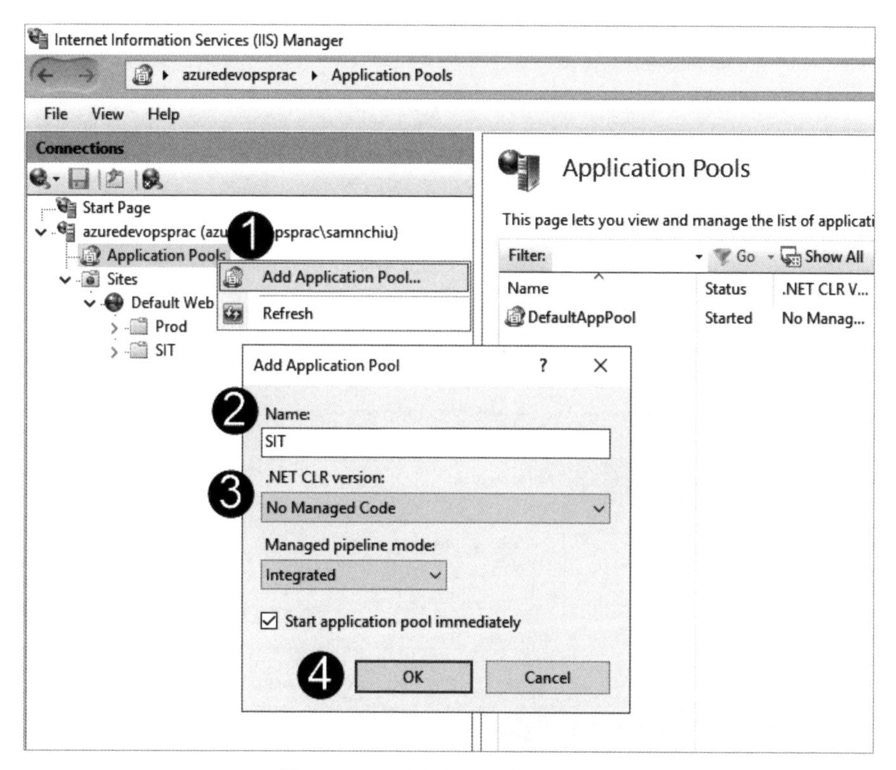

圖 2-3-24　新增兩個應用程式池

接者，我們來建立兩個虛擬應用站台所使用的目錄，在 **C:** 下，建立兩個資料夾名稱分別為 SIT 與 Prod，如圖 2-3-25。

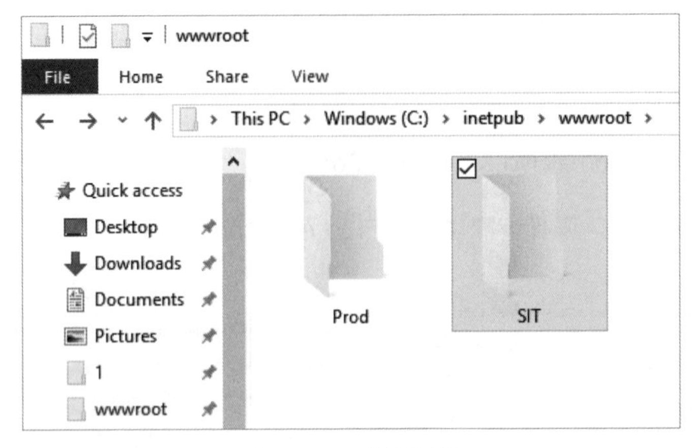

圖 2-3-25　新增目錄

最後一步，我們新增兩個虛擬應用站台，名稱分別為 SIT 與 Prod，要注意應用程式池應該要被分開指定到剛剛建立的那兩個應用程式池，如圖 2-3-26。

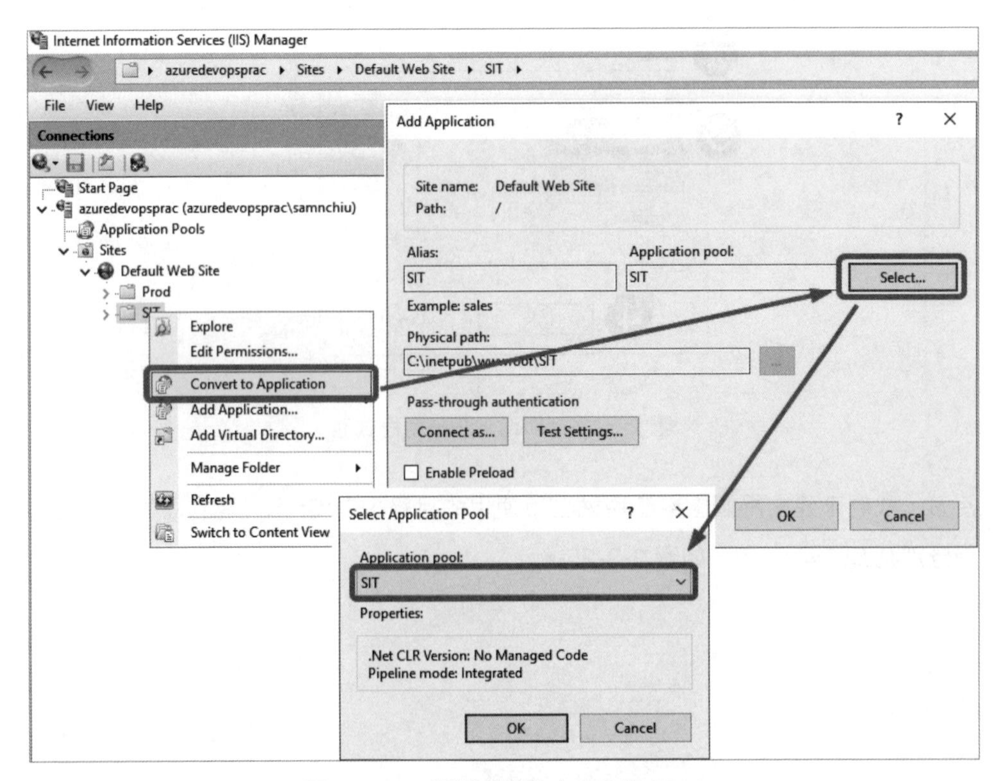

圖 2-3-26　新增虛擬站台 SIT 與 Prod

三、Pipeline 的設定

接下來建立一個 Pipeline，並選擇範例專案中的檔案：/pipelines/AzureDevOpsPractice_CICD_VM_SIT_Variable_SIT_Secure_SIT_sample.yaml 並執行看看。(設定部分可參考章節 1-4-3 的步驟)

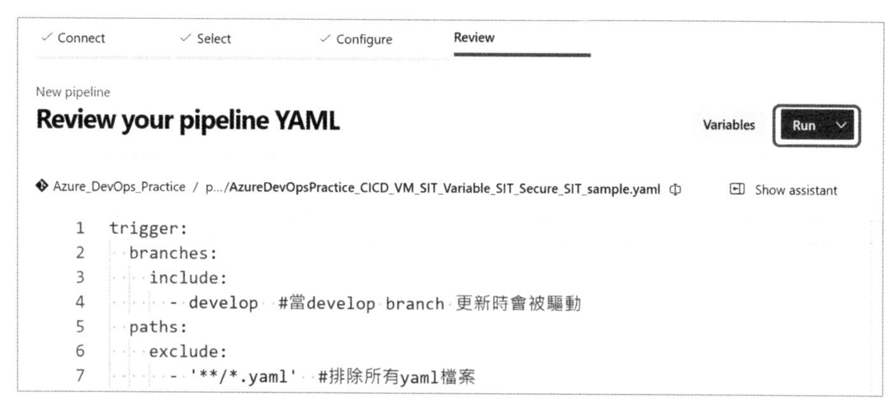

圖 2-3-27　建立 develop 分支映射到 SIT 環境的 yaml

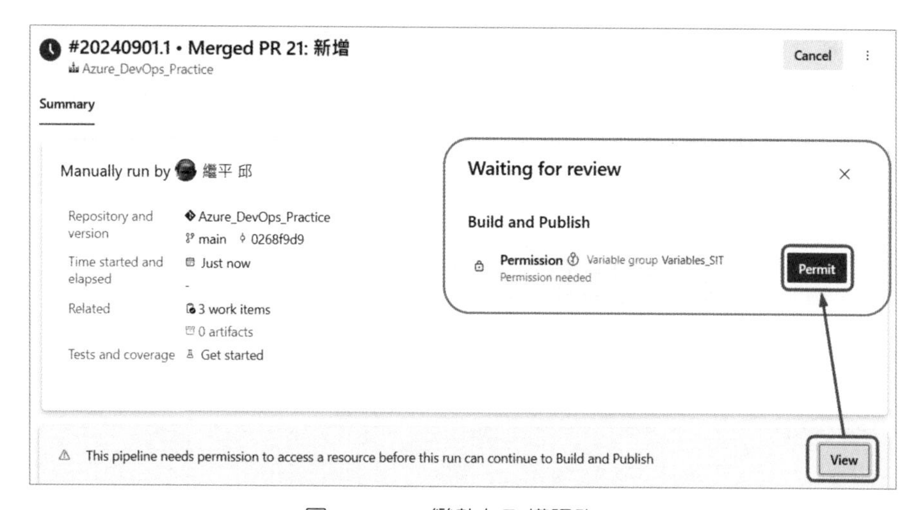

圖 2-3-28　變數存取權限許可

在執行編譯的過程中圖 2-3-28 會跳出，首次存取變數群組 Variables_SIT 會需要許可。

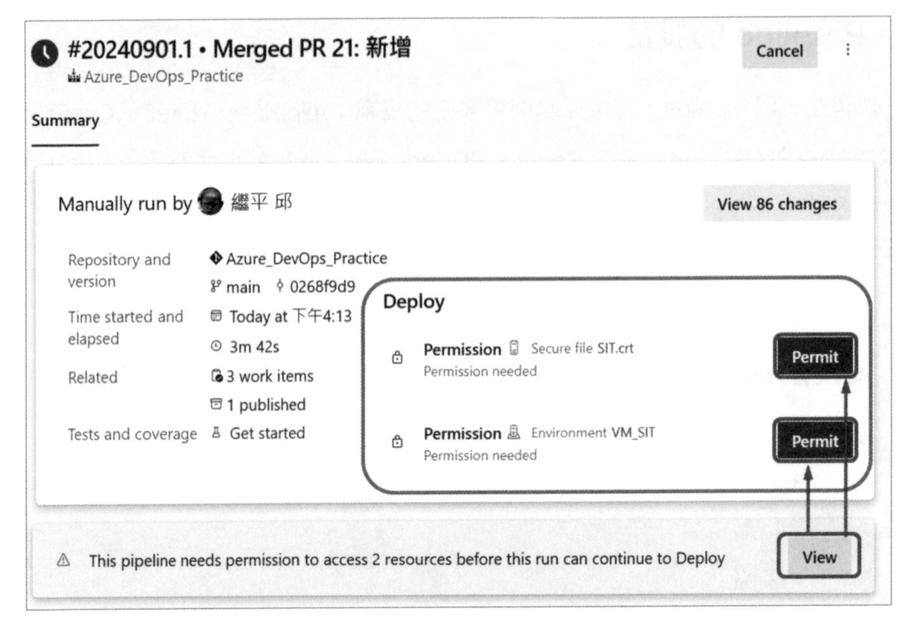

圖 2-3-29　Environment 以及安全性檔案權限許可

另外在佈署的過程中，也同樣會需要對 Secure file **SIT.crt** 以及 Environment **VM_SIT** 進行權限許可，如圖 2-3-29。

圖 2-3-30　首頁被 replace token 替代掉的文字

首先在圖 2-3-30 可以注意到，URL 的站台後方，有一個 SIT 虛擬應用程式的站台名稱，這代表 pipeline 正確地跟該台 IIS 溝通成功，與 SIT 站台進行了 Continous Deployment 的作業。而且在該首頁的下方處，也會發現有一段測試環境的文字。這是在 CI 的階段，透過 reploace token 的方式，將 **DevOps_Sample_TemperatureConverter_Layout.cshtml** 檔案下的文字進行替代的結果，可以看到**程式碼範例 2-4-8** 與**程式碼範例 2-4-9**，這是在兩段相互結合的前提下，最終取得變數群組 Variables_SIT 中的 EnvironmentName 的參數來替代（可參考圖 2-3-21）。

```
          - task: qetza.replacetokens.replacetokens-task.
replacetokens@5
            displayName: '替換 _Layout.cshtml'
            inputs:
              targetFiles: '$(System.DefaultWorkingDirectory)\
Azure_DevOps_Sample_TemperatureConverter\Views\Shared\_Layout.cshtml'
```

程式碼範例 2-4-8　replace token

```
    <footer class="border-top footer text-muted">
        <div class="container">
            &copy; 2024 - TemperatureConverter -
#{EnvironmentName}# - <a asp-area="" asp-controller="Home" asp-
action="Privacy">Privacy</a>
        </div>
    </footer>
```

程式碼範例 2-4-9　加入 pattern 的 html 檔案

另外 pipeline 也有將 appsetting.json 裡面的內容進行替代，並且還將 securefile 的檔案 SIT.crt 傳入目錄，因此可以在圖 2-3-31 可以看到，成功的完成了傳遞到測試環境的參數替換，以及安全性檔案的傳遞。

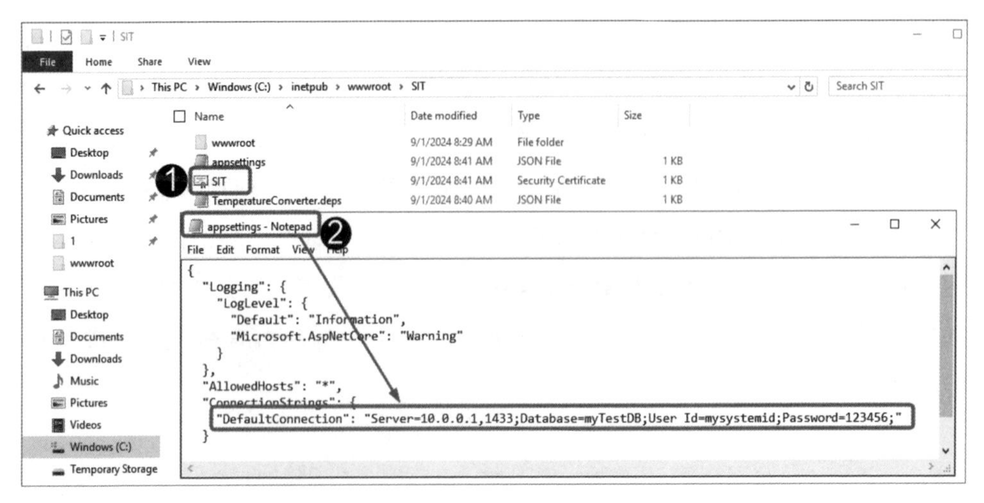

圖 2-3-31　appsetting.json 以及 secure file

2-3-4　共識

Lala：這樣聽起來我們對於測試環境與營運環境的佈署，可以透過 pipeline 加上 variable group 以及 envrionement 來進行滿精準的持續交付了。

Kai：所以說，我們未來營運環境的機密變數，我們可以經過申請請營運管理的同仁，將例如營運環境的資料庫密碼或是金鑰敲入我們的 Library 中，然後直接透過 pipeline 來進行引用嘍？這聽起來好像沒有甚麼問題，畢竟我們越少借用營運環境的作業系統帳號密碼，以及不接觸到營運環境的其他機敏資料，理論上資安同仁應該會認為更為合規。

Ling：那讓我來整理一下，我們未來的交付到測試以及營運環境的作業，就是透過 Library 以及 Environment 來進行設定，並透過 yaml 的撰寫來進行佈署的作業。或許我們可以藉由平均佈署時間以及佈署失敗次數來評估我們的成果。

表 2-3-1　新的佈署方式

	Process（流程）	Objective（目標）	Window（影響窗口）	Evaluate（評估）	Relation（互動關係）	Structure（結構）
原本的佈署方式	人工佈署至測試環境及營運環境	將每週交付及每月交付的產品，佈署至測試及營運環境	開發團隊，營運管理窗口	n/a	Email 工單 電話	資訊處開發團隊及營運團隊
測試環境	測試環境 - 自動化流水線佈署	透過自動化腳本佈署，並藉由 Library 以及 secure file 將參數及機敏資訊指定佈署至測試環境	開發團隊	佈署失敗次數及平均佈署耗費時間	Pull Request 討論、面對面或即時 Teams 聯繫	開發團隊
營運環境	營運環境 - 自動化流水線佈署	透過自動化腳本佈署，並藉由 Library 以及 secure file 將參數及機敏資訊指定佈署至營運環境，**營運管理團隊的核可以及資安團隊的意見呢？**	開發團隊、營運團隊、資安團隊	佈署失敗次數及平均佈署耗費時間	面對面或即時 Teams 聯繫	資訊處 + 資安處

Lala：等等，營運環境我們都會經過營運團隊的許可，我們才會真的將程式佈署到營運環境中。剛剛討論的內容好像沒有許可之處，還是要放在 Pull Request 時，我們也請營運團隊來許可？但這是不是有一點奇怪？因為 Pull Request 基本上是開發團隊對於程式碼的撰寫提供意見之處，營運團隊來應該會覺得一頭霧水。

Kai：而且，測試環境應該不是太大問題，一直以來都是我們開發團隊自行處理上版，但營運環境的上版，可能除了要有營運團隊認可或同意外，可能也要照會過資安團隊的意見，討論流程以及做法是否恰當為佳。

Sam：這些其實我在設計的過程中，我大概都有思考過了，我們可以找營運科主管以及資安同仁進行一個簡單的討論，畢竟這件事情有跟老闆報告過。加上我認為可以在 Environment 的地方進行佈署前的許可，應該就能夠滿足 ISO27001 基本的變更管理要求。

團隊又繼續基於持續交付的腳本進行了討論，而接著 Sam 也約了一場與營運科以及資安同仁討論的會議。

2-3-5 故事五：達到第一宇宙速度的指示與發射許可！

公司為了遵循 ISO27001 的資訊安全變更管理準則，因此所有要佈署至營運環境的行為，都必須要透過營運團隊的手動作業，而這些都仰賴在變更請求時，開發人員所寫的那些密密麻麻的步驟。但營運團隊一直人數都很少，相對於在公司內有四個開發團隊，營運團隊一直都只有一位主管與經辦，他們非常辛苦要協助開發團隊進行營運環境的版本變更，因此常常配合開發同仁下班後作業。

開發團隊成員每次在變更請求時，都會戰戰兢兢，深怕只要變更步驟有所錯誤，就需要全部重來，這些作業都造成了營運與開發同仁的困擾。特別是當看起來一切都照著步驟完成了變更之後，突然發現營運環境出現了異常，在抉擇還原前一版本或是立刻排除異常，都需要馬上使用作業系統管理員帳號介入處理。

這件事情在高層會議中不斷地被提及，因為每次營運環境要變更時，反而需要開發團隊成員隨時準備好每一台伺服器的最高權限帳號。這對於公司的資訊安全政策來說反而是異常行為，因為作業系統最高權限帳號被借用的頻率過高，這反而顯示在變更指引或是說明文件考量不夠周全，而造成營運同仁完成任務後，反而需要更多的介入。

這次 Sam 招開了這場會議，並匯集了營運資深同仁 Wanyi 以及資安同仁 Karen，來商討如果將變更管理的作業腳本化，並將審批作業也融入在平台中，希望可以降低營運同仁的負擔，並符合 ISO27001 的各項規範。

Wanyi：Sam，聽說你們有很棒的點子，可以讓我們免於常常變更失敗的狀況？是要做更多或是更詳細的文件，讓我來執行嗎？

Sam：當然是個很棒的點子，但絕對不是更多的文件，過多的文件那應該會招來你與同仁的更多困擾。我希望用腳本來取代每次變更申請時的 word 檔，好降低人工變更的錯誤率。並且可以透過自動化的方式來執行腳本，這樣就可以讓雙方盡量降低錯誤佈署的機率，進而提升我們變更到營運環境的精準度以及時間。

Karen：所以你是指，未來開發團隊打算透過執行腳本的方式，來將要變更的程式進行過版？我要先確定是不是可以留下所有變更請求與紀錄，以及營運同仁要在甚麼地方進行審批？

Sam：我就知道 Karen 你是這方面專家，我在研究 Azure DevOps Service 的時候，就有思考過這些可能會被你提及的問題。首先有關於變更的所有紀錄，由於是透過 Pipelines 執行，因此可以留下所有的執行紀錄。這相對於原本營運環境同仁還要手工截圖來說，我相信可以降低工作量，並且更為精細的記錄所有執行步驟。

Karen：這聽起來的確是個滿棒的主意，那審批的部分呢？你們打算在哪裡讓營運同仁進行版本確認與許可的作業？

Sam：實際上，原本會需要進行版本確認作業，其實是源自於純手工作業需要將各程式的版本號進行確認。但如果是透過 Pipelines 以及 Git 的分支管理，這些人工確認的動作應該可以改為，對分支管理策略以及腳本內容的說明。我們從控管機制以及腳本內容來進行探討，應該就可以不用進行版本確認作業了。

Karen：從版本控管機制於腳本內容確認，或許會是一個從根源做起的好做法。但審批呢？ ISO27001 其實有明訂要對於變更管理要進行審批的作業，而且目前公司內規定是不允許僅有開發單位的審批。因此你的設計流程，應該要包含開發單位主管以及營運同仁的許可，才算是完整喔！

Sam：這部分我有思考過，在現有遵循 ISO27001 的制度下，我也研究過了如何在進行營運環境變更時，要進行審批的作業，這部分讓我來說明我所設計的流程。

2-3-6 實作部署許可設計：main 分支到營運環境

非常多的企業內部，如果要將程式碼產物交付到營運環境前，都會做一系列的審查動作。內容可能會包含：

1. 審查程式碼版本是否正確，所以最早期可能會需要確保程式碼版本號，後來就是確保 Git commit SHA 或是交付出來的產物檔 SHA 或是版號是否正確。
2. 確保交付的程式碼已經經過測試，並滿足需求或 Bug 修復，因此可能會有類似的測試報告會出現。
3. 變更執行步驟以及還原說明，也就是執行變更的說明文件，而且包含如果變更失敗的還原執行步驟。
4. 變更請求與審批紀錄，通常會以變更申請單的形式出現，並經過許可後才會執行變更，通常包括開發團隊和營運團隊的審批，或許在某些狀況下會加入資安團隊的許可。

但在仔細思考後，其實程式碼到營運環境的變更管理，可以被區分成幾個關鍵要素來討論，而且這些要素其實就是整個軟體開發生命週期（Software Development Life Cycle）所關注的那些要素。而 Azure DevOps Service 這個平台，就是為了完整的軟體開發生命週期所設計，因此這些變更管理的要素我們也可以在平台中找到功能如下：

- **程式碼版本正確性：**在 Azure DevOps 中，使用的是 Git 加上 Pull Request，因此基本上已經不需要一一確認每一個檔案版本的正確性，取而代之的是 Git Commit 版本在合併後是否正確，以及持續佈署的腳本的正確性。

- **交付的品質確保：**軟體品質牽涉到的層面非常的廣泛，可以從訪談的系統分析開始談起，進而到軟體架構設計與開發，開發交付期的測試。每一個層面都可以獨立寫好幾本書，但這些層面的功能都被設計在 Azure DevOps 中，包含了訪談可以使用 Azure Boards 進行產品待辦清單列舉及分工，開發階段程式人員的程式碼的 Unit Test 使用 Pipeline 執行，交付測試時可以使用 Test Plan 進行 Integration Test 等等。因此品質確保可以在每一個階段都需要被設計進行，最終在交付時才可以完成團隊對於產品交付的 Definition of Done。

- **佈署的執行步驟與還原策略：**佈署的執行步驟則是被撰寫為腳本並設定在 Pipeline 中，藉由大家都認可的腳本，來進行重複性佈署作業。通常回滾策略也會被設計在 Pipeline 的腳本中，看過最容易的設計就是重用原本 Continous Deployment 的腳本，直接透過 Pull Request 的 Revert 進行。也有看過上線後如果有需要緊急還原的設計，是在 Continous Deployment 先行備份到該伺服器上另一個位置，在需要的狀況下就馬上觸發還原。

- **變更請求與審批紀錄：**這是設計在 Continous Deployment 階段時，需要經過相關人員審批，獲得同意後將產物佈署至營運環境的伺服器中，而審批的紀錄還必須被留存功能中。

TIPS

Definition of Done 的說明

在軟體開發中，「Definition of Done」（DoD）是一個用來描述工作項目（如使用者故事、任務或功能）何時被認為完成的標準。這些標準確保所有團隊成員對於什麼是「完成」有一致的理解，並且有助於提高產品的品質和一致性。

而每個工作項目在被標記為完成之前，如何確保已經達到了預期的品質和功能要求。這些標準是由團隊共同認可，並且會被放置在大家都容易找到的位置，例如 Wiki 或是實體看板旁。而常見的標準可能會涵蓋以下層面：

- 功能完成：
  - 預期功能已經完成，而且符合需求規格。
  - 業務邏輯與流程都被完成。
- 程式碼品質經驗證：
  - 通過自動化測試。
  - 通過 Pull Request Code Review
  - 符合團隊的程式碼撰寫風格。
- 測試：
  - 通過所有被設計的 Test Case。
  - 通過需求單位端到端測試。
  - 測試覆蓋率達標。
- 文件：
  - 相關說明文件已更新。
- 效能和安全性：
  - 通過壓力測試，並達到預期的要求。
  - 通過安全性測試（白箱、黑箱、第三方套件）。
- 工作項目同意與驗收完成：
  - 需求單位同意交付並協調確認佈署至營運環境時間。

上面這些項目是常見被列舉出來的 DoD，通常會綜合考量組織的協作文化、具備的工具鏈、分工及團隊規模、願意投入的成本等各項考量，而定義出團隊可以接受的 DoD。畢竟企業營運有其成本及商業價值的考量，無法為了達到無瑕的品質而無限投入成本到軟體開發專案中，因此衡量各項目之必要性，也是組織或是團隊中必須權衡的部分。

因此所有品質確保項目，其實應該被融入在整個軟體開發週期中，**最終佈署到營運環境前的許可與檢查，其實不是為了確保品質，而是確保大家都認知到變更即將進行，請相關單位準備就緒**。接下來，我們就來看看在 Azure DevOps Service 中是如何對 Environment 進行許可設計。

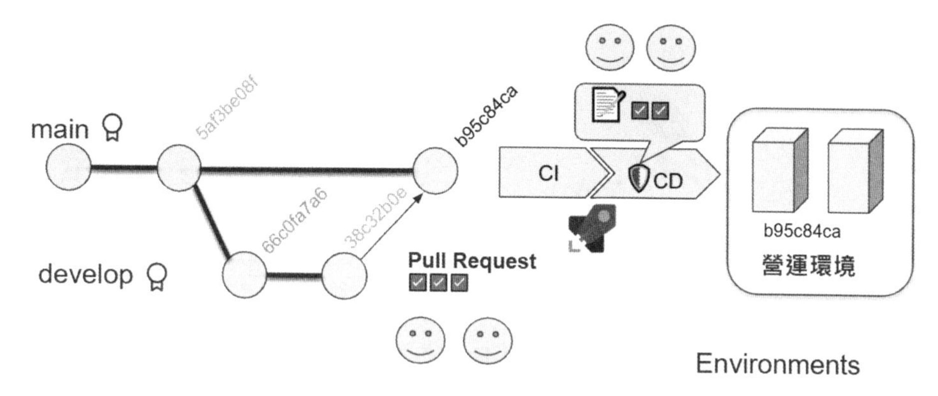

圖 2-3-32　進入營運環境前的許可

首先我們一樣先到選擇 **Pipelines -> Environments**，如圖 2-3-33 所示，這次需要對營運環境進行許可設定，因此選擇了 VM_Prod 之後，就跟著圖 2-3-34 的步驟，選擇頁籤 **Approvals and checks**。在這裡，筆者打算介紹兩個確認項目，分別是 Approvals 以及 Branch control。

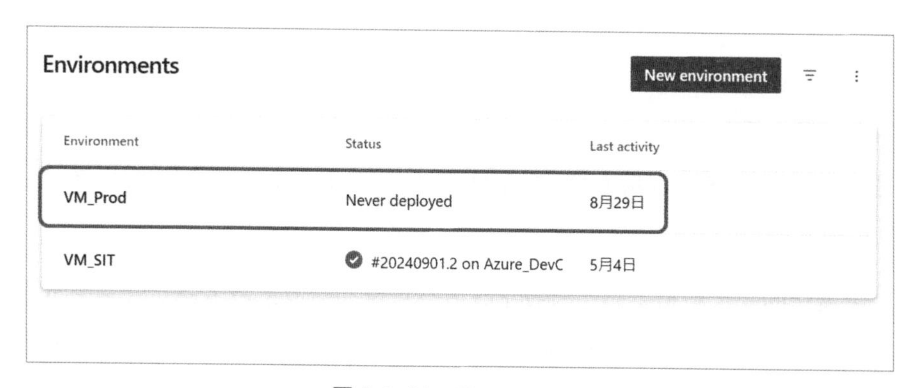

圖 2-3-33　Environment

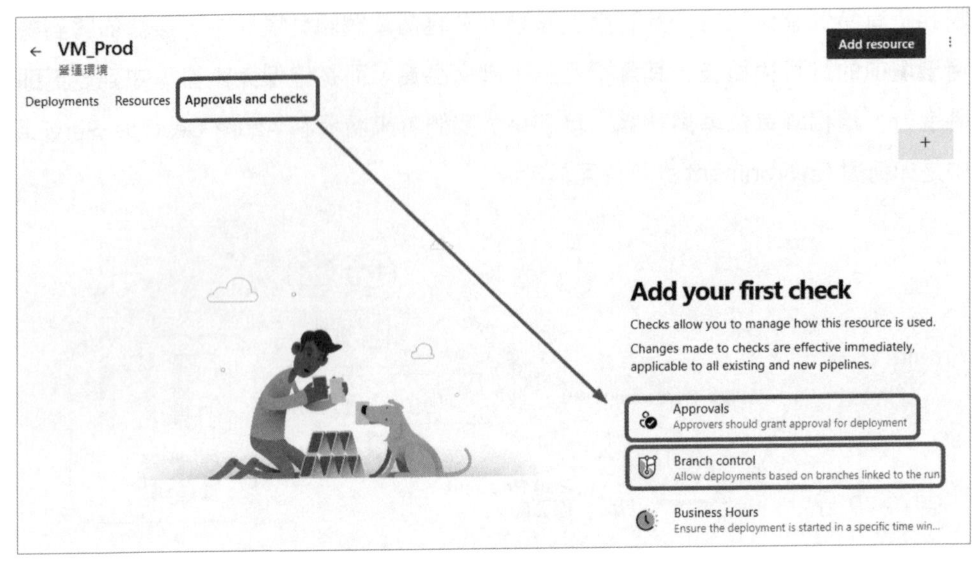

圖 2-3-34　VM_Prod 許可與確認

一、Branch control

Branch control 這個確認項目，是為了確保只有認可的分支，才可以被部署到保護的環境。例如在之前為了符合 ISO27001 的營運與測試環境分開的現況，因此採取了 main 分支對應到營運環境，而 develop 分支則是對應到測試環境。這個設定可以被設計在許可階段時協助自動進行檢查，這樣對於分支的自動檢查主要幾個好處列舉如下：

1. **限制部署來源：**確保只有來自指定分支的程式碼才能部署到特定環境，防止未經許可的程式碼進入營運環境。而程式碼的品質保證與許可，可以被實現在 Pull Request 的投票機制。

2. **減少潛在的安全風險：**防止 develop 分支或臨時分支的程式意外部署到營運環境，例如為了營運環境正在 develop 分支撰寫新的 pipeline 腳本時，不小心觸發了佈署行為，這時候這個設定就可以阻止未經許可的分支所觸發的佈署行為，進而不會影響營運。

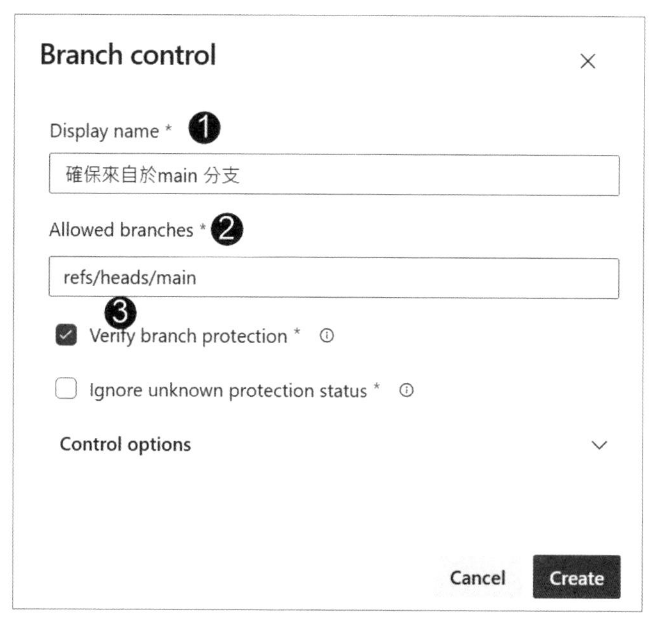

圖 2-3-35　確認來源分支

Branch Control 的設定非常簡單，可以參考圖 2-3-35，文字說明如下：

1. **Display name**：取一個在進行佈署時，大家都理解的檢查名稱。
2. **Allowed branches**：面對營運環境的佈署，僅許可來自於 main 分支，而這裡需要設定成 **refs/heads/main** 才不會出錯。
3. **Verify branch protection**：確保分支是處於被保護的狀態，這設定的意思是指，該來源分支需要被設定了分支策略，如圖 2-3-36 所示，代表著這個分支需要經過 Pull Request 的程式碼品質審查，才可以被推入。

圖 2-3-36　受保護的分支

當確認了所有設定內容後，按下 Create 按鈕，接下來來設定 Approvals。

二、Approvals

在說到 Approvals 之前，要簡單說一下有關於 Azure DevOps 中，關於 Project 的 Permissions 的設計。專案的 Permission 我們可以從每個專案的左下角中找到 Project settings，接著從 **General–>Permissions** 中找到，同圖 2-3-37。

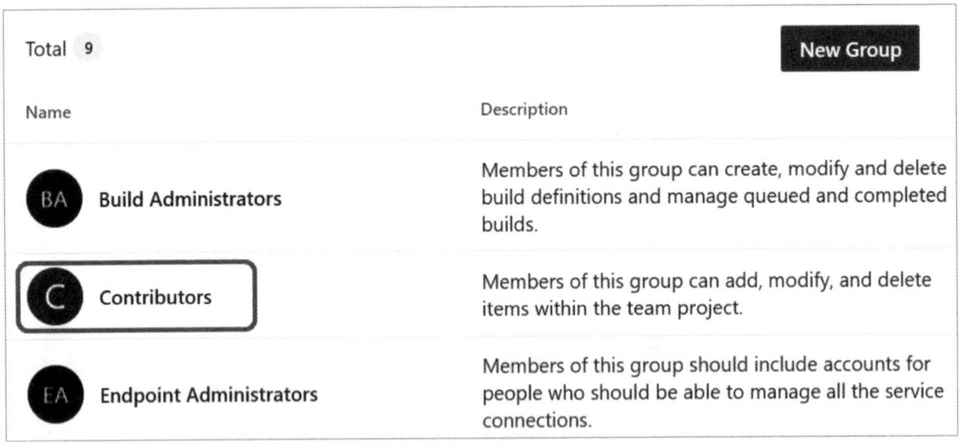

Total 9　　New Group

Name	Description
BA Build Administrators	Members of this group can create, modify and delete build definitions and manage queued and completed builds.
C Contributors	Members of this group can add, modify, and delete items within the team project.
EA Endpoint Administrators	Members of this group should include accounts for people who should be able to manage all the service connections.

圖 2-3-37　Project Contributors

所有專案中，預設都會有 Contributor 這個群組。通常專案中沒有特別分小組時，把所有成員都放在 Contributors 即可。但如果在專案中，需要有不同群組的人，那可能就會需要在這裡建立不同的群組，並把相關人員放到群組中。在 Azure DevOps 中，群組權限最常使用的方式是用繼承來進行，因此如果要新增一個全新的群組，並將相關權限授權給該群組，最簡單的方式是直接繼承 Contributors。

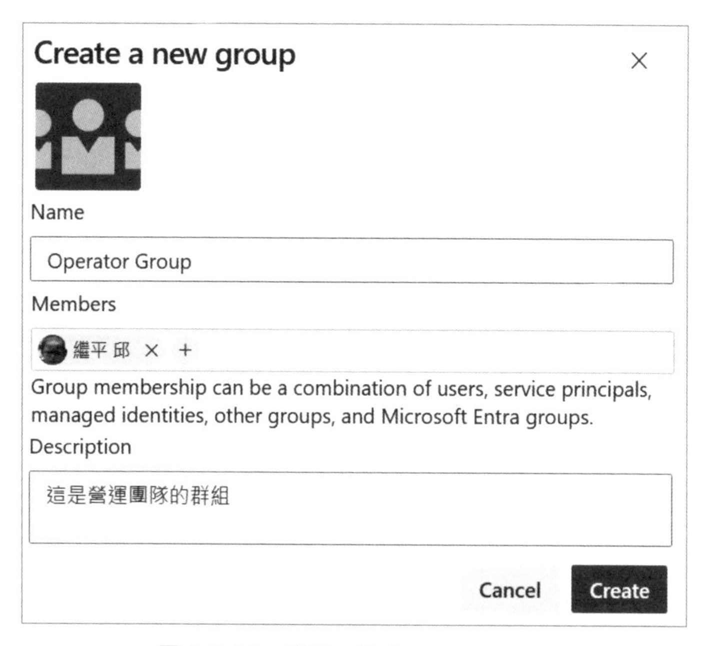

圖 2-3-38　建立一個 Operator Group

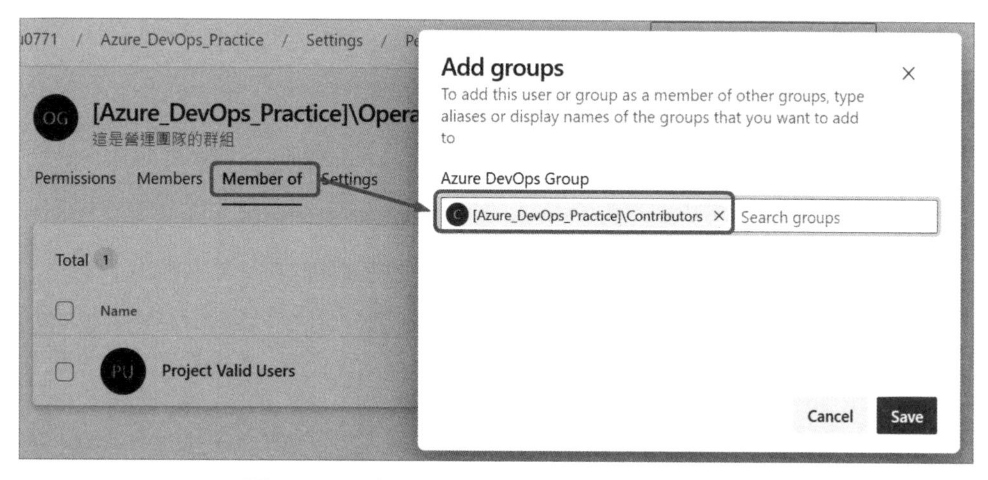

圖 2-3-39　將 Operator Group 加入 Contributor

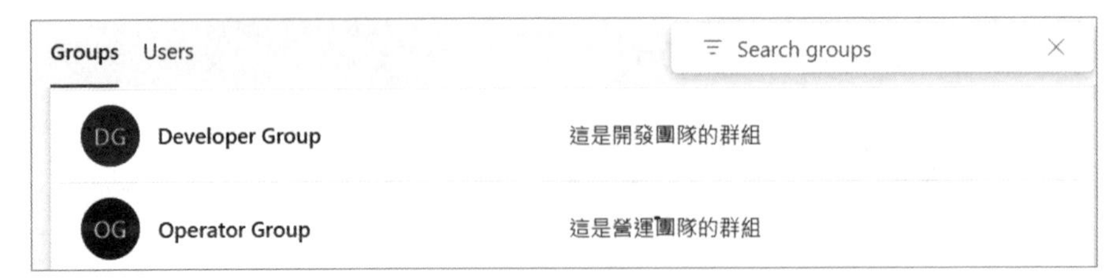

圖 2-3-40　Operator and Develop Groups

首先先為了維運團隊來建立一個 Operator Group，如圖 2-3-38 我們把相關應該填入的資訊都先填入，然後按下建立。接著為了授予權限，圖 2-3-39 點選 Operator Group 頁籤中的 **Member of**，然後選擇專案中的 Contributors，繼承相關權限。這樣這個群組就授權完成，接著為了示範，另外也新增了一個 Developer Group，如圖 2-3-40。

圖 2-3-41　Approvals

接下來到 Approvals 的設定，如圖 2-3-41，簡單說明一下各項目的設定：

1. **Approvers**：這裡可以設定許可人，在前面先簡單說明 Groups 的設定，就是為了可以在這裡以 Groups 作為 Approvers，如果有需要進行不同單位之間的相互許可時，可以在這裡進行設定。設定為群組相較於個人的優點是，這樣就不需要一定要某一個同仁必須一定要在場才可以進行變更管理，而可以以該團隊成員即可協助變更許可。
2. **Instructions to approvers(optional)**：這裡可以填寫一些提醒的說明文字，提醒放行者一些須注意的相關注意事項。
3. **Minum number of approvals required**：這裡則是需要最少幾位投票者同意，我們選擇預設 All。
4. **Require approvers to approve in sequence**：需要依序許可，這意思是指，例如圖中我們將 Develop Group 放置在 Operator Group 前面，這樣這個許可就需要先經過 Develop Group 的同意後，才會到 Operator Group。比較像是流程許可，而不是投票制的概念。在這裡我們希望流程許可，因此勾起來。
5. **Allow approvers to approve their own runs**：允許許可人員同意自己的申請，這裡由於只有筆者自己進行示範，所以這邊打勾，不然就不能做下去了。

接著按下 Create，讓我們完成這個設定，目前可以看到圖 2-3-42，對於營運環境有做了下列兩個許可檢查與設定。

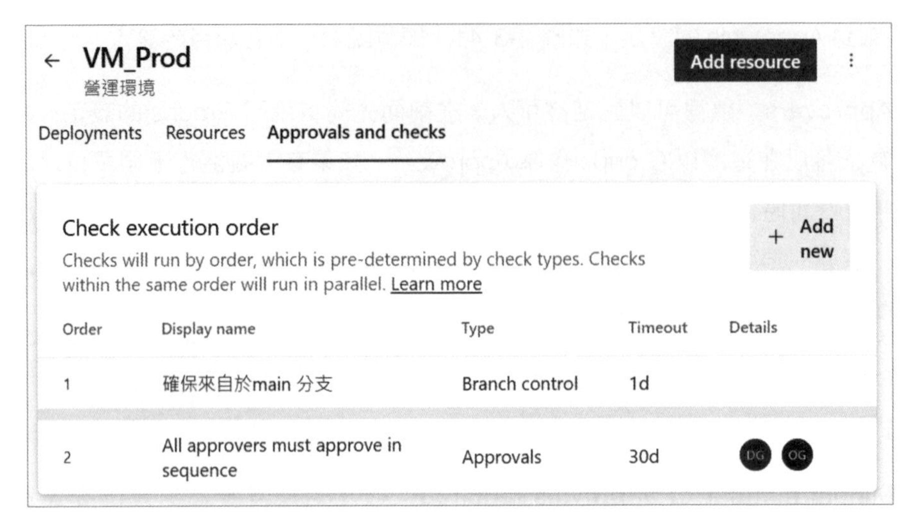

圖 2-3-42　Evnironment 的所有確認項目

三、一次營運環境的佈署示範

接下來，示範一次從 Pull Request，來源是 develop 分支，而目的地是 main。

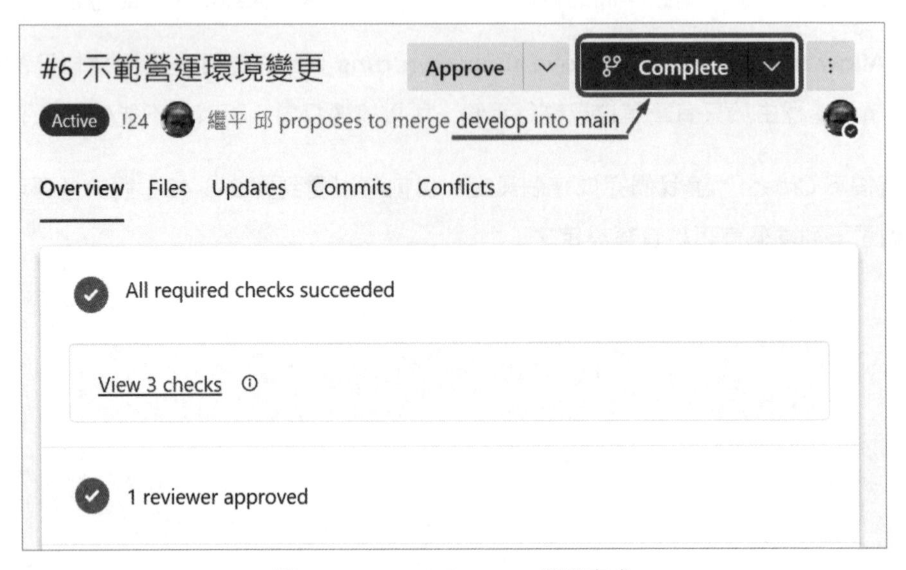

圖 2-3-43　Pull Request 即將完成

山姆補充一下

本次使用的範本讀者可以在示範專案的 **pipelines/AzureDevOpsPractice_CICD_VM_Prod_Variable_Prod_Secure_Prod_sample.yaml** 找到這次設定的腳本範例，在這就不重新示範 Pipeline 的設定。與測試環境的腳本不同的地方在於，變數群組使用 **Variables_Prod**，安全性檔案下載 **Prod.crt** 以及 Environment 使用 **VM_Prod**，其他則無異。

當確認 main 分支被更新後，隨即 Pipelins 設定的腳本就被驅動，同樣的也會因為需要被允許存取不同的變數群組、安全性檔案以及 Environment 都需要重新核可一次。當一切都被核可時，就會發現到 Environment 的許可設定發生作用。

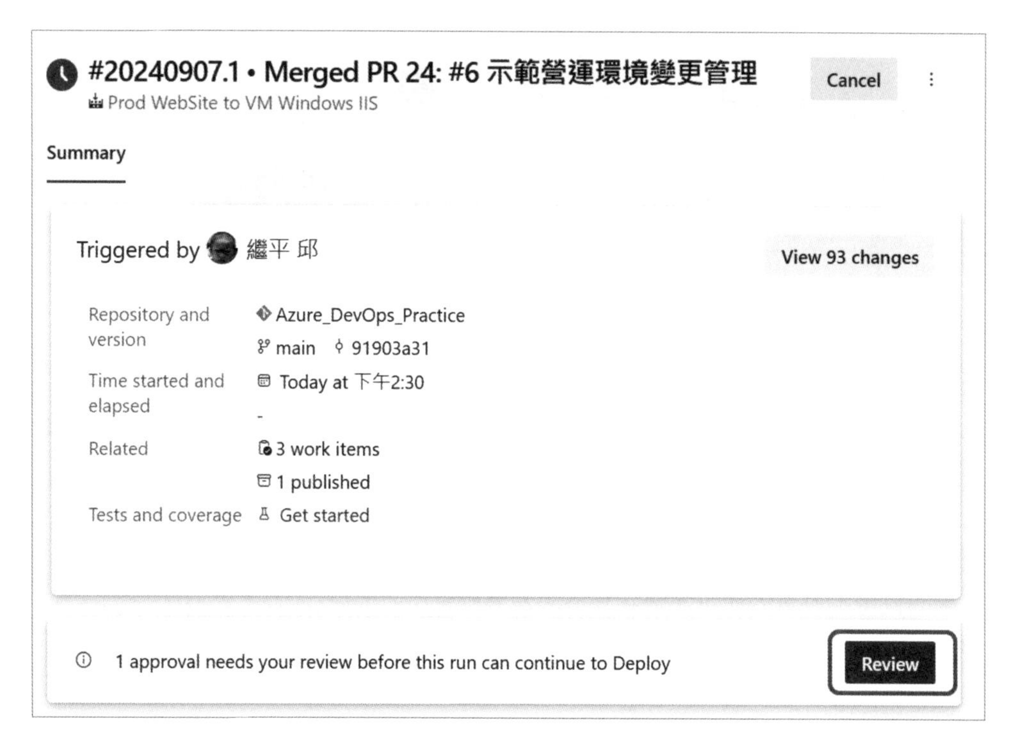

圖 2-3-44　Environment 的 approval

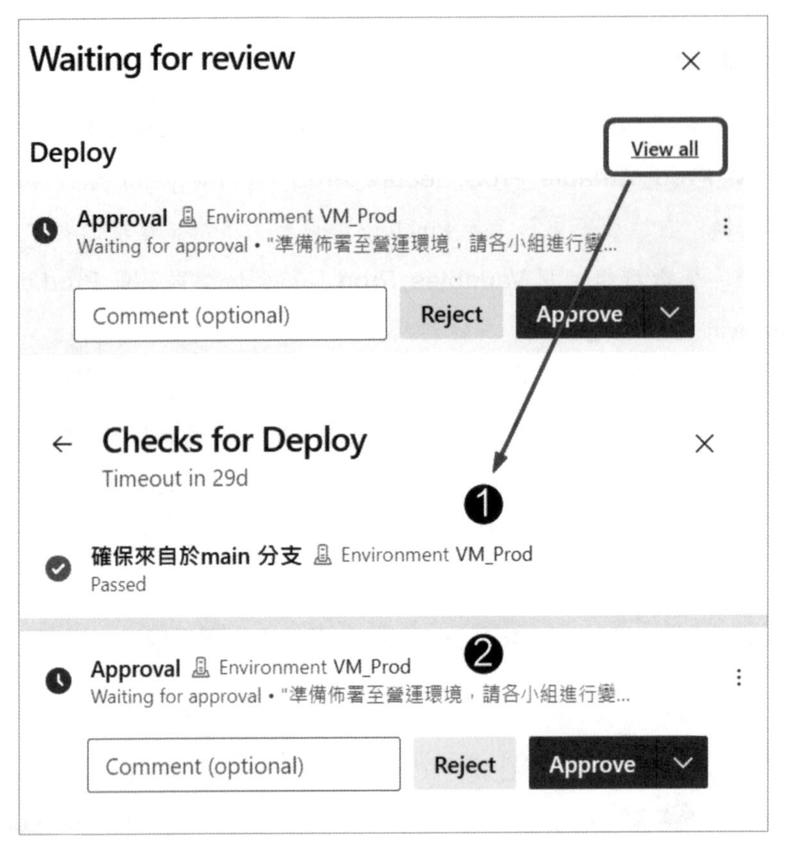

圖 2-3-45　Checks for Deploy

首先會看到圖 2-3-44 的畫面，在 pipeline 執行佈署前會先停下來，並顯示出還有 approval 需要被確認。當點進去時可以看到需要 approval 的部分，點入細節後會看到圖 2-3-45 的畫面，所有 Deploy 確認項目都顯示出來。

項目 1 就是我們已經確保了這是來自於 main 分支的變更觸發。而項目 2 則是需要人員的核可，人員的核可部分在按下去看看細節。

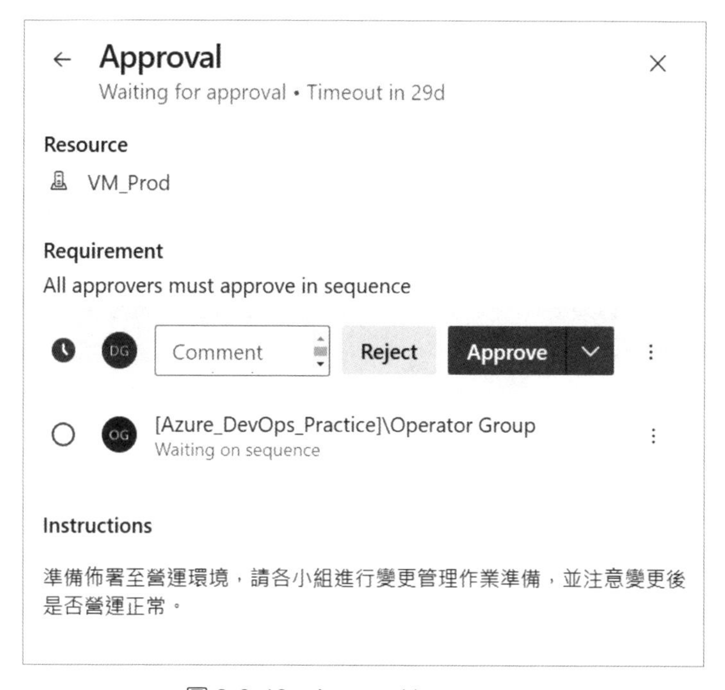

圖 2-3-46　Approval in sequence

圖 2-3-46 可以看到，由於之前設定要先由 Developer Group 核可後，接著則是 Operator Group 需要進行核可的作業，這個 Pipeline 才會繼續執行下去。

圖 2-3-47　留下訊息給最後一位同意者

而這邊各自團隊的成員也可以留下簡單的訊息，來提醒後面再確認的 approver 是否有需要注意的訊息。例如提示要按下同意時，請一定要聯絡誰確認在座位上，如圖 2-3-47。

因為當到了這個階段，就是要進入到動手進行變更管理的倒數第二個階段，也就是變更營運環境的程式了。因此這時要確保一切需要完成的準備項目，都應該完成。例如相關同仁必須要準備就緒，或是是否要發布公告訊息，或需要通知網管先進行網路負載平衡的切換等等。當一切都準備就緒，請最後一位團隊成員按下 Approve，佈署的作業就會在營運環境中展開。

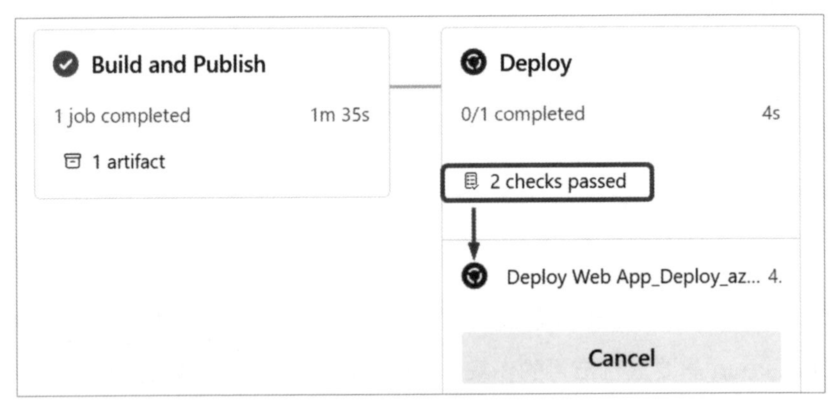

圖 2-3-48　佈署作業展開中

當 Pipeline 執行完成後，這時就可以進行營運環境的驗證作業，以確保一且都如同劇本安排一樣。開發人員所撰寫的程式碼，經過 Pull Request 的程式碼品質審查與許可併入。在 Pipeline 執行的階段，經開發團隊與營運團隊的相互通知許可。最終，程式碼經歷了腳本的整合與交付的程序，將產物安全的佈署到營運環境中。就如圖 2-3-49，可以看到已經安然的佈署到營運環境，並一切正常運行。

圖 2-3-49　佈署至營運環境

2-3-7　共識

Wanyi：所以我不用在手動執行佈署了？這聽起來很棒，因為不論我多細心，我總是會擔心我少執行了任何一個步驟，而導致營運環境無法運行。而且這樣的方式，即使營運環境有四五台伺服器，我也不會需要重複在這些機器中執行一模一樣的作業，速度會快很多。

Karen：這流程設計看起來挺好，所有的行為都被記錄下來，而且也有核准紀錄。目前我看不出來有不符合 ISO 27001 的部分，只是內部的上線程序可能要做調整，讓整個新的佈署流程在公司內可以合規化。

Sam：很高興兩位都認為這樣的模式與流程可行，那我回去會準備著手將程序著手修正，屆時還會需要營運以及資安的同仁協助，一起確認修正的內容符合我們今天的討論。另外我也先將這次討論的內容，也紀錄在我們的討論框架中。

	Process（流程）	Objective（目標）	Window（影響窗口）	Evaluate（評估）	Relation（互動關係）	Structure（結構）
原本的方式	人工佈署 - 測試環境 - 營運環境	將每週交付及每月交付的產品，佈署至測試及營運環境	開發團隊 營運管理 窗口	n/a	Email 工單 電話聯繫	資訊處 開發團隊 營運團隊
測試環境新佈署方式	測試環境 - 自動化流水線佈署	透過自動化腳本佈署，並藉由 Library 以及 secure file 將參數及機敏資訊指定佈署至測試環境	開發團隊	佈署失敗次數及平均佈署耗費時間	Pull Request 討論 面對面 Teams	開發團隊
營運環境新佈署方式	營運環境 - 自動化流水線佈署	**營運管理團隊於變更執行前，確保變更程序被許可後。**觸發部署作業透過自動化腳本佈署，並藉由 Library 以及 secure file 將參數及機敏資訊指定佈署至營運環境。資安團隊確認**所有執行軌跡將被留存於平台中，符合 ISO27001 項目。**	開發團隊 營運團隊 資安團隊	佈署失敗次數及平均佈署耗費時間	面對面 Teams	資訊處 + 資安處

2-3-8　小結

對開發人員而言，寫出來的程式可以不斷地被正常運行，持續發揮為企業帶來的商業價值，絕對會是最大的鼓勵。用比喻的話來説，就與馬斯克的星鏈系統工程師所設計星鏈衛星（Statlink），可以不斷地被正確的運行在地球的近地軌道並提供大眾服務一樣的快樂。

但是也與星鏈系統一樣，每一次衛星的發射，需要參與的團隊並不會只有開發工程師團隊，也會包含其他為了同一目標而生的團隊。例如火箭研發團隊專攻載送星鏈衛星的發射載體火箭，就跟 Pipeline yaml 的撰寫一樣。而火箭發射中心又會需要確保各項目是否已完成，合規項目是否也完備。就與企業中對於軟體發布的營運以及資安團隊一樣，各自都扮演不同的角色。

而 Azure DevOps Service 則是為了整個軟體開發生命週期所設計的，因此幾乎所有相關的各項任務都融入在功能中，這樣可以大幅降低合規文件檔案的製作，卻又能做到合規的要求。如此就能讓所有角色都專注在其任務本質，讓佈署的到營運環境的價值在高品質又低風險的狀況下持續佈署，持續交付。

Note

CHAPTER

專案團隊的協作要點 - 實踐於 Azure DevOps 平台管理軟體專案與測試計畫

從第一章的**單兵工程師在 Azure DevOps 中不可或缺的技術力**，到第二章的**開發團隊在 Azure DevOps 平台中的協同開發、交付與溝通要點**，終於進入了包含非技術成員的整個專案（或產品）團隊的協作了。Azure DevOps 中的 Boards 就是為了軟體開發生命週期的訪談與分析，還有軟體產品的全域進度而設計的。在我們的經驗中，Boards 可能根據不同的專案經理（或產品經理）的使用方式，呈現出來的項目很可能會大相逕庭。

但不論如何差異，軟體開發本質並不會不同，團隊都是為了專案能夠成功完成，並進入維運階段後可以持續維運的前提而努力。因此這個章節在 Boards 的部分，會根據團隊過去的管理與溝通協作方式來敘述與介紹。

另外軟體開發生命週期還有測試項目還沒有被談到，這在 Azure DevOps 中是被實現在 Test Plan 這個功能。在前面的章節都沒有特別談到測試，原因在於筆者認為測試與需求的訪談與分析具備高度關聯。在 Azure DevOps 功能設計中也同樣能夠發現這個端倪，因為在需求訪談與分析時，其實大概就可以開始撰寫測試案例了。

因此筆者將 Test Plan 放在這個章節說明，會特別敘述在需求分析與系統設計時，系統分析師或是專職的 QA（Quality Assurance）人員其實就已經可以進行測試的規劃與案例的撰寫，並會將測試案例與執行整合在 Boards 中的使用者故事。

不同於過往瀑布法的長時間需求分析階段後，接著進入長時間的開發後，又來一場大規模的測試。本書將在敏捷式流程（agile）中說明，即使沒有迭代（iteration）的觀念，也不是敏捷團隊的前提，還是可以在 Boards 中，搭配 Test Plan 適當的進行軟體開發的管理。讓專案可以達到持續整合，持續佈署，持續驗證的目的。

我們的故事中，過去的專案管理非常的痛苦。因為所有的專案管理事項，都是使用 email 加上 excel 來進行控管的。加上金融業內非常痛苦卻又必要的信件管制措施，無差別的將所有同仁外寄的信件，只要超過一定的附件大小就封鎖審核的制度。同仁們甚至因為這個制度，被指派成專案經理後離職的大有人在，喊著要離職的也佔大多數。

當我們團隊終於將專案管理導入到 Azure DevOps 中，加上外包廠商有限度的最小開放存取專案的前提，專案管理才真的邁入了現代化的腳步。專案管理還是苦，但僅苦在專案管理的專業價值上，而不是那無止盡的溝通障礙與封鎖制度中。

事不宜遲，既然開發與維運團隊已經躍躍欲試將他們開發的開發項目持續交付到營運環境，那專案團隊應該要持續幫他們準備需求內容，好讓他們大展身手一番。

3-1 專案里程碑、目標、使用者故事與品質保證

3-1-1 故事六：Mars 登陸計畫的開端

每一個年度的結束，也就代表是新一個年度的到來。Sam 的團隊原有維護的系統因為框架的 EOS（End Of Support），而準備要重新翻寫。同時間業務單位的 Sylvia 也告知，他的老闆準備要與老總呈報新一年度的業務需求，所以會起一個新的年度專案，也跟著翻寫的計畫一同進行。由於雙方在 Azure DevOps 平台中的回報與協作方式甚為順利，因此雙方對於協作模式並沒有太多擔憂。但由於過往都是在維運狀態下，通常透過 Issue or Bug 的回報，就可以基本完成所有維運任務。這次由於需要整合各個子公司的需求，需要大量進行系統分析與訪談的協作，因此雙方對於未來一年未知的專案，還是有一定的擔憂。時間很快的就來到了例行的業務與資訊單位的例會，一起討論起了這問題。

3-1-2 與專案主要負責窗口溝通

Sylvia：明年我們有一些新的需求要做了，而且我們也知道剛好開發隊也準備要將原有系統的框架翻新，所以我們想說那就一起進行。

Sam：這範圍可不同，如果只是把原有框架翻新，我們只要解決技術問題。但如果是會有新的業務需求，那可就不只是框架翻新，那可能是做一個新的系統了。

Sylvia：說是會有新的業務需求，其實大致上原有業務並不會有太大的流程更新，不過只是把現有一些子公司的痛點整理，接著討論哪一些可以在未來一年的哪個季度完成，我認為這樣應該就可以完成老闆交付的任務了。

Sam：這說起來可簡單，框架翻寫與新的需求一起進來，可不是個小工程。不過幸好我們雙方已經在 Azure DevOps 中協作過一段時間，我認為我們應該可以完成彼此的目標才對。

Sylvia：那我們打算明年 2-4 月先做一輪需求訪談與分析，給你們幾個月的開發時間，或許我們第三季後段就可以開始進行測試，對嗎？

Sam：喔不不不，這是傳統瀑布法的玩法，我認為既然都可以做到持續整合，持續交付了。那我們是不是考量看看邊開發邊交付的形式，類似用敏捷式開發的方式進行？

Lala：我們有一起研究做 Azure Boards 的使用方式，或許可以一起試試看？我認為在雙方有默契的協作方式下，或許可以得到不可思議的結果？但這個的前提是，我們需要討論好專案協作的方式，特別是專案成員都要有認知要一同在 Azure Boards 中協作，所有事項與討論都留存在平台上。並且藉由平台追蹤所有工作項目，讓一切進度都透明化。

Sylvia：目前平台用起來還算順手，但我目前應該只有使用最基本的 work items，其他的功能我倒是沒有時間去做使用。還是你要幫業務團隊開一場教育訓練，讓我們了解要如何在上面正確的使用 Azure Boards 進行專案的管理？

Sam：教育訓練嗎？倒不如說來進行一場工作坊如何？大家邊研究邊學習如何使用，並在工作坊的過程中提出各式各樣專案中可能面對的問題，試試看可不可以找到如何在 Azure DevOps 的功能中解決？

Sylvia：這聽起來是個好主意，那來約一下接下來雙方可以的時間好了，一整個下午夠嗎？

Sam：一個下午應該夠把我累死了（笑），但應該雙方會收穫滿滿。

3-1-3 Azure Boards

一、Agile process workflow

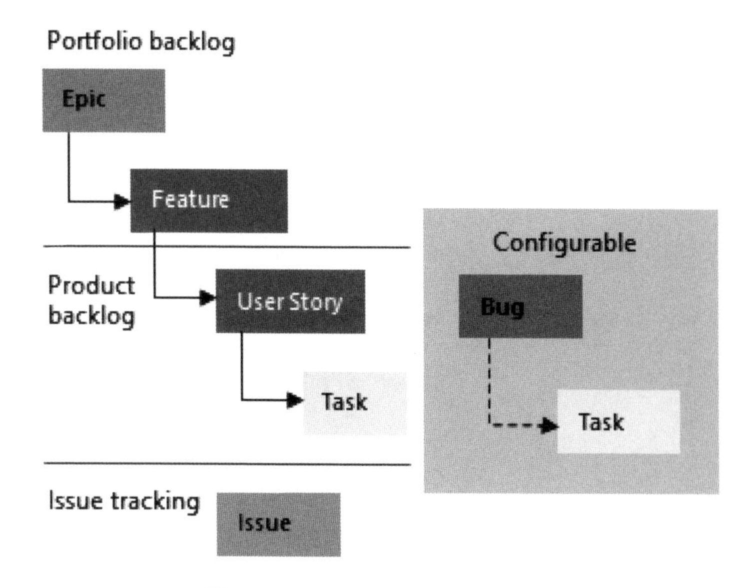

圖 3-1-1　Agile process workflow

在第二章的時候，有簡單提及 Agile process workflow，當時並未細談有關於 Epic、Feature 以及 User Story。這個章節就要來說明在 Azure DevOps 中，這些要素在軟體專案中各別代表的意義。

那由於 Agile process workflow 主要是用來設計給敏捷團隊來進行流程控制使用，因此在介紹中也會提及一些敏捷團隊的角色來說明各個工作項目。

但要注意，敏捷團隊的運作強調跨職能和靈活性，因此傳統的角色（如系統分析師）不會像在瀑布式開發中那麼固定。敏捷強調 T 型技能，成員可能具有專精的技能（垂直部分），但也能在需要時跨越角色界限，協助團隊完成工作（水平部分）。

所以傳統的 PMP 的專職角色分工可能在這裡會稍微有點混亂，但在筆者的經驗中，每個團隊都會有其適應性。只要經過幾輪的討論，最終會找出團隊習慣的使用方式，逐漸朝向專案或是產品成功的道路上前進。

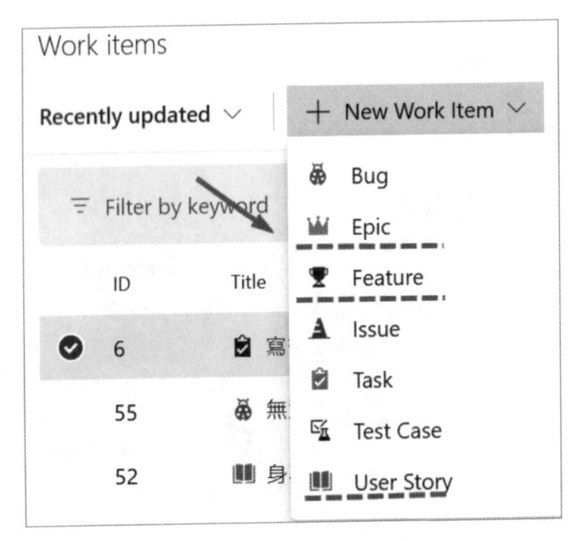

圖 3-1-2　Epic、Feature 與 User Story

❶ 敏捷團隊簡介

在敏捷團隊中，成員的角色通常劃分為 Scrum Master、Product Owner 和 Developers（開發團隊）。每個角色都有特定的責任和目標，共同協作以達成敏捷的目標。以下是各成員的詳細介紹：

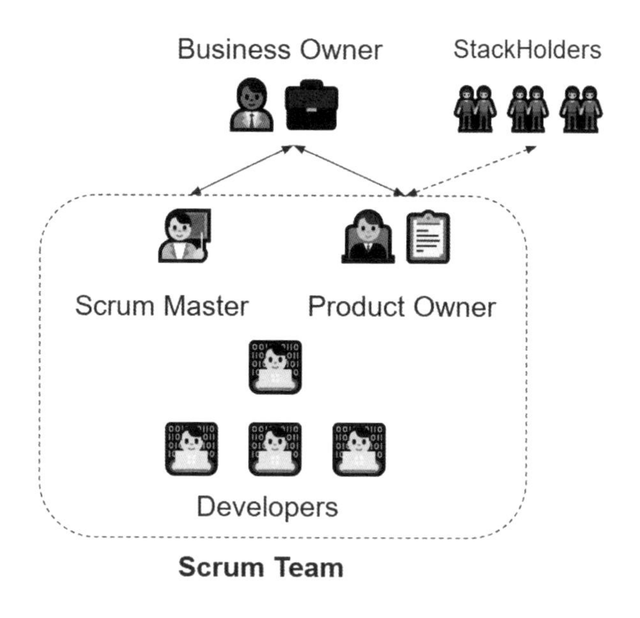

圖 3-1-3　敏捷團隊

Scrum Master

Scrum Master（敏捷師）是敏捷團隊中的協調者和過程的促進者，確保團隊遵循 Scrum 流程和敏捷原則，並時時確認工作項目交付的斜率（交付效率確保）。但如果不是真正的敏捷組織，特別是傳統大型職能分工組織，這個角色通常就比較少見。特別是在傳統 PMP 也不是注重在工作項目交付的斜率提升，而是著眼於所有大小事項都遵照著計劃進行。因此 Scrum Master（敏捷師）在這裡的介紹就不會著墨太多。

Scrum Master 的職責：

- **促進 Scrum 流程**：確保團隊按照 Scrum 框架進行工作，包括舉行每日站會（Daily Standups）、迭代計劃（Sprint Planning）、迭代檢視會（Sprint Review）和迭代回顧會（Sprint Retrospective）。

- **移除障礙**：幫助團隊識別並解決影響進度的障礙，確保開發工作順利進行。
- **保護團隊免受干擾**：保護團隊不受外部干擾，以確保團隊專注於 Sprint 目標。
- **推動持續改進**：透過回顧和反饋，幫助團隊不斷提升效率與生產力。

Product Owner

Product Owner 是敏捷團隊中的產品負責人，負責管理產品的優先順序和方向，確保開發的產品符合業務需求和用戶需求。

Product Owner 的職責：

- **管理產品待辦清單（Product Backlog）**：建立並維護產品待辦清單，確保清單中的項目詳細且有明確優先順序。持續更新產品待辦清單，以反應業務需求和市場變化。
- **決定優先順序**：根據業務價值、風險和依賴關係，為產品待辦中的項目設定優先順序，確保團隊首先處理最具價值的工作。
- **與利害關係人溝通**：與客戶、用戶和其他利害關係人保持密切溝通，將他們的需求轉化為具體的開發任務。
- **確定產品方向**：確保開發產品的方向與整體業務戰略一致，並在迭代過程中調整需求以滿足最新的市場或用戶需求。

Product Owner 與 PMP 中的 Project Manager 最大的差異是，Product Owner 是需求的最終決策者，負責確定產品的發展方向以及優先級。Product Owner 與利害關係人溝通，將市場和客戶需求轉化為具體的產品需求，並確保團隊開發的產品符合這些需求。而 Project Manager 負責專案從啟動到結束的所有方面。他們需要制定專案計劃、分配資源、管理風險、處理變更以及監控進度，以確保專案在預定的時間和預算內完成。

從上面的敘述就可以看出來，Product Owner 是追求產品是否成功，是否為客戶和市場帶來價值。而 Project Manager 的成功主要取決於專案是否按時、按預算完成並符合範疇。成功的 Project Manager 會確保專案按計劃進行，所有資源被有效利用，風險被管理並且專案目標達成。

因此在 Azure DevOps 中，常常被 Project Manager 問到在哪裡可以看到專案所有期程的資訊。我們只能笑笑地說這並不是純粹為了專案管理而設計。但是專案團隊的確可以使用其中的管理工具，來確保各項開發交付的進度，以及里程碑是否有被達成。

Developers（開發團隊）

Developers 是敏捷團隊中的核心執行者，負責實際的產品開發工作。開發團隊通常由跨職能成員組成，涵蓋多種技能，以便能夠獨立完成產品的開發。

Developers 的職責：

- **開發與交付產品**：根據 Product Owner 所定義的需求，完成功能的設計、開發、測試和交付。
- **參與規劃和估算**：在迭代計劃會議中，提供對工作量和複雜度的估算，並共同決定在每個迭代中能完成的工作範疇。
- **持續改進**：與 Scrum Master 和 Product Owner 合作，透過每次迭代回顧會尋找改進空間，提高團隊的生產力和產品品質。
- **跨職能合作**：開發團隊通常包括後端開發、前端開發、測試人員和其他技術角色，以確保團隊擁有完成產品交付所需的所有技能。

開發團隊不管是在 PMP 或是在敏捷流程，基本的職責都沒有變。但是系統分析與開發交付的模式有所變化，過往瀑布法的交付模式，首先會先經過一個系統分析階段，將規格先進行一個大致的談定，接著開發團隊根據規格書要求進行長時間的開發，並經過自身測試團隊的完整測試後，才會進行交付，一個專案有時候開發時間會長達好幾個季度。

但在敏捷流程，加入了敏捷迭代的軟體開發生命週期，並且要將 Defination of Done 的概念帶入交付流。這意味著要在每一個迭代交付可被使用功能，根據敏捷開發的生命週期，迭代的初始需要準備該次迭代要交付的功能與使用者故事。這也代表商業架構師與系統架構師需要在每一個迭代之前，就需要準備完數個使用者故事，供開發團隊在後面的迭代不斷的選擇與產出，非常緊湊的節奏。

而在筆者的經驗中，即使不是敏捷團隊，這個協作模式還是可以被實現，或許有一些變形或不正規，但實務上還是可行。只是團隊中缺少了正規的 Scrum Master，很容易缺少持續激勵的士氣與出現交付障礙，這時候團隊中通常就要有人兼任這個角色，協助開發團隊提升士氣與移除障礙。讓團隊可以持續整合與持續交付。

❷ Epic

Epic 翻譯很有趣，一開始團隊在學習 Azure DevOps 的時候非常的困惑，因為翻譯過來是**史詩**。後來才知道這是敏捷開發（特別是在 Scrum 和 Kanban 框架中）的一個高位階工作項目類型，通常代表一個大型的業務目標或需求，這個目標往往需要很長時間才能完成，並且通常會跨越多個迭代（Sprint）或階段。

因此團隊在使用的時候，通常就會是一個比較長期的分類。例如：**2024 年框架升級計畫**、**會員忠誠度提升計畫**、**使用者體驗改善計畫**。雖說通常代表是一個大型的業務目標，但分類也是有業務目標（**Business**）或是系統架構目標（**Architectural**）。因為業務目標的實現除了完成各式各樣商業目標戰略需求外，系統的維運穩定才能夠持續提供服務，也是不可或缺的一部分。

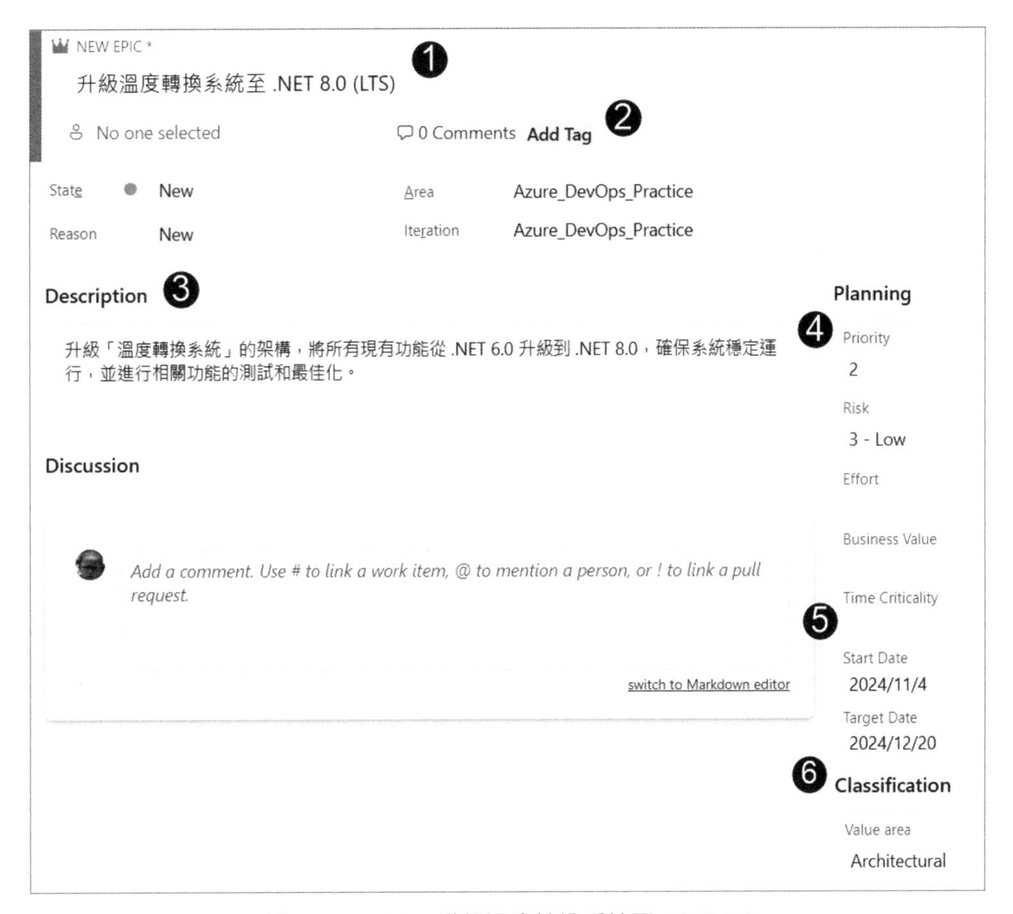

圖 3-1-4　Epic- 升級溫度轉換系統至 .NET 8.0

舉例來說圖 3-1-4 就是建立了一個非業務性目標，簡單說明如下：

1. **Title**：給予史詩級計畫的一個標題，這裡是**升級溫度轉換系統至 .NET 8.0(LTS)**。
2. **Tag**：所有的工作項目都可以貼上 Tag，根據各個團隊的需求可以使用，可以考慮依照功能、工作類型、負責部門或是安全修補等等，Query 也可以藉由這個欄位來進行條件搜尋，非常好用。

3. **Description**：將這一個工作項目進行敘述，並提供目標說明。

4. **Planning**：將優先順序、風險等等可以選擇性進行填寫。

5. **Start Date 與 Target Date**：這邊特別列出來說明是因為，PMP 的 Project Manager 都會很焦慮的尋找時間，而史詩級的計畫會將預計起始與目標完成日期在這裡被列入，好讓高階管理人員確保是否符合公司戰略目標。

6. **Classification**：這裡則可以選擇分類，就會包含了 **Architectural** 或是 **Business**。

Backlog　Analytics　　　Epics

Order	Work Item Type	Title	Value Area	State
1	Epic	升級溫度轉換系統至 .NET 8.0 (LTS)	Architectural	New
2	Epic	2025年度使用者體驗提升級計畫	Business	New

圖 3-1-5　不同類型的史詩計畫

以這個章節一開始的故事，討論中其實包含了開發團隊的開發框架升級計畫，以及業務單位的業務需求。因此在 Epic 這個工作項目，就可能會被分成兩部分來進行討論。

❸ Feature

Feature 翻譯後為特徵或是特點，團隊在討論時很容易就把它稱之為某一個功能，實際上 Feature 的涵義並不應局限於某項特定的功能。Feature 是一個較為中層次的業務需求或產品需求，它可以包含多個功能、工作流程，甚至一個子計畫，這個子計畫可能是實現某個業務目標的一部分。但更重要的是，它代表了用戶或業務能夠從中獲得的價值或能力。

因此在相關工作項目的欄位中，可以看到其實跟 Epic 的欄位相去不遠，差別只在於 Feature 的範圍要比 Epic 小，但卻還沒有小到可以被實現，仍然需要進一步分解為具體的 User Stories 或 Tasks。

圖 3-1-6　Feature- 升級系統基礎架構至 .NET 8.0

在筆者團隊的經驗，由於系統通常功能都會被歸類在某一個模組中，而模組就是對應到實際的業務流程，因此會用 Feature 對應到功能模組的方式建立。但這並不是絕對的規劃方式，關鍵在於團隊能根據自身需求，選擇一種所有成員都能理解並適合協作的規劃方式。

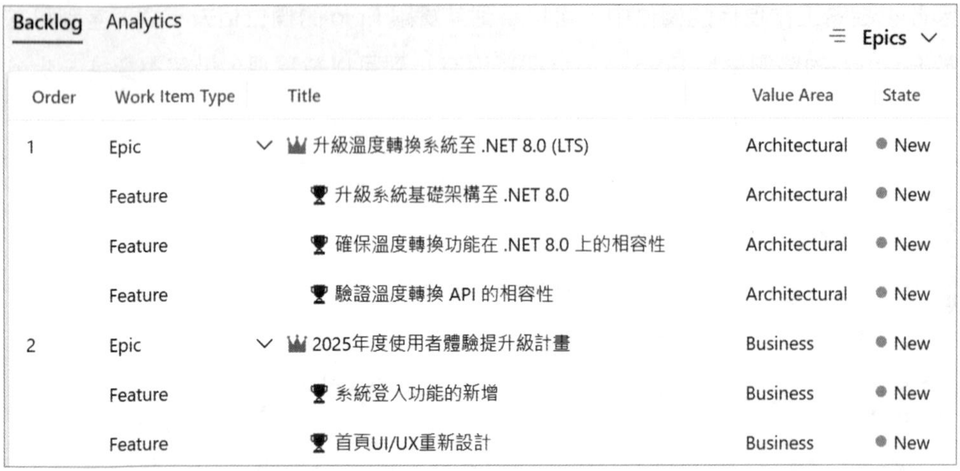

Backlog Analytics Epics

Order	Work Item Type	Title	Value Area	State
1	Epic	升級溫度轉換系統至 .NET 8.0 (LTS)	Architectural	New
	Feature	升級系統基礎架構至 .NET 8.0	Architectural	New
	Feature	確保溫度轉換功能在 .NET 8.0 上的相容性	Architectural	New
	Feature	驗證溫度轉換 API 的相容性	Architectural	New
2	Epic	2025年度使用者體驗提升級計畫	Business	New
	Feature	系統登入功能的新增	Business	New
	Feature	首頁UI/UX重新設計	Business	New

圖 3-1-7　不同 Epics 下的各個 Features

❹ User Story

在傳統 PMP 搭配瀑布法的軟體開發專案中，系統分析階段所產出的**系統分析設計書**，常會包含系統的具體技術規範、流程圖、數據模型、功能要求、例外處理等。這些文件通常是由系統分析師撰寫，偏向技術，常用於完整規範化需求並提供給開發者實現。通常專注於系統的怎麼做，即詳細描述系統需要實現的功能、技術規範、數據流等。它注重具體的實現方法和技術細節，這對於確保系統功能完整和準確是非常重要的。

但在 User Story 則是完全不同，通常 User Story 的表達方式簡單、非技術性，專注於用戶的需求和目的。User Story 是簡單的需求描述，幫助團隊了解用戶希望達成的目標。它使用自然語言來敘述用戶故事，並且容易讓技術和非技術人員理解。而且 User Story 所關注是誰需要這個功能，為什麼需要這個功能，並且提供高層次的目標和價值。這有助於團隊理解需求的背景和價值，而非只關注如何實現。重點在於「需求的目的」和「所帶來的業務價值」。

如何敘述一個 User Story ?

User Story 通常遵循簡單的結構，即：身為 [角色]，我希望 [目標]，以便 [價值]。這種格式使得需求更加聚焦於用戶的視角以及他們最終希望達到的目標，而不是僅僅描述技術功能。

圖 3-1-8　綁定 Google Account 需求的 User Story 範例

以圖 3-1-8 來說明：

1. **Title**：同樣的，會需要一個標題，但會發現遵循的結構就是**身為 [角色]，我希望 [目標]，以便 [價值]** 的敘述方式。這種格式使得需求更加聚焦於用戶的視角以及他們最終希望達到的目標，而不是僅僅描述技術功能。而且以這種使用自然語言來敘述 User Story，更容易讓技術和非技術人員同時理解希望實現的價值。

2. **Description**：敘述的欄位，有一點類似訪談用來速記的欄位。通常在訪談需求的時候，會將訪談對想對於這個故事的敘述，用類似寫作文的方式，跟需求對象確認敘述內容是否有誤。通常這個欄位的文字敘述並不會做太多的整理，而是盡量記下來使用者對於故事的説明。

3. **Acceptance Criteria**：驗收準則則是根據 **Description** 的訪談內容，進行有序的整理，將故事內容列出驗收的各項標準。如果欄位敘述不足，可以輔以文件敘述。像範例中就直接提供 wiki URL 可以進行更細緻的討論，甚至可以提供 prototype 以雛形的形式，更精確地跟需求單位確認內容是否符合他心中所望。

山姆補充一下

使用**身為 [角色]，我希望 [目標]，以達到 [價值]** 這種標題建立方式，在筆者的經驗中對於測試案例的建立也十分有幫助。原因在於在一個 Feature 中，會期待各個使用者故事被實現的價值。而投射到 Test Case 的建立，同樣的我們也會需要根據各個不同的系統角色（或說是系統權限）設計測試腳本。如果使用者故事的標題就已經明確的指出角色，這代表測試個案的撰寫人員，可以非常直觀的理解測試個案該如何設計。

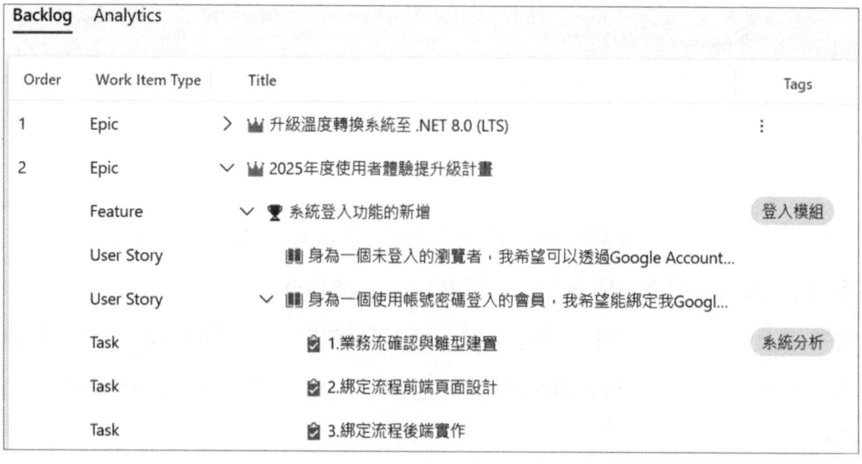

Backlog Analytics

Order	Work Item Type	Title	Tags
1	Epic	升級溫度轉換系統至 .NET 8.0 (LTS)	
2	Epic	2025年度使用者體驗提升級計畫	
	Feature	系統登入功能的新增	登入模組
	User Story	身為一個未登入的瀏覽者，我希望可以透過Google Account...	
	User Story	身為一個使用帳號密碼登入的會員，我希望能綁定我Googl...	
	Task	1.業務流確認與雛型建置	系統分析
	Task	2.綁定流程前端頁面設計	
	Task	3.綁定流程後端實作	

圖 3-1-9　User Story 下的各個工作

一個故事要被實現，是需要團隊的努力，不論是 Product Owner 的商業流訪談，或是開發團隊的系統分析與工作拆解，因此會在 User Story 下層，將要完成故事的各項工作展開。就如圖 3-1-9 一樣，可以看到新增了三項工作項目，包含了開發前需要做的系統分析雛型建置事項，以及前端設計開發，與後端開發的兩項工作。

二、Wiki

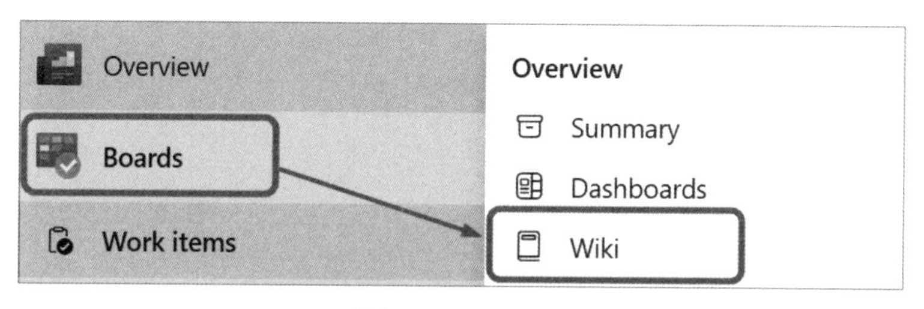

圖 3-1-10　Wiki

延伸 User Story 的使用案例，Azure DevOps 提供了一個名為 Wiki 的知識庫可以讓團隊使用。Wiki 是以 markdown 格式組成，並支援 Mermaid 的語法，可以用來繪製各式各樣的流程圖。常見的團隊的使用案例包含：

- **專案例會及會議紀錄：**軟體開發專案一定包含了大大小小的會議或是討論，由於會議的進行都應該要有順序的安排，這時候打開 Work items 是不明智的，因此都會需要有一個集中放置討論內容以及決議的知識庫。這時候 Wiki 就是一個可以搭配專案工作項目追蹤的清單或是討論內容，例如圖 3-1-9 可以看到，各項在例會中追蹤進行中的工作事項，以及需要被處理的議題。

圖 3-1-11　Wiki 用來作為專案例會會議流程討論事項

- **訪談、分析或是開發規格文件儲存庫：**不論是進行系統分析需要將流程匯出討論，或是各項規格文件必須要被表格化，甚至是希望把雛型先圖示在文件上，都可以透過 Wiki 來進行撰寫與討論。團隊可以利用 Wiki 的特性，將有關於此專案的各類型文件儲存，輔助各工作項目的進行。

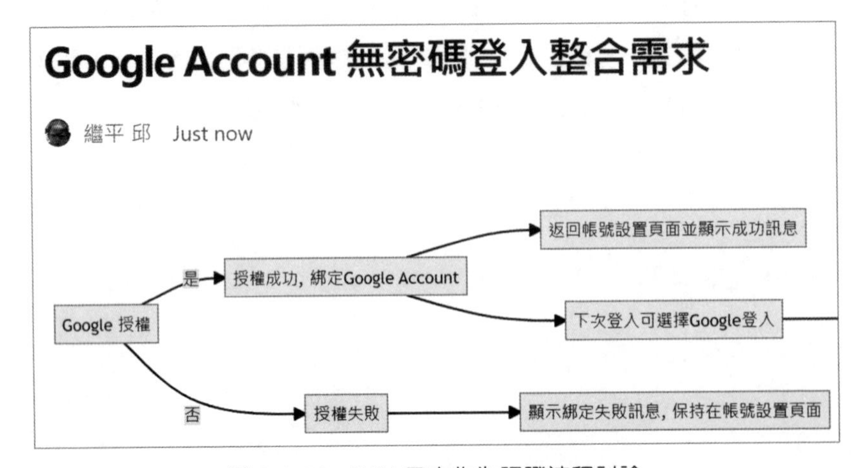

圖 3-1-12　Wiki 用來作為認證流程討論

- **系統架構與系統資訊：**專案中所有有關於各項系統，包含了測試環境與營運環境的主機名稱、IP、作業系統，甚至是系統需要連結到的資料庫或是 AD 等等資訊，都可以被整理在團隊隨手可得的位置。這樣團隊任何一個成員在需要這些資訊時，可以快速的找到相關知識。
- **更板或佈署資訊：**當每次系統或是產品發布版本資訊時，可以在這裡紀載這次發布的版本相關資訊，包含了 SHA256 的編碼，修正的問題或是新功能的發表等等。

三、Backlogs

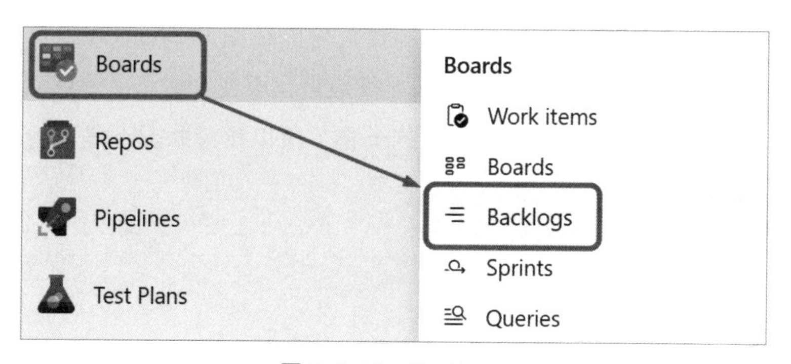

圖 3-1-13　Backlogs

Azure DevOps 的 Backlogs 其實就是敏捷開發中的 Product Backlog（產品待辦清單），是管理產品需求和功能的核心工具，它是一個動態、優先排序的需求列表，列出了專案中所有需要完成的工作項目。Product Backlog 通常由 Product Owner 負責維護，用來描述和組織產品的功能、改進、錯誤修復等內容。

Backlogs 用來組織和追蹤所有即將實施的工作項目，從高層次的需求到具體的任務，並幫助團隊進行專案的規劃、優先級排序、分配工作、並確保每個迭代中的工作內容明確。

其實筆者的團隊並沒有迭代的概念，因此所有產品待辦清單其實都在 sprint1 中。不過這產品待辦清單功能，是一個可以讓專案經理（或 Product Owner）可以跨迭代的全域了解，所有產品待辦事項的進度。藉由各產品待辦事項的狀態，來確認現況產品開發交付進度，並了解未完成事項是否還需要持續進行 User Story 的分析與釐清，讓團隊持續運轉下去的一項工具。

如果團隊並沒有真的在跑 Scrum，其實也可以具備迭代的概念。因為 Azure DevOps Boards 的功能是全面支援敏捷式開發而生。所以其實也是可以根據專案的現況，規劃接下來多個迭代的工作項目。

另外要注意，如果有工作項目並沒有被關聯在任何父項結構中，例如有一項 Task 並沒有被關聯在任何 User Story 下，那就有可能在這個 Backlog 中會被遺漏。不過當然可以在 Work item 中被找出來，只是它就不在全域產品待辦清單中會被呈現。當然了，Issue 並不是工作項目的一種，所以預設狀況下是不會被呈現在 Product Backlog 中。

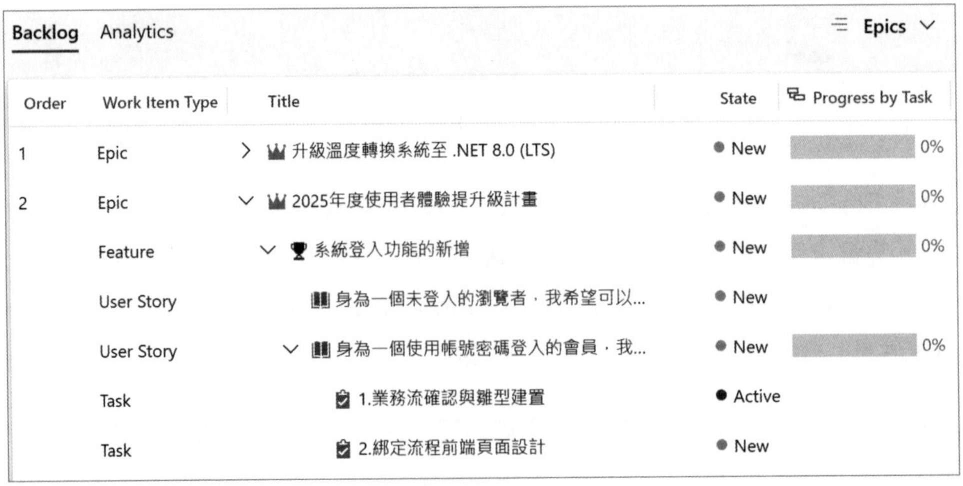

Backlog Analytics Epics

Order	Work Item Type	Title	State	Progress by Task
1	Epic	升級溫度轉換系統至 .NET 8.0 (LTS)	New	0%
2	Epic	2025年度使用者體驗提升級計畫	New	0%
	Feature	系統登入功能的新增	New	0%
	User Story	身為一個未登入的瀏覽者，我希望可以...	New	
	User Story	身為一個使用帳號密碼登入的會員，我...	New	0%
	Task	1.業務流確認與雛型建置	Active	
	Task	2.綁定流程前端頁面設計	New	

圖 3-1-14　Backlogs

另外前面有提到，Product Owner 有義務要將 User Story 中的 **Description** 以及 **Acceptance Criteria** 進行詳細的說明，並可以協同團隊佐以雛形法、流程圖或是其他文件來協助敘述與釐清。實際上這對照到敏捷開發的**產品待辦事項細化（Product Backlog Refinement）**這項活動，縮寫為 **PBR**。

PBR 是 Scrum 中的一個重要活動，目的在對 Product Backlog 進行持續的維護和最佳化。PBR 是一個團隊的共同活動，通常由 Product Owner 主導，開發團隊成員一起參與，目的是確保 Product Backlog 中的工作項目（Product Backlog Item，PBI）足夠清晰和準備充分，以便在未來的 Sprint 中能夠被選擇和開發。

PBR 的特點：

- **細化與釐清需求：**在 PBR 會議中，團隊會對 Product Backlog 中的 PBI 進行細化和討論，釐清具體需求，並確認這些需求是否清晰、可行。所以會將 Epic 或是 Feature 進行拆解，細化成更小的 User Stories 或是 Tasks，以便可以在 Sprint 中完成。並確保每個 work items 的目標和期望結果明確，並確定驗收標準（Acceptance Criteria）。
- **估算工作量：**團隊會在 PBR 中對每個 PBI 進行工作量估算，通常以 Story Points 或工時來衡量，以便 Product Owner 能根據開發難度和成本調整 PBI 的優先級。
- **持續的活動：**PBR 不是一個單次活動，而是一個持續進行的過程。Scrum 並未規定 PBR 會議的固定時間或頻率，但通常建議在每個 Sprint 中進行 1-2 次，持續保持 Backlog 的健康狀態。

重點在，需要有 Product Owner 不斷的協助產出 User Story，並持續的與開發團隊細化與確定需求內容。如果團隊並沒有運行 Scrum 的活動，通常就會是 Project Manager 與系統分析師持續與需求單位的訪談需求，並將需求分析持續釐清後，將分析內容準備就緒給開發團隊，並跟著開發團隊估算工作量，好讓開發活動可以持續的進行開發與交付。

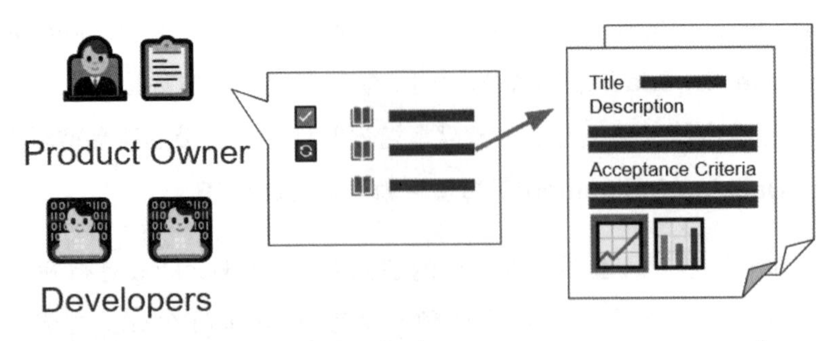

圖 3-1-15　產品待辦事項細化（Product Backlog Refinement）

四、(Kanban) Boards

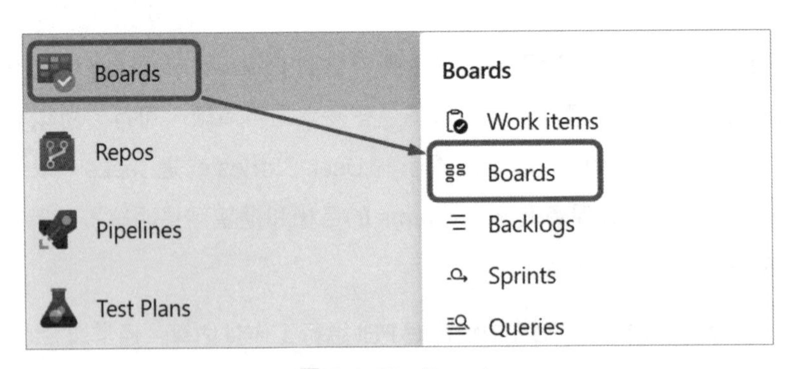

圖 3-1-16　Boards

這裡是的 Boards 是指，在大功能的 Boards 底下，有一個同樣名稱的 **Boards**。有時候在溝通上會造成混淆，因此團隊在溝通時，都會稱之為 **Kanban Boards**，也就是著名的看版。這是一個視覺化的工具，可以通過「卡片」和「列」的形式來管理工作流程。每個工作項目在看板上顯示為一張卡片，卡片可以被拖放到不同的工作列中。

Kanban Boards 可以分層次展示 Epics、Features 以及 Stories，讓團隊能夠從高層次的目標到具體的任務一覽無遺。這裡詳細介紹 Kanban Boards 中如何看到這些層次，以及如何使用它們。

看板視圖中的層級切換

圖 3-1-17　Features Kanban

Azure DevOps 的 Kanban Boards 允許在不同層次的工作項目之間切換視圖：

- **Epics Kanban**：在這個層級中，可以查看所有的 Epics，這些 Epics 是長期業務目標，並且可以看到每個 Epic 中的進度和包含的 Features。
- **Features Kanban**：在 Feature 層級，可以看到各個 Feature 的狀態，這些 Features 通常是較大的功能塊，並且每個 Feature 都包含多個 User Stories。
- **Stories Kanban**：在這個層級，可以查看每個具體的 User Story（使用者故事）的進度，這是最具體的需求條目，通常代表某個功能的具體實現。

User Stories 卡片的奧妙

團隊中，由於大多數同仁都與開發團隊以及系統分析人員密切合作較多，因此我們最常關注 **Stories Kanban**。在這裡討論最大的優點是，除了可以看到各個 User Story 下還有多少個 Task 外，另外還可以看到底下的 Test Case 以及 Bugs。

圖 3-1-18　User Story Card

從圖 3-1-18 就可以看出，該張卡片的故事是否已經完成所有工作（Task），故事是否被測試過（Test Case），測試是不是有問題（Bug）。當團隊都在 Kanban 上確認 User Story 的卡片時，就能夠直觀的確認該故事情境的整個狀態，是不是已經達到團隊對於使用者故事的 Definition of Done 的狀態。

前面曾經說過 Tasks 與 Bugs 的工作項目，現在來對測試的部分進行說明。在圖 3-1-18，三個頁籤中點選了最右側的小燒瓶，下方會出現關於這個使用者故事的 Test 狀態。點選編號 1 可以新增一個 **Test Case**。編號 2 的地方，則是已經建立並被測試過的 **Test Case**。

簡介 Test Case 與嵌入測試

為什麼說是簡介，原因是 Test Case 其實是被包含在 **Test Plan** 大功能下的一個組成要件，因此在後面的章節介紹 Test Plan 會更詳細的介紹如何讓測試團隊進行測試的動作。如果讀者工作的環境中並沒有專屬的測試團隊時，可以簡單的在 Kanban Board 就讓團隊同仁撰寫測試案例。

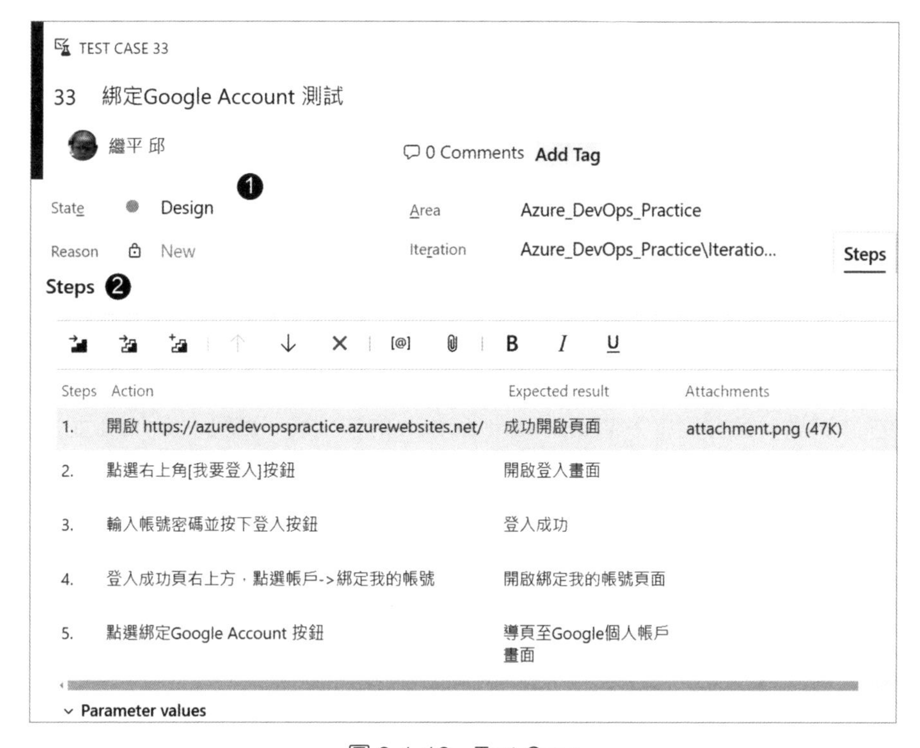

圖 3-1-19　Test Case

舉例來說將圖 3-1-18 卡片的**綁定 Google Account** 測試點開，就可以看到圖 3-1-19 Test Case 的畫面。既然要測試，一定要先有人寫出該如何測試的步驟，這就是 Test Case。以下就來先簡述組成：

1. **State**：這邊狀態僅有 Design->Ready->Close。概念就是，當有一個使用者故事被敘述出來後，開發人員當然就可以開始進行工作切分與開發。而設計腳本的負責人，同樣的也可以開始進行 Test Case 步驟的設計。當完成設計，就可以切到就緒的狀態，等待進行測試。如果沒有專職的測試團隊，通常會由系統分析師或開發人員兼著撰寫測試腳本。

2. **Steps**：這裡則是重頭戲，也就是關於這個使用者故事，該如何測試的每一個步驟。其中 Step 還分成了三個組成：

- **Action**：期望測試人員進行的步驟，例如敘述要連結的網址，要找到的按鈕或是填入的欄位。
- **Excepted result**：根據 Action 執行後，預期得到的結果，例如成功開啟，200 OK 等等。
- **Attachments**：如果希望新增更詳細的敘述，可以以圖片的方式將圖片附上，在測試時可以直接讓測試人員觀看。

當完成了一個 Test Case 的撰寫，就可以進行測試的動作。如圖 3-1-20，可以容易的在該測試項目右側按下 **Work item action** 的按鈕後，找到 Run test 並按下執行，就可以進行測試。

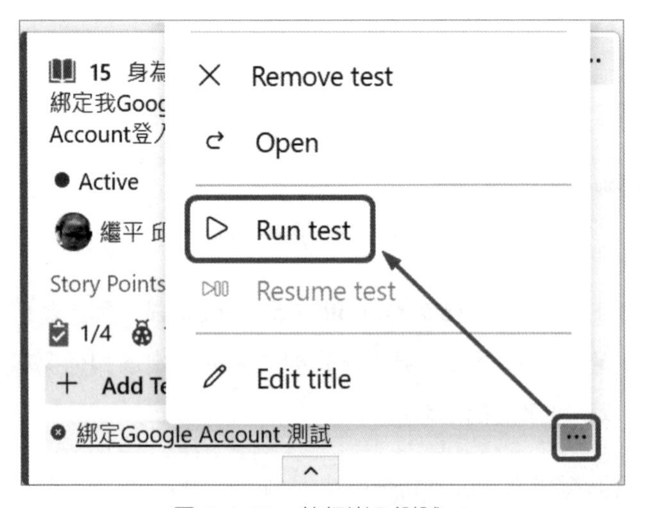

圖 3-1-20　執行嵌入測試 -1

接著會開啟圖 3-1-21 左側的測試畫面，畫面會把該 Test Case 設計好的腳本清楚地列在畫面中。筆者的團隊習慣測試會使用雙螢幕進行，因為這樣可以左右對照要測試的所有步驟，並依序進行。

圖 3-1-21　執行嵌入測試 -2

圖 3-1-21 有一些值得注意的特點，在這裡簡單說明，更細節的部分則會在 Test Plan 該章節說明。

1. 測試步驟一是開啟指定網址，這個項目可以看到還附上了圖片，可以清楚地協助測試人員了解更多測試資訊，好完成測試的任務。步驟一有成功得到預期結果，因此按下了打勾的按鈕。
2. 測試步驟二是要尋找 **[我要登入]** 按鈕，但由於示範網站並沒有設計出我要登入按鈕，所以這個任務是失敗的，按下打叉的按鈕，執行失敗。
3. 如果你在步驟二按下失敗，就會跳出一個 Comment 的輸入位置，將測試失敗的理由寫下，讓開發人員或是測試個案撰寫者確認問題所在。在這裡寫下 **找不到 [我要登入] 的按鈕，測試失敗**。

4. 腳本步驟非常多，可以全部做完或是做到無法繼續測試下去時，將腳本點選是否全部測試成功。由於第二步驟失敗，在這裡就點選 failed 的按鈕。

5. 最後測試完成了，按下 **Save and close** 來完成這次的測試。

這樣就完成了一次最簡單的測試。接著就可以直觀的在 Boards 上面看到測試的結果，結果會同圖 3-1-18 一樣，因為剛剛選擇了測試失敗，因此 **User story 的測試圖示（燒瓶）還是會出現錯誤的圖案**。Stories Kanban 就可以協助開發團隊來確定，是否各個使用者故事的狀態已經被完成，還是說哪一些故事出現了測試的問題，需要被介入處理。

五、Sprints (Boards)

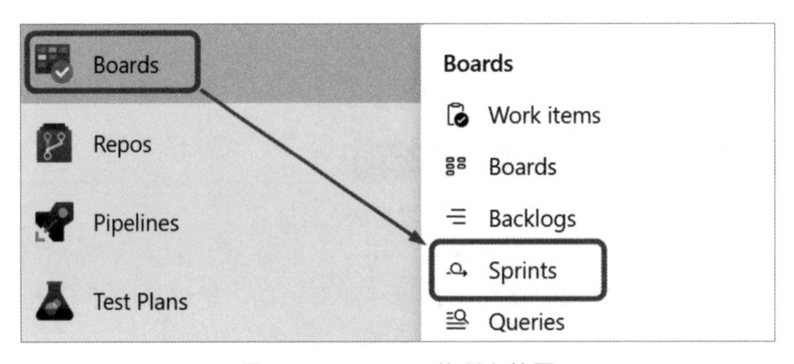

圖 3-1-22　Sprint 的所在位置

剛剛看過了 Kanban Boards，現在換到 Sprints 這個功能，這其實也是 Kanban，但專注的部分就是從可以跨越多個 Sprint 的全域產品待辦清單，進入到單一 Sprint 要關注的大小工作以及 Bug。這個功能主要是 Scrum 團隊用來計劃和管理短期迭代工作的核心工具。Sprint 功能幫助團隊將工作細分到可交付的增量中，並且能有效追蹤、管理和完成 Sprint 內的工作項目。

TIPS 在 Scrum 框架中，Sprint 是開發工作中的核心概念，代表一個固定長度的時間框架，通常比較常看到的時間長度是 1 到 4 週。每個 Sprint 都是一個完整的開發週期，目標都是要交付一個可用的、具備價值的產品增量。Sprint 是 Scrum 的關鍵組成部分，通過這些短週期時間框架的迭代，團隊能夠快速適應變化並持續交付可用的產品。

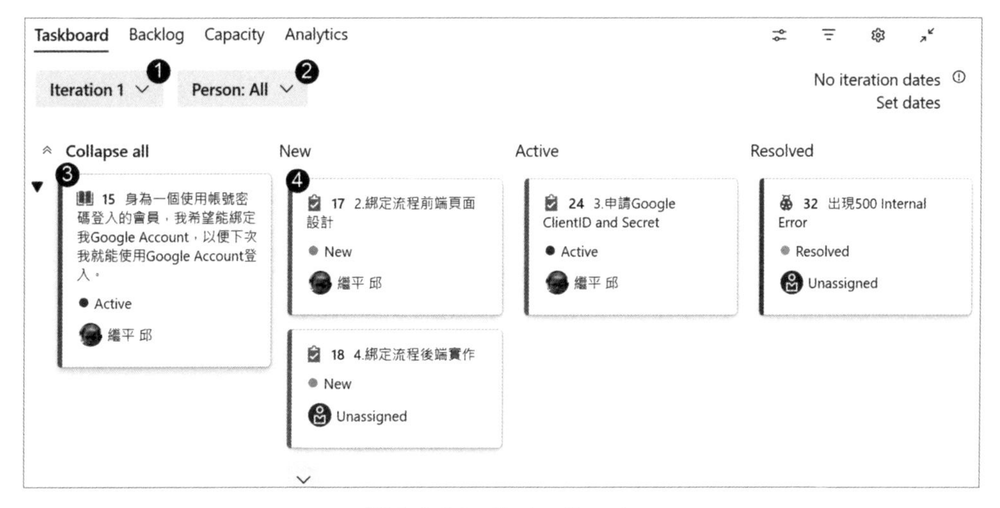

圖 3-1-23　Sprint Boards

Sprint Boards 大致的模樣就如同圖 3-1-23 一樣，非常適合在 scrum 各個活動中用來團隊專注在 sprint 內的工作項目。最常見就是可以在每日站會（Daily Scrum）使用，讓團隊規劃接下來一整天被份配的任務，並確保在衝刺的過程中，是不是有任何團隊成員面臨阻礙或需要協助。當然也可以被使用在 Sprint Planning（Sprint 規劃會議）、Sprint Review（Sprint 檢視會）以及 Sprint Retrospective（Sprint 回顧會），接下來對這個功能做一個簡單的介紹：

1. 這裡可以選擇要看的 iteration（也就是 sprint），如果讀者的團隊有在跑 scrum，就可以在這裡選擇不同迭代工作細節。

2. 由於 Sprints Boards 是用來時刻確認團隊的工作情形，因此可以在這邊切換不同成員，來確認被分配的事項，成員現在的工作狀況等。

3. 看板的最左側是以 user story 作為每一個泳道的父項，如果 iteration 中有三個 user stories，就會都被列在這個位置。

4. 接著 user story 的右側，就是在 sprint 中希望完成的各個故事的細節工作項目，通常這些工作項目以及時間的預估，都會在 sprint planning 的階段被分拆與預估出來。sprint planning 結束之後，成員就會開始互相分配工作而進行各自的開發衝刺作業。

六、Queries

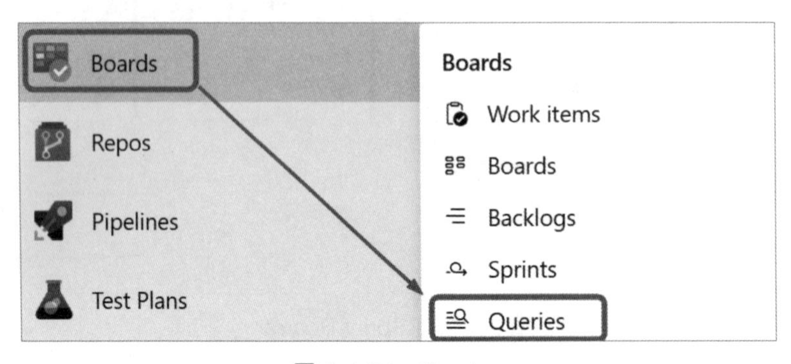

圖 3-1-24　Queries

Queries 這個功能其實是 work items 的查詢工具，可以根據個人或是專案內各種需求，將需要根據條件被查詢出來的工作項目，先進行條件設定後儲存起來，可以被放在 Wiki 或專案首頁使用。常用的情境包含以下幾種：

1. 會議需整理尚未結案的議題，可以先被儲存起來後（圖 3-1-25），被列在 wiki 中討論（圖 3-1-26），Queries 會根據工作項目的最新狀態即時更新。但要注意如果是要給專案夥伴共享的，需要儲存成 Shared 類型的 Queries。

2. 彙整工作會報時，根據每個團隊成員過去一定時間內完成的工作項目，進行整理後放置在工作會報中。

3. 同一類型標籤的工作，例如承諾資安團隊需要在每次 sprint 中分配 10% 的工作量在資安修補中，這時就可以根據 tag 將每週投入的 Task 進行彙整整理。

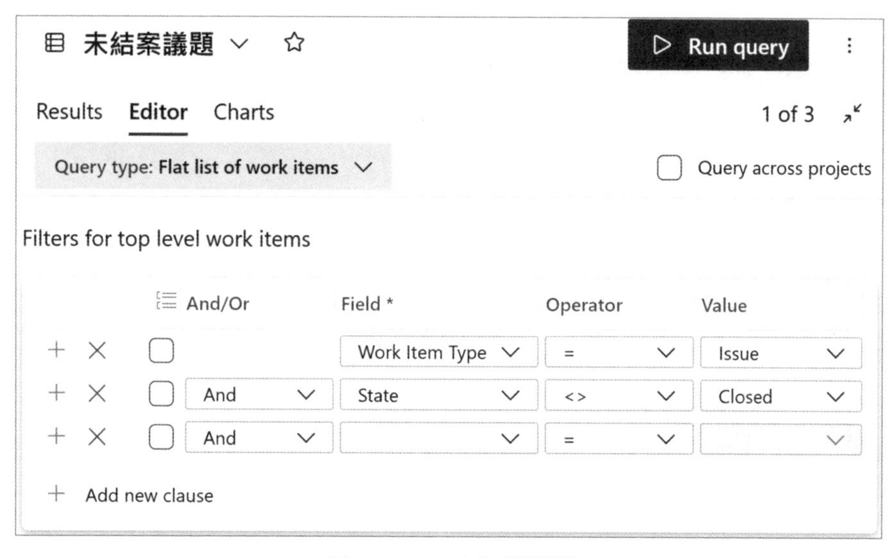

圖 3-1-25　未結案議題

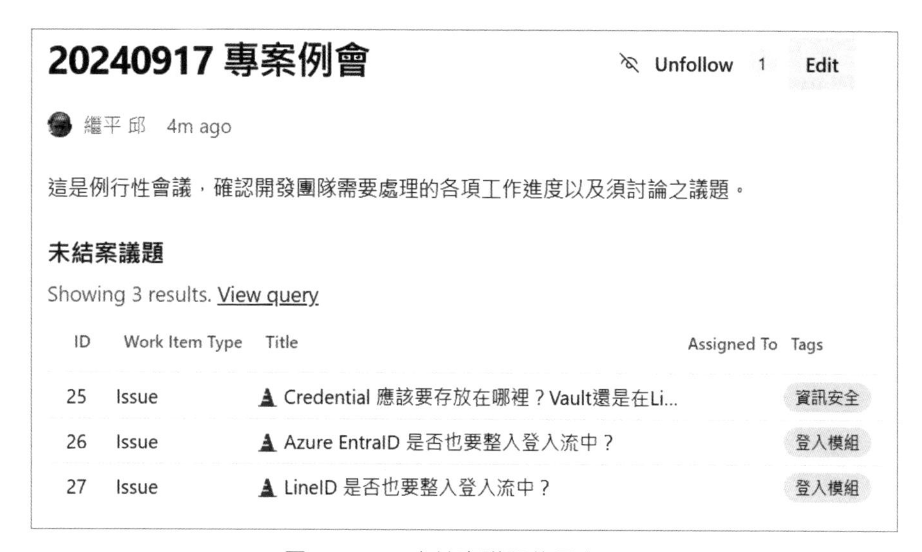

圖 3-1-26　未結案議題放置在 wiki

3-1-4 Test Plan

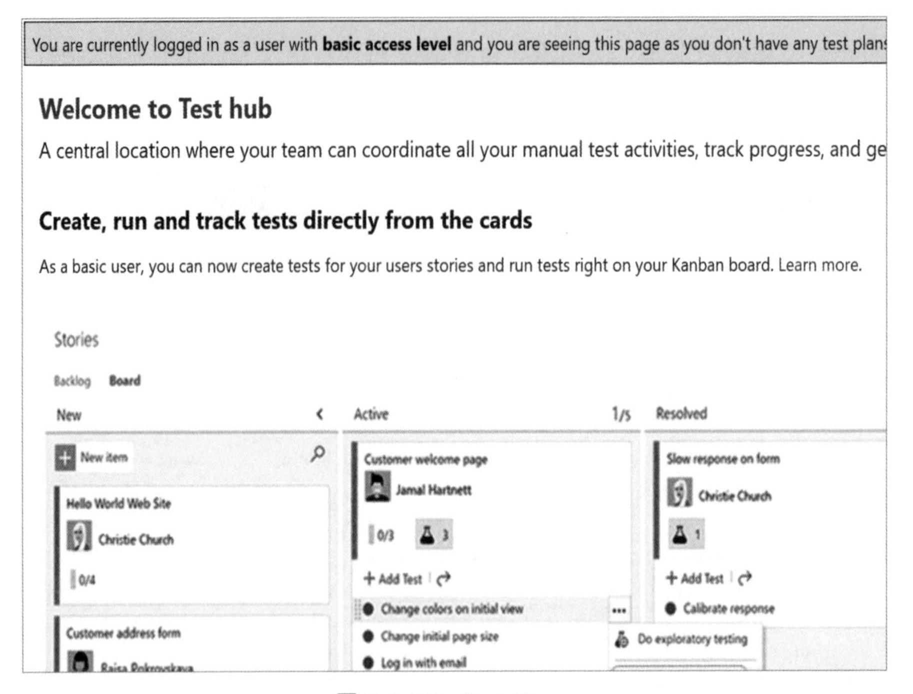

圖 3-1-27　Test Plans

Azure DevOps Test Plans 這個功能不論使用者的 Access Level 是 **Basic** or **Basic + Test Plans**，主功能一樣都能打開，但如果從來都沒有建立過任何 Test Plan（包含嵌入測試），初次打開 Test Plans 時會看到跟圖 3-1-27 一樣，**You are currently logged in as a user with basic access level and you are seeing this page as you don't have any test plans and test suites created for the selected team.**。這意思就是如果要使用 Test Plans 功能，需要多花費一些美金才可以。

就如同第一章說過的一樣，相較於 Basic 使用者每個月才 6 美元，Test Plans Access Level 使用者每個月高達 52 美元，其實費用相當的貴。而來看看從主功能上，到底功能差異有多少。

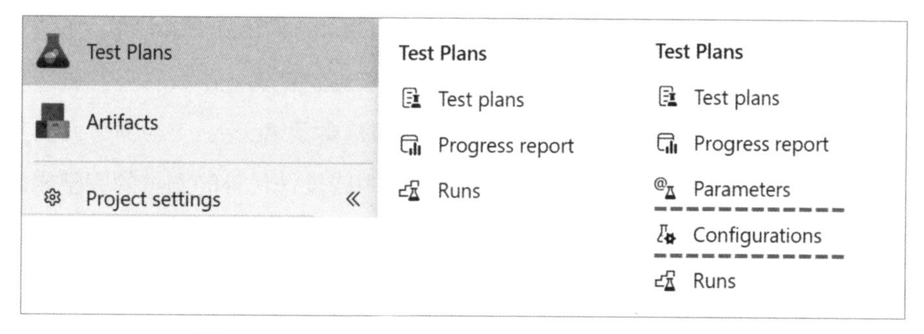

圖 3-1-28　Basic 與 Test Plans Access Level 差異

從圖 3-1-28 可以看到，右邊是如果開啟了 Test Plans Access Level，其實主功能差異只有多了 **Parameters 與 Configurations**，但如果仔細再去點到 Test Plans 又有不同。

圖 3-1-29　Basic 看不到 Define

從圖 3-1-29 則可以看到，如果 Access Level 為 **Basic + Test Plan** 時，打開 Test Plans 時，會多跑出一個 Define 這個功能。看起來雖說差異並不大，但其實在使用了一整年以及跑過了幾個專案後，大概可以了解這兩個 Access Level 最大的差異就是。**可以讓測試團隊針對測試工作，進行迭代中或是迭代外的測試的完整規劃，** 包含 **Parameters 與 Confugurations**，這些也都跟 Test Plans 的規劃有密不可分的關係。

前面說到嵌入測試的部分，圖 3-1-18 測試時，點選了測試失敗，並 **Save and Close** 關閉了測試的視窗。這時候可以從圖 3-1-30 的指引中，找到前一次測試失敗的紀錄。

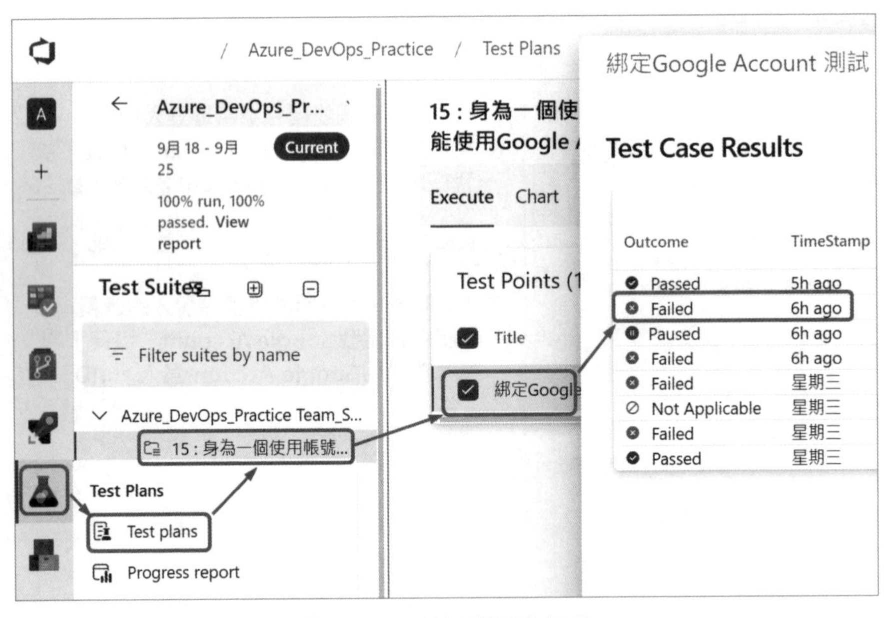

圖 3-1-30　嵌入測試的紀錄

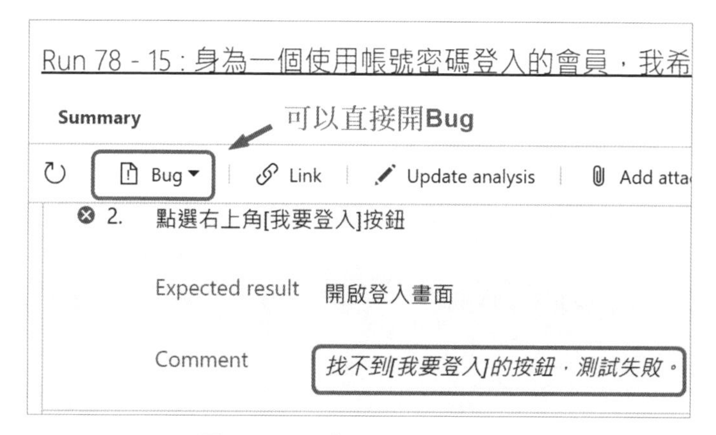

圖 3-1-31　嵌入測試的紀錄 -2

圖 3-1-31 就可以看到，在前次嵌入測試，失敗的步驟有寫入失敗的 **Commnet**：**找不到 [我要登入] 的按鈕，測試失敗**。如果測試人員在確認測試項目時，發現這一個測試紀錄是尚未開出 Bug 請開發同仁確認的，就可以直接在這筆紀錄開立一個 Bug，然後就會被建立在 work Item 給開發團隊處理。

TIPS

讀者如果想要將使用者的 Access Level 變更為 Basic + Test Plans，可以到 **organization settings -> General -> Users** 裡面，將希望變更 Access Level 的 User 升級為 **Basic + Test Plans**。如果僅是試用，以組織為單位可以試用 30 天，試用期過後就只能綁定 Azure 訂閱的信用卡開始扣款。但有一個小訣竅，那就是 Access Level 都是以日計費的，如果讀者在家中想要實驗卻又怕花費太多錢，可以要用的時候再升級，而用完就記得馬上降回 Basic，這樣僅會計價一日（52 美元除 30 天，也就是不到 2 美元）。

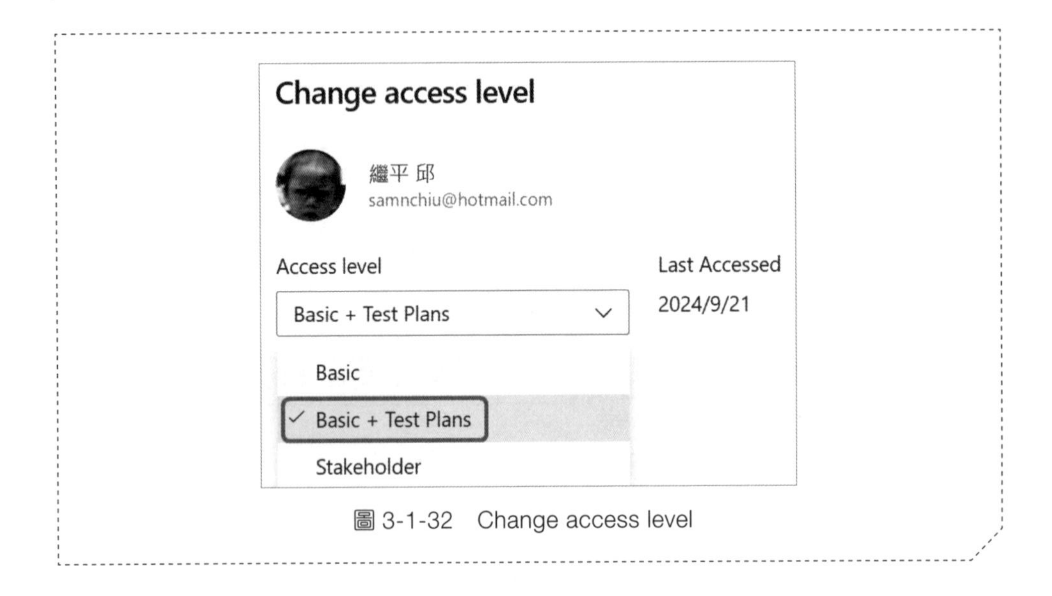

圖 3-1-32　Change access level

一、Test Plan -> Suite -> Case 與其它元素之間的關係

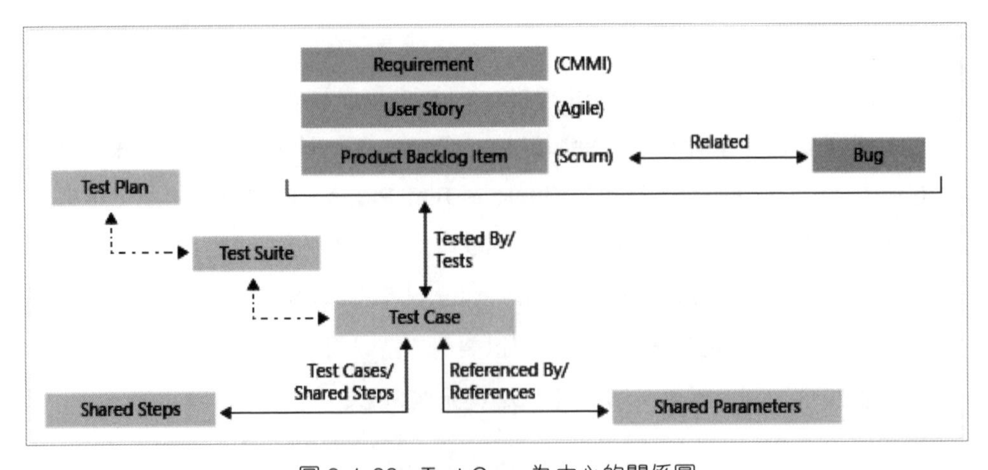

圖 3-1-33　Test Case 為中心的關係圖

Test Plan、Test Suit 以及 Test Case 有著上下的關係，分別介紹如下：

- **Test Plan**：用來將測試套件（Test Suite）分組，把它想成最上層的獨立測試專案，包含了應該要做那些套件的計畫。最常見的用法就是跟著 scrum sprint

進行該迭代的測試規劃。如果像之前的案例執行了嵌入測試的 Test Case 的設計與測試，該測試項目就會自動的在 Test Plan 建立一個該 iteration 的 Test Plan 以及對應預設的 Test Suite。

- **Test Suite**：翻譯叫做測試套件，其實可以視為測試資料夾，主要用來管理 Test Case，能確保測試結構性（關聯）和相依性（順序），並執行多個 Test Case，細分又分成三個類別：
  - **Static test suites**：用來儲存 Test Case 的地方，分類用。專案中常見用來手動分類測試項目，可以包含自定義的 Test Case 以及基於需求的測試。這個類別適合那些需要手動挑選和管理測試個案的情境，尤其是非需求驅動的測試，比如臨時回歸測試或探索性測試。
  - **Requirement-based suites**：基於需求的套件，這是用最多的，因為這個類別在 Query 的時候，會直接以 User Story 作為搜尋的基底，跟需求（願望）有直接的關係。
  - **Query-based suites**：基於查詢的套件，就是可以依據條件的不同，將需要的 Test Case 篩選進這個套件組中，例如在開發時如果有對 work item 貼上 Tag，就可以拿來做為 Query 的條件。

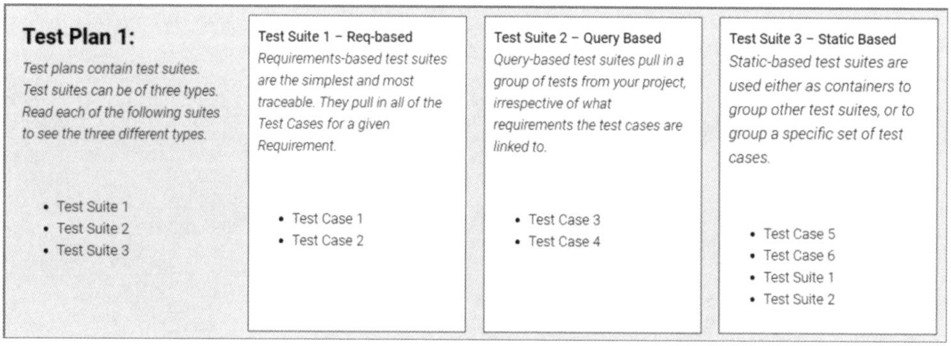

Test Plan 1:
Test plans contain test suites. Test suites can be of three types. Read each of the following suites to see the three different types.
- Test Suite 1
- Test Suite 2
- Test Suite 3

Test Suite 1 – Req-based
Requirements-based test suites are the simplest and most traceable. They pull in all of the Test Cases for a given Requirement.
- Test Case 1
- Test Case 2

Test Suite 2 – Query Based
Query-based test suites pull in a group of tests from your project, irrespective of what requirements the test cases are linked to.
- Test Case 3
- Test Case 4

Test Suite 3 – Static Based
Static-based test suites are used either as containers to group other test suites, or to group a specific set of test cases.
- Test Case 5
- Test Case 6
- Test Suite 1
- Test Suite 2

圖 3-1-34　各種 Test Suites

- **Test Case**：定義用來測試程式碼或應用程式的步驟。這裡可以注意到圖 3-1-33 的 Test Case，是整個測試的核心元素。它可以直接跟 User Story 建立關聯，下面也有以協助 Test Case 為目的的 Shared Steps 以及 Shared Parameter。
- **Share Steps**：有一些重複且可以共享的步驟，可以被 Test Case 之間重複利用。舉例來說，假設有許多的 Test Case 的前三步驟一直都是 **1.** 連結到網址 https://azuredevopspractice.azurewebsites.net/login **2.** 輸入帳號 **3.** 輸入密碼。這三個步驟就可以利用這個 share step 來群組起來，這樣在多個 Test Case 之間可以被重複分享利用。
- **Share Parameters**：用來分享參數使用，例如在點餐系統中，我們在 a 測試個案中，有一個下拉選單可以設定 parameter 選擇中餐、西餐、日本料理，如果其他的測試個案也常常會用到這三個參數，那就可以設定為分享參數來相互使用。

二、從 User Stories 規劃一個完整的 Test Plan

大致上關於 Test Plan 的構成要素都說明完了，接著就用實際的操作來說明如何規劃一個完整的 Test Plan。

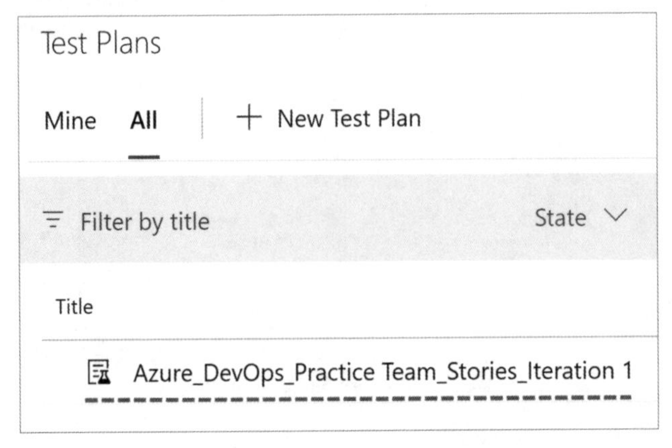

圖 3-1-35　從 Test Plan 開始

由於前面有示範過嵌入測試，因此可以看到圖 3-1-35 已經有一個既有的 Test Plan 可以給使用，就以這個 Plan 作為示範。前面在示範 Kanban Board 的時候，建立過幾個 User Stories，現在拿過來這裡沿用，並規劃該故事應該要建立的測試項目。

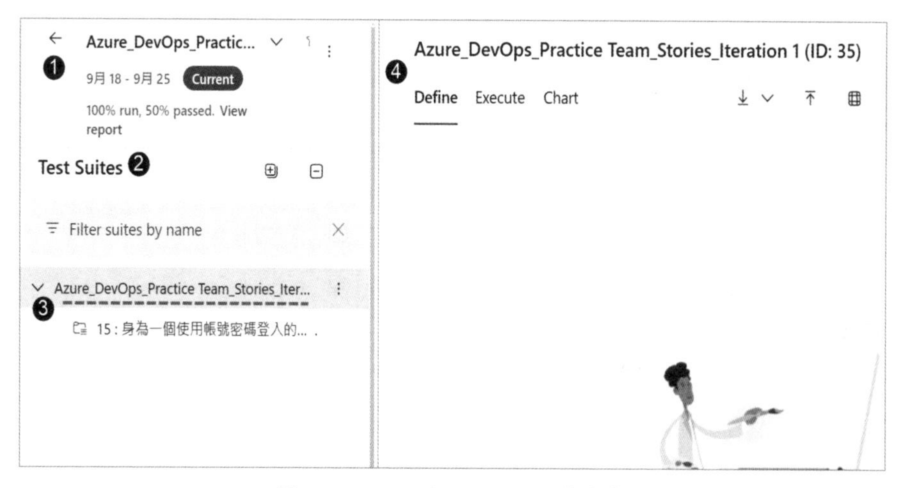

圖 3-1-36　一個 Test Plan 的全貌

點擊該 Test Plan 進入後，基本的構成可以參考圖 3-1-36，分成了幾個區塊，簡單說明一下：

1. **Test Plan**：現在所在的 Test Plan，可以看到 Test Plan 的名稱以及 Iteration，而且也有這個 Plan 測試的現況 **100% run, 50% passed.**。

2. **Test Suites 的集合**：這個區塊會把這次測試計畫所需要的 Suites，以樹狀結構的形式列舉在下面。

3. **選擇的 Test Suite**：這個區塊是跟區塊 4 連動，根據你選擇的 Test Suite，將所有的 Test Case 細節都呈現在區塊 4。這次選擇的是預設建立的 Root Test Suite，所以目前沒有任何 Test Case。

4. **Test Cases**：

- **Define**：這裡可以選定 Test Suite 進行測試規劃，因此在 Define 頁籤可以設計所有需要的 Test Case，並根據測試需要建立順序性。
- **Execute**：這個頁籤則是可以看到每一個 Test Case 被執行的所有紀錄，可以確保測試過程都被完整記錄在這裡。
- **Chart**：這邊則是可以根據 Test Suite 來建立一些圖表。

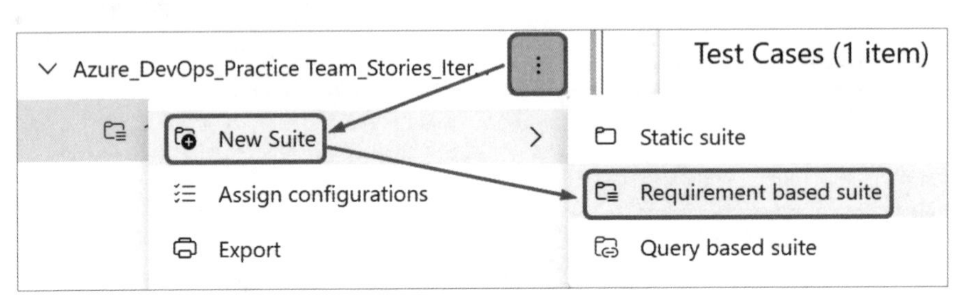

圖 3-1-37　建立一個 Requirement based suite

對 Test Plan 有基本的認識後，就來將這次準備要測試的使用者故事匯入，來建立一個 Requirement based suite。可以參考圖 3-1-37。

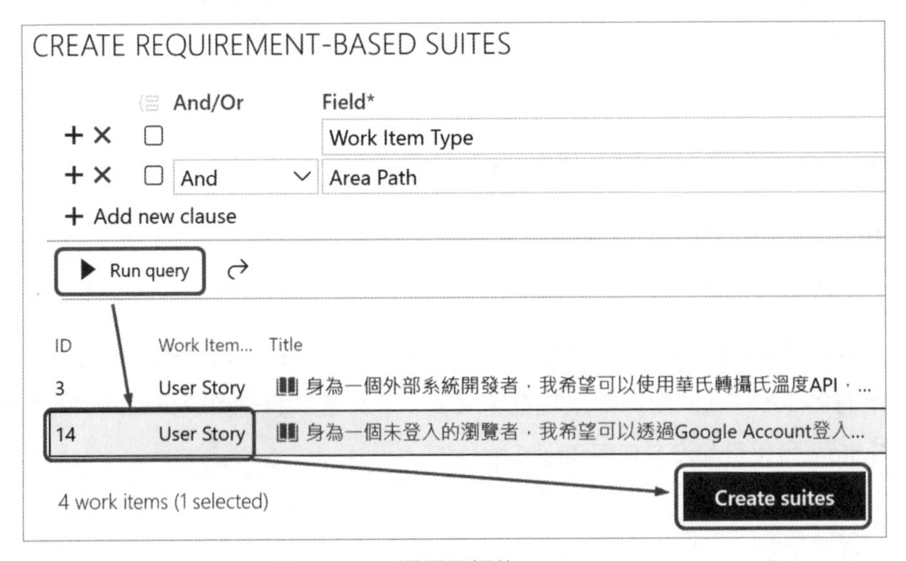

圖 3-1-38　選擇目標的 User Story

由於這是 Requirement based suite，因此可以看到圖 3-1-38 上方就會預先建立搜尋 User Stories 的搜尋條件。當條件確定沒問題後，請先按下 Run Query 的按鈕，下方會出現 User Stories，選擇希望被建立的 Test Suites，這次選擇 work item ID 14，也就是之前在 Kanban Board 建立的另外一個使用者故事。

接下來可以在 Test Plan 的主畫面中看到建立起來的 Requirement based suite，標題為 **14：身為一個未登入的瀏覽者，我希望可以透過 Google Account 登入，這樣我就能以會員身分使用網站功能。(ID: 44)**。由於目前並沒有任何測試項目在裡面，接下來來建立一些 Test Case。

圖 3-1-39　建立 Test Case-1

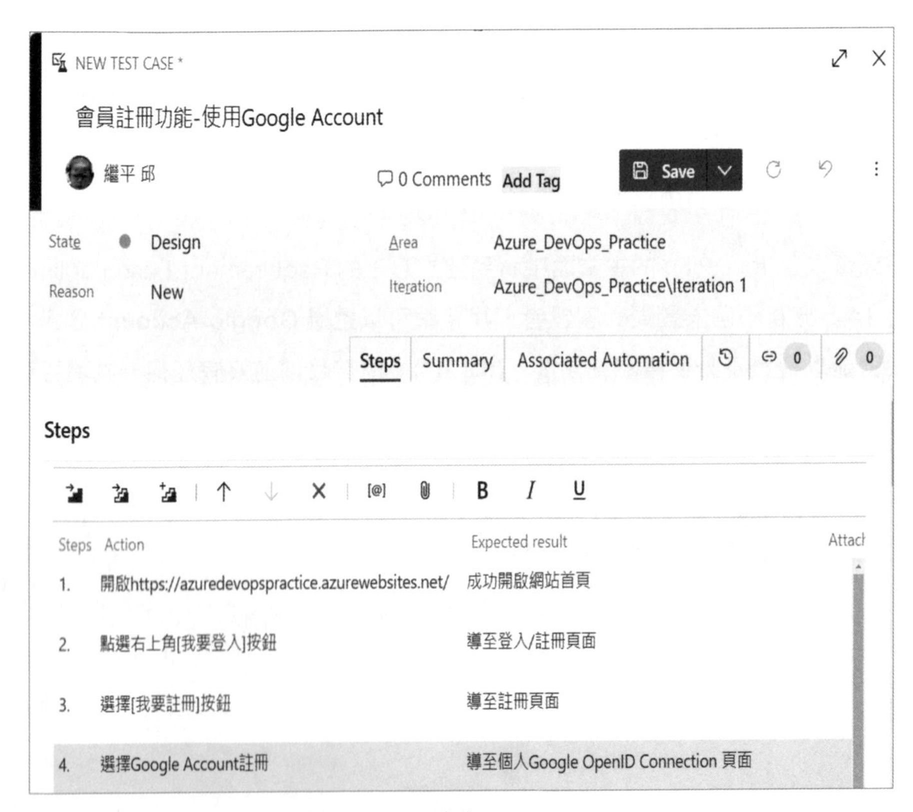

圖 3-1-40 建立 Test Case-2

14：身為一個未登入的瀏覽者，我希望可以透過Google Account登入，這樣我就能以會員身分使用網站功能。 (ID: 44) ⓘHelp

Define Execute Chart

Test Cases (2 items) New Test Case

Title	Order	Test Case Id	Assigned To	State
會員註冊功能-使用Google Account	1	45	繼平 邱	Design
驗證 Google Account 無密碼登入	2	46	繼平 邱	Design

圖 3-1-41 建立 Test Case-3

從圖 3-1-39 到圖 3-1-41，示範了在這個 Requirement based suite 建立了兩個 Test Case。在建立測試項目的時候，要思考其測試前後的順序性。這次是為了要測讓未登入的瀏覽者，可以透過 Google Account 的身分進行登入的故事。會看到在圖 3-1-41，第一個 Test Case 是先讓瀏覽者先進行會員註冊的動作，接著才會進行 Google Account 無密碼的登入。

設計人員需要思考測試順序性，要如何讓測試者可以完成一系列的測試。如果順序反過來，先驗證登入但卻沒有註冊會員，這樣的測試邏輯就無法被完成，測試就必然無法進行下去。

到目前為止，在測試計畫一共有兩個 Requirement based suite，各有兩個不同的 Test Case。裡面有一些可以被重複利用的部分，以及在僅有兩個 Requirement based suite 下，如何不用寫重複的腳本，卻可以更大範圍的增加測試涵蓋率，接下來一一介紹。

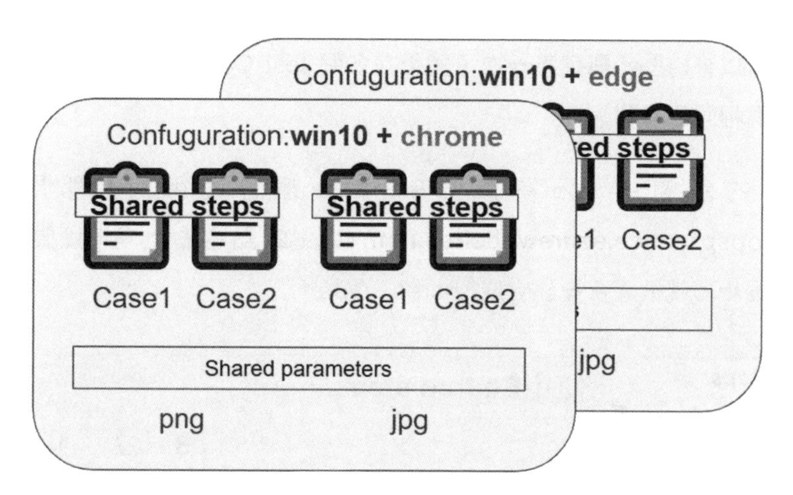

圖 3-1-42　Shared Steps、Shared Patameters 與 Configurations

❶ Shared Steps

圖 3-1-43　建立 Shared Steps-1

Shared Steps 是 Azure DevOps 中的一個功能，用來在 Test Case（測試個案）中重複使用一組常見的測試步驟。它可以幫助測試人員簡化測試流程，減少重複性工作，並保持 Test Case 的統一性和一致性。例如，登錄系統、導航到特定頁面等常見操作，這些操作在不同的 Test Case 中經常會出現。通過使用 Shared Steps，測試人員可以將這些步驟定義一次，然後在多個 Test Case 中引用，這樣就不用重複一直撰寫相同的步驟。

圖 3-1-43 的示範中，因為多個 Test Case 都會使用到 **1. 開啟 https://azuredevopspractice.azurewebsites.net/** 以及 **2. 點選右上角 [我要登入]** 按鈕。這兩個步驟就很適合被建立成 shared steps。

圖 3-1-44　建立 Shared Steps-3

當建立完成後，就會看到原本兩個 steps 變成了一個 Shared steps。未來所有的 test case 都可以輕易地使用這個 Shared steps。當如果未來測試個案數量一多，這個 Shared steps 就可以大量簡化測試設計人員的工作。

❷ Shared parameters

Shared Parameters 是一個功能，是指可以跨多個 Test Cases（測試個案）使用的參數集。每個 Test Case 可以包含不同的參數，而這些參數可能在其它 Test Case 中也會被用到。通過將這些參數定義為 Shared Parameters，測試設計人員可以在多個 Test Case 中重複使用相同的參數集，而無需在每 Test Case 中手動定義相同的參數。

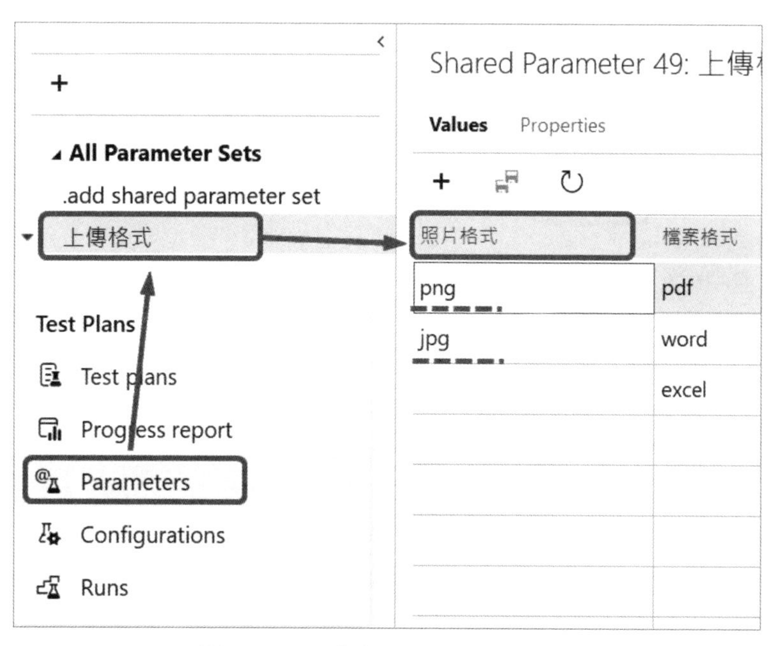

圖 3-1-45　建立 Shared Patameter

舉例來說，在測試上傳照片的時候，會預設可以上傳數種類型的圖片格式。在這裡設定可以接受 png 與 jpg 格式的圖片，就在 Parameters 建立一組 Parameter Set，名稱為**上傳格式**，接著建立一組 Shared Patameter，叫做**照片格式**，可以參考圖 3-1-45。

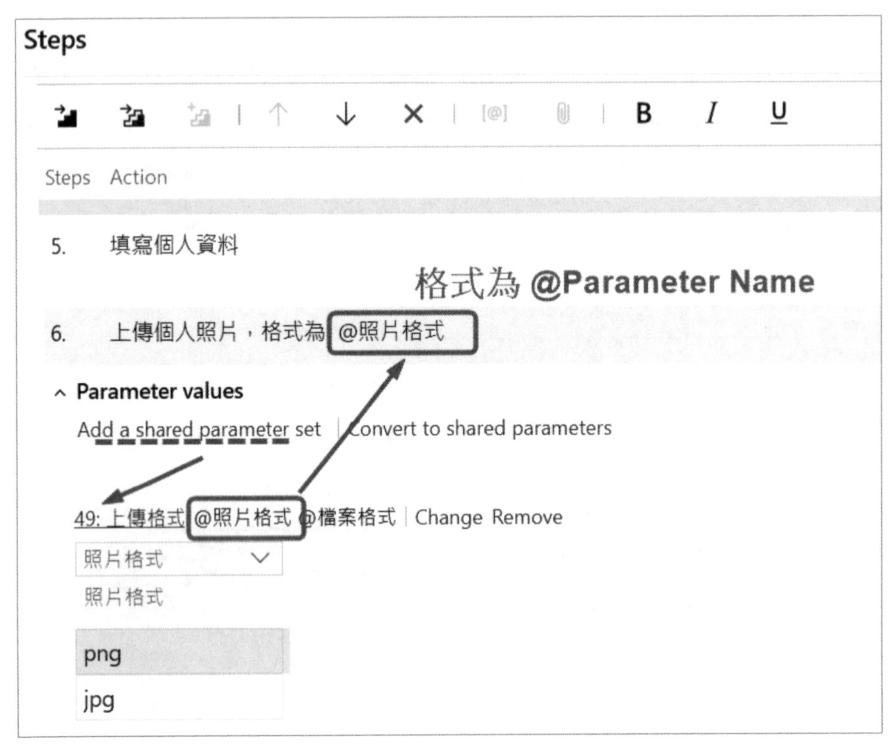

圖 3-1-46　使用 Shared Patameter

當 Parameter 被建立完成後，可以回到 Test Case 的 Steps，將要引用的 Shared Patameter 新增，並寫在 Steps 中。在這裡使用了 **@ 照片格式**在測試步驟中。當測試人員在測試的時候，同樣的腳本會需要執行兩次，第一次會要求使用 png 上傳圖片，第二次則會要求使用 jpg 上傳圖片。這種方式可以大量簡化測試設計人員的負擔，而大幅的增加測試範圍的涵蓋率。

❸ Configurations

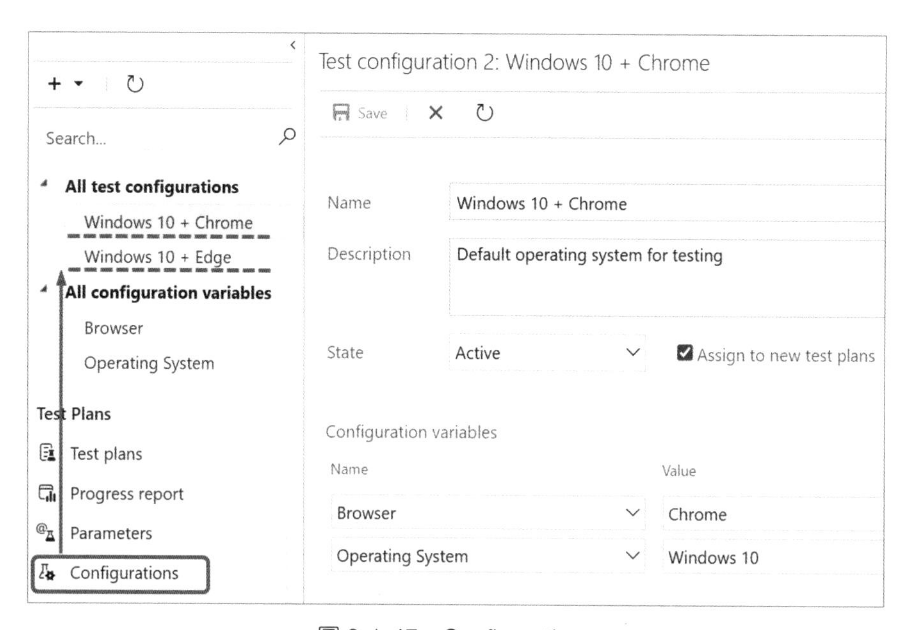

圖 3-1-47　Configurations

在 Azure DevOps 的 Test Plan 中，Configurations 是一個功能，允許測試人員針對不同的環境組合（如作業系統、瀏覽器等）執行相同的 Test Case，以確保產品在多種環境下都能正常運行。Configurations 幫助團隊進行跨平台和跨環境的測試，提升測試覆蓋率，並確保系統在不同的用戶場景中都能夠穩定運作。

圖 3-1-48 可以看到場景設定在 Windows10 下，設計了 Chrome 以及 Edge 要進行測試。意思就是測試人員在執行測試時，需要經過同一作業系統但不同瀏覽器的測試，以確保功能都可以測試通過。

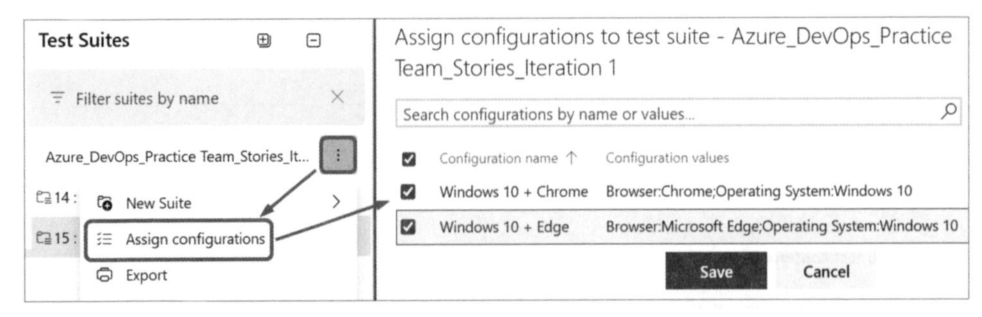

圖 3-1-48　Assign Configurations

三、測試任務的思考與 Static Test Suite 的適用時機

既然腳本已經完成了，而且該設定共享的部分也都設定好了，接著就是要進行測試了。Test Plan 這邊與 Azure Boards 不太一樣，開發團隊與 Product Owner 在 Azure Boards 的協作方式，基本上是依靠 work items 來進行。但是 Test Plan 這裡所指派的測試任務，並不會有任何的 work item 出現在 Azure Boards 上，僅會有 Test Case、Shared Steps、Shared parameter 會出現在 Boards 上面。

早期我們在使用這個功能的時候非常困惑，因為原本所有工作項目，都是藉由 work items 來進行切分後，指派執行到最終完成。但是在 Test Plan 上面的測試任務，並不會一起被呈現在 work items 中，那團隊如何知道**測試已經完成**？

其實測試完成這件事情就需要被定義了，原因在不論測試的多仔細，軟體系統的 Bug 是永遠都不會有結束的一天。User Story 的 Acceptance Criteria 是可以被滿足而結束的，但是即使系統在初期並沒有太複雜，測試的工作卻永遠不會說**我全部範圍都測試過了，沒問題**。

原因在，測試這件事情就是在有限的時間內，願意投入多少成本來提升軟體品質的一個品質保證行為。既然測試的投入有成本與有限時間概念，如果可以透過數據指標的提高真實的涵蓋率，那才是科學且高效的作法。

因此，將測試工作直接設計在 Azure Boards 其實並不容易。舉例來說，如果有兩個 User Stories，其中一個是 **[身為公司員工，我希望可以填寫休假申請單，這樣我才能放假去歐洲玩]**，而另外一個故事是 **[身為公司的會計，我希望同仁休假日的薪資必須被扣除，這樣我才可以如期發放正確的薪資給公司員工]**。如果分開看兩個故事的 Acceptance Criteria 都可以被分開測試與滿足，但是在 Boards 中兩個故事的測試卻是各自獨立而無法關聯，但薪資的發放卻跟休假有著很直觀的關係。

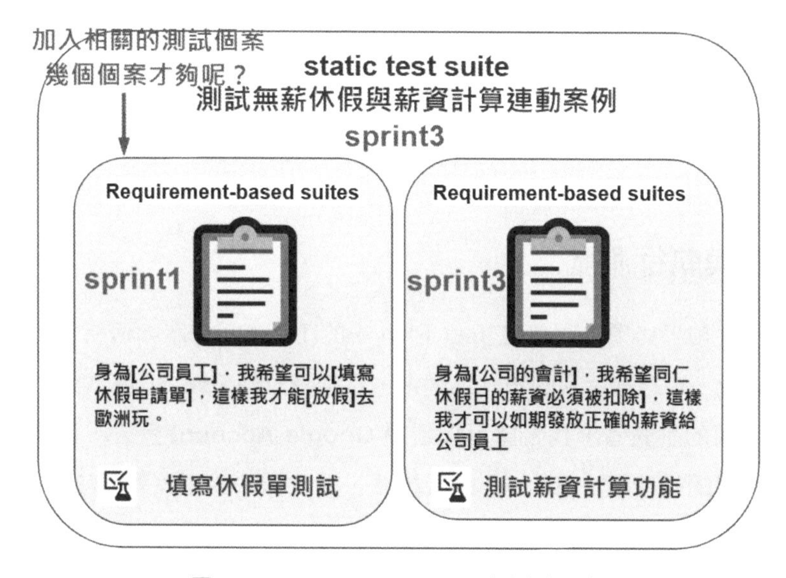

圖 3-1-49　static test suite 與測試思考

經過同仁們的討論，認為 Test Plan 應該是用來給測試團隊，獨立於開發團隊開發進度外規劃整體測試進度與範圍的專屬工作區。如同一般軟體測試實務，測試團隊會**根據這次開發團隊預計要開發的內容，去規劃這次開發內容該如何測試外，也必須要思考是否有哪些在過去被開發完成的功能，同樣也在業務流上必須要被驗證**？

因此，以圖 3-1-49 的示範來看，時間到了 sprint3，並且開發對這次決定要衝刺薪資計算功能，過去在 sprint1 已經測試過了休假單測試。但由於薪資計算功能與員工休假有直接的關係，這時候就可以開啟一個 static test suite，並將這兩個 Requirement based suite 都帶入，可以參考圖 3-1-50。接著重新思考在這兩個 test case 之間的順序性，並考慮是否需要在原有的測試個案之中，再加上其他可能需要測試的情境。

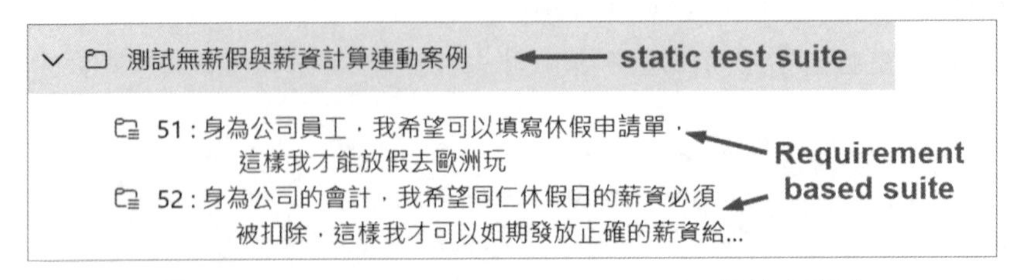

圖 3-1-50　static Requirement based suite 的結合案例

四、指派與執行測試

在測試執行之前，必須先規劃在 Test Plan 中的 Test Suite 該如何給測試團隊中進行指派與分配。在之前示範的測試案例中，目前有三個 Test Suite，我們將 **14：身為一個未登入的瀏覽者，我希望可以透過 Google Account 登入，這樣我就能以會員身分使用網站功能。(ID: 44)** 進行指派，請被指派的測試者對該 Suite 進行測試作業。

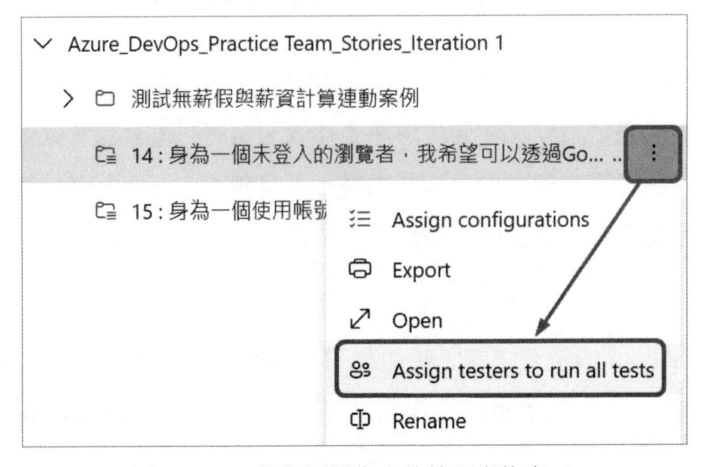

圖 3-1-51　指派測試指定的使用者故事 -1

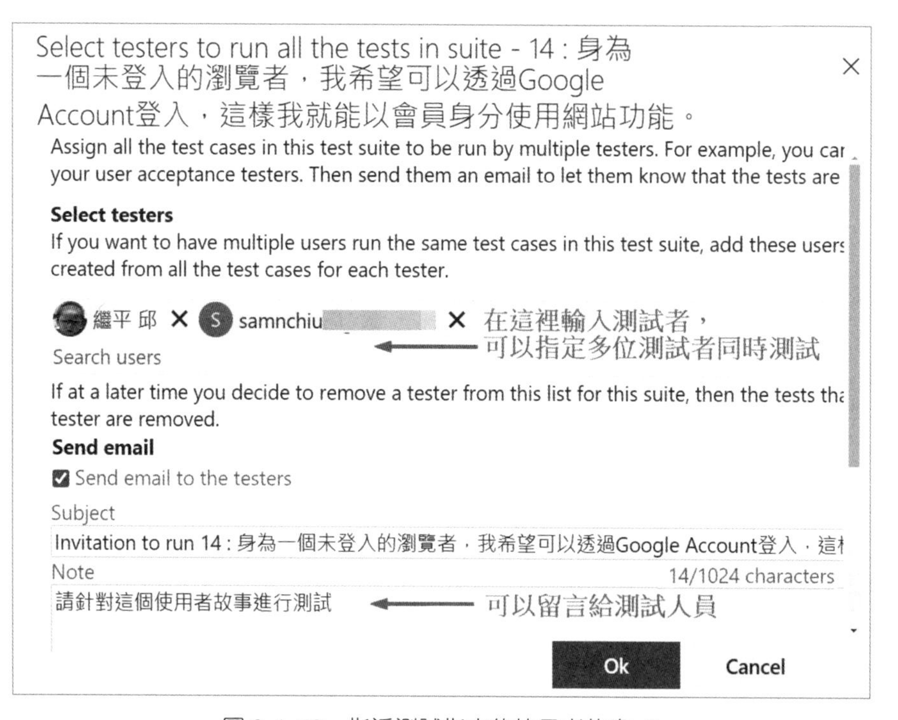

圖 3-1-52　指派測試指定的使用者故事 -2

如圖 3-1-51 首先在該故事的右側點下 **Assign tester to run all tests**，接著在開啟的視窗中，將指定的測試人員選入，並留言給測試人員指派相關工作。接著按下送出後，測試人員就會接收一封郵件，得知被指派了一項測試任務。同時，由於這次指派測試這個故事的測試人員有兩位，因此可以在 Execute 頁籤中可以看到，原本是兩個 Test Case 的測試，在執行這邊因為測試人員變成兩倍，隨之被複製了一份測試點（Test Points），如圖 3-1-53。

圖 3-1-53　倍增的測試點

測試人員可以透過上方的 Filter 將指派給自己的測試項目選擇出來後，在要測試的項目右側，點選功能按鈕，如同圖 3-1-54 一樣，並選擇 **Run -> Run for web application**。

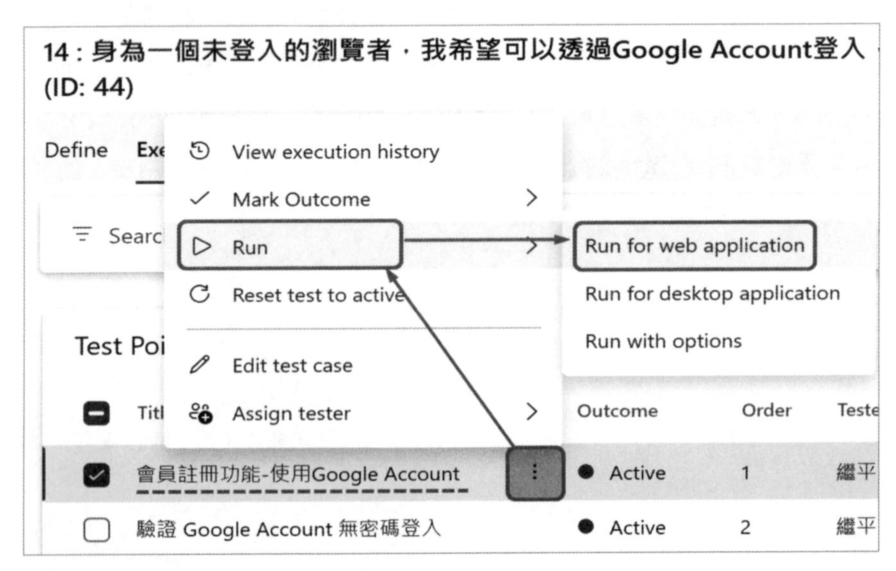

圖 3-1-54　透過 web application 進行測試

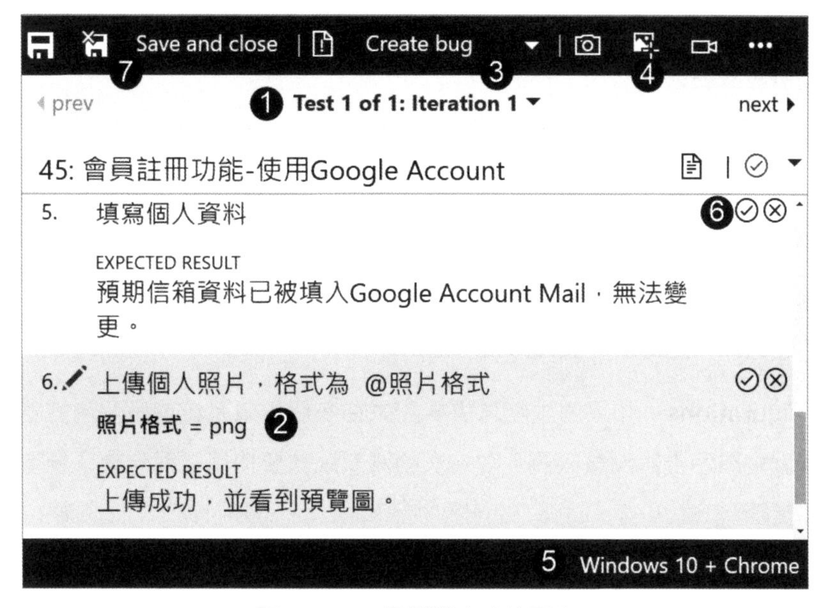

圖 3-1-55　測試腳本功能視窗

測試的視窗在嵌入測試時，有示範過測試步驟如何進行，基本上就是根據腳本的要求，在另外一個網頁視窗一步步測試。並將測試項目確認是否通過後，勾起通過。當有測試失敗時，可以即時回報錯誤步驟，並開立 Bug。之前示範測試時，並沒有細說這個測試腳本功能視窗，這邊就利用圖 3-1-55 來詳細說明視窗的大致功能。

1. **Test 1 of 1: Iteration 1**：由於只有選一個 Test，因此會是 **Test 1 of 1**。**Iteration 1** 則是與 share parameter 有關，在這個測試個案中，第六步為 **上傳個人照片，格式為 @ 照片格式**。由於一共有兩個 shared parameters，因此這一個測試個案就會需要測試兩個 Interations，也就是要測試兩次。

2. **Shared Parameters 的效果**：在這裡可以看到**照片格式 =png**，這就是提醒測試者在這個 Iteration 要用 png 上傳，而下一個 Iteration 就會使用 jpg 上傳，確保兩個檔案的格式上傳測試都會成功。

3. **Create bug**：在測試的過程中，如果發現有錯誤，可以在這邊直接就開立 Bug 給開發團隊去驗證。

4. **記錄區**：這個區域是紀錄測試的重要功能，因為如果只是在各個步驟中打勾或是按下錯誤，甚至只有在該步驟給與敘述並開立 Bug，其實在測試溝通上還是不夠的。Azure DevOps Test Plan 最具價值的功能之一，筆者首推的就是這個記錄區。可以做到**即時截圖、紀錄使用者操作軌跡以及螢幕錄影錄音**，提供詳細的測試操作紀錄給開發團隊進行釐清。

5. **Configurations**：如果測試團隊需要測試在多個作業系統或多個瀏覽器，這個位置就會顯示告訴測試人員，在這次的測試應該要使用哪個作業系統或是哪一個瀏覽器。

6. **測試步驟與結果回饋**：這部分就如同之前嵌入測試一樣，測試人員可以在此一步步測試，確保測試內容符合預期，並在每一個步驟都可以標出是否通過。

當準備要開始測試的時候，為了可以留下完整的紀錄，就會去按下圖 3-1-55 的紀錄區的按鈕，但是由於需要擷取畫面以及影片，如果沒有先安裝測試工具的話，就會請測試員進行安裝測試工具的動作，可參考圖 3-1-56。

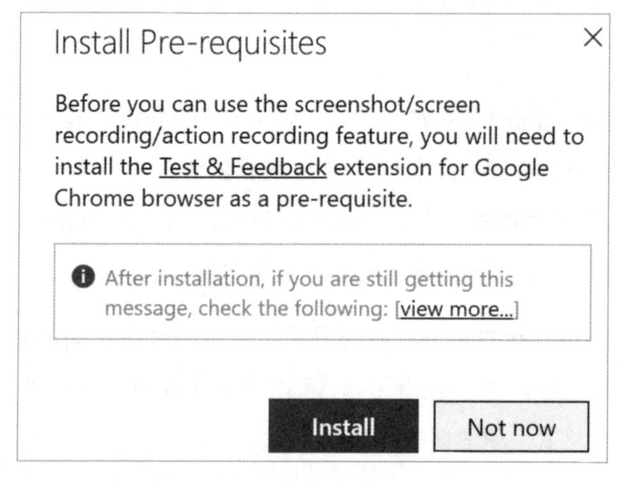

圖 3-1-56　需要安裝測試工具

微軟的測試工具分成了桌面板與瀏覽器延伸套件版本，以筆者的經驗推薦瀏覽器延伸版本（也就是圖 3-1-54 使用的 web application）。在過去的經驗中，桌面板更新速度相對比較慢，而且目前為止的確遇到過一些電腦安裝上去有一些問題。瀏覽器延伸套件版本，支援幾大主流瀏覽器，這次我們就使用 Google Chrome 來進行安裝與測試。

圖 3-1-57　設定測試工具

第一次安裝，需要做一點簡單的設定，首先先點選瀏覽器右邊的延伸套件，並把 Azure DevOps 的 url 以及對應的專案與團隊都選擇上去，就如同圖 3-1-57 一樣，接著按下 Save，就可以進行測試了。

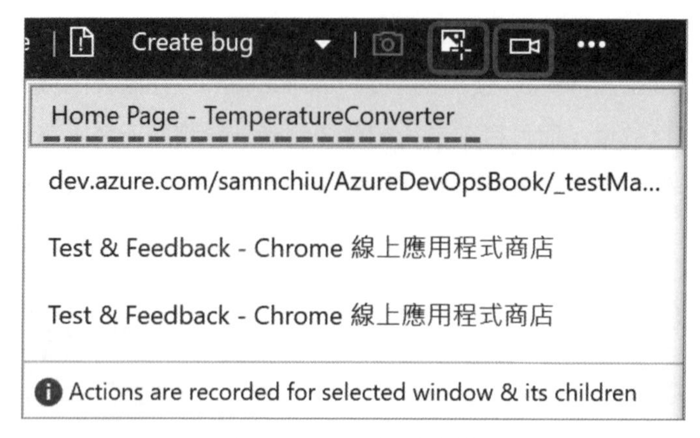

圖 3-1-58 錄製測試步驟

這次測試的目標就是圖 3-1-58 中右邊的網頁，使用**記錄使用者動作**以及**畫面錄影**這兩個功能，來記錄測試的過程。

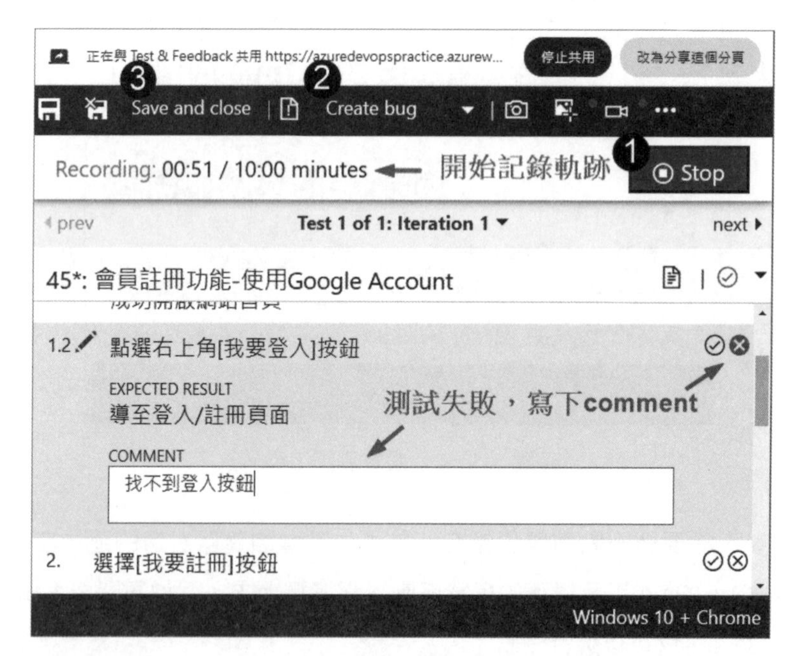

圖 3-1-59 測試失敗，開立 Bug

如果一切都測試順遂，其實也就不需要另外錄影、給意見以及開立 Bug 了。紀錄軌跡最大的目的就是，當測試項目與預期不一致時，可以快速地將測試的過程，送給開發團隊去進行確認。因此可以參考圖 3-1-59，可以看到當開始紀錄時，測試視窗上方會出現讀秒開始記錄軌跡。

這次是模擬測試到第二步，發現根本就沒有登入按鈕，與之前的測試一樣，我們按下測試失敗的按鈕，並提供意見。接著，要先按下 1. 的停止紀錄，接著按下 2. 的開立 Bug，最後再 Save and close。

Browser - Name	Google Chrome 128
Browser - Language	zh-TW
Browser - Height	643
Browser - Width	731
Browser - User agent	Mozilla/5.0 (Windows NT 10.0; Win64; x64) AppleWebKit/537.36 (KHTML, like Gecko) Chrome/128.0.0.0 Safari/537.36

圖 3-1-60　Bug 單的詳細資訊

圖 3-1-60 可以看到，如果是透過測試的過程所開出去的 Bug 項目，會自動帶有該測試人員當時環境的詳細資訊，包含了使用的瀏覽器以及版本細節，以及當時所使用的長、寬甚至使用的語系另外也會有作業系統等等資訊。這些詳細環境資訊可以降低測試人員回報的負擔，免除手動再去填寫那些環境資訊以外，開發人員也可以更加了解發生的環境資訊，加以複現收到的 Bug，進而修復。

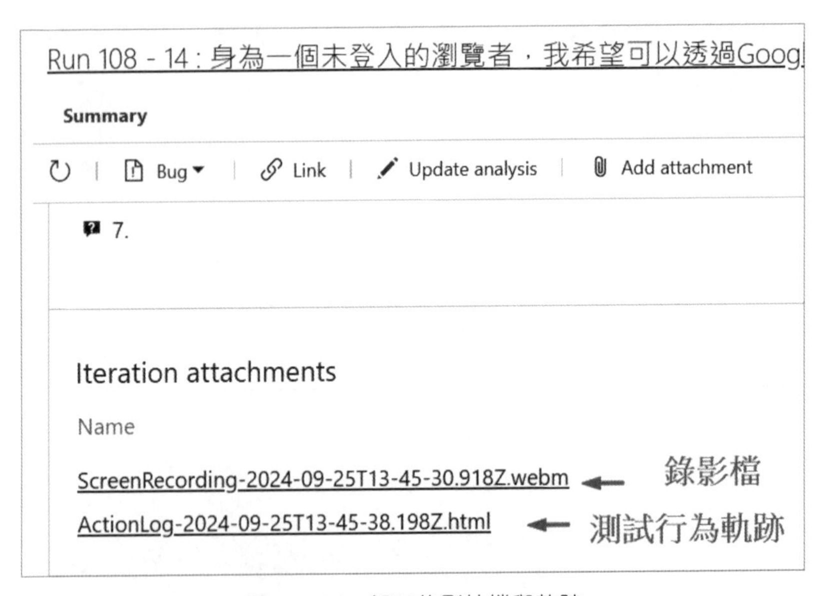

圖 3-1-61　錄下的影片檔與軌跡

如果 Bug 單的敘述還不夠完整，也可以透過剛剛按下的紀錄軌跡檔，將錄製的軌跡或是錄影，提供給開發人員更清楚的了解測試員所敘述的 Bug，在畫面上的反饋到底為何？進而判斷 Bug 複現的方式，進而修正後交付產物。

紀錄的檔案所在的位置可以參考圖 3-1-61，在測試 Execute 頁籤失敗的測試個案中，按下 View Exexution History（可參考圖 3-1-54），指定的測試失敗個案下方，會有錄製的檔案內容。

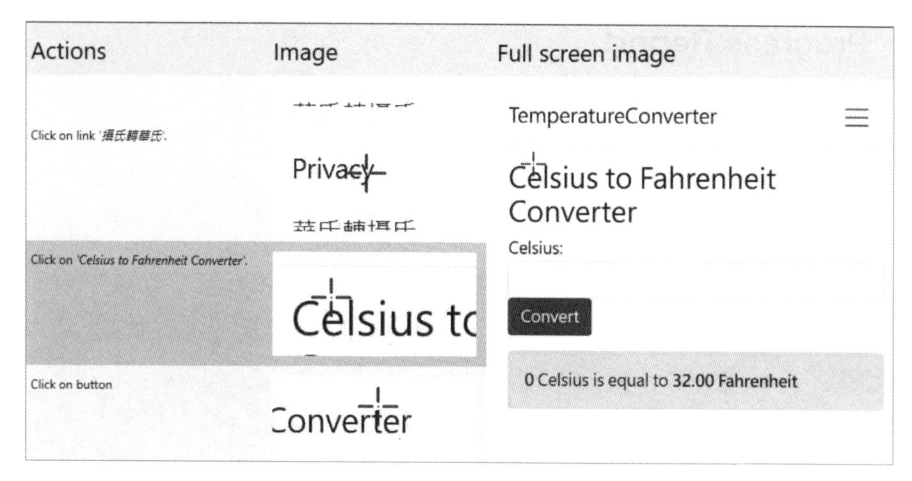

圖 3-1-62　測試員動作軌跡檔

在示範中記錄了測試人員測試的動作軌跡檔以及影片檔，影片檔可以忠實的呈現整個錄製過程。另外測試軌跡檔可以參考圖 3-1-62，這個功能會將測試人員在瀏覽上面測試的所有動作，用類似連環圖的方式顯示出來，並且會將滑鼠點擊到的位置也標記上去。但在實務上，常常遇到測試軌跡檔圖片會模糊的狀況，因此比較推薦使用錄影的方式來回報。

如此可以詳細的紀錄下測試人員測試所遇到的問題，加上也會自動附上瀏覽器以及作業系統的詳細資訊，相信再也不會出現鬼打牆電話內容如下的場景：

開發人員：你說你有 Bug ？你怎麼做到的？你瀏覽器用哪種？版本號碼以及你畫面配置是甚麼？

測試者：蛤？瀏覽器是啥？我就不能用啊！

五、Progress Report

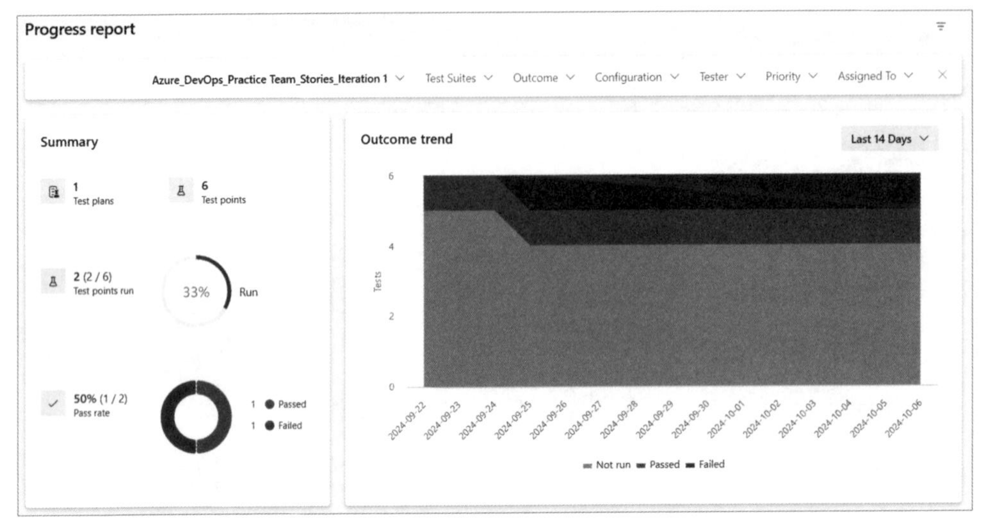

圖 3-1-63　Progress report

在測試團隊陸續開始進行測試後，就可以從 Progress report 這個功能來關注測試的進度，以及通過率等資訊了。這個報表通常會監看測試點（test points）、測試進度（test point run）以及通過率（Pass rate）這些科學指標。

如同前面所提到，Test Plan 這個功能看起來應該是提供給專門測試的團隊來進行測試管理，Azure DevOps 又全面支援敏捷式團隊，因此測試的功能也設計的具備迭代的觀念，目的不是看測試工作是否已經完成，而是是否有在迭代中努力達成 Sprint Goal 的目標。所以可以看到在 Test Plan 的初始，就需要選擇迭代（iteration），在 Progress report 的選項也可以選擇迭代以及 Suite，十分適合敏捷團隊的各項活動進行。

3-1-5 共識

Sylvia：我們可能沒辦法做到太詳細測試腳本的撰寫，畢竟我們單位只有兩個人可以協助這次的改版，釐清子公司需求應該就會花上不少心力了，但基本的腳本撰寫我們還是會努力進行。

Lala：不要緊，畢竟我們沒有專門的 QA Team，我們可以一起努力在能力可及的範圍內，將訪談回來的使用者故事，一起撰寫成腳本來測試。

Sam：沒錯，就如同我說的，**測試這件事情就是在有限的時間內，願意投入多少成本來提升軟體品質的一個品質保證行為**。既然我們現有的成員就這些，就一起努力看看該如何完成手上被交辦的任務，且達到團隊都同意的品質保證，我相信這是最佳解。

Sylvia：聽起來不錯，但這一切都要先從需求的訪談開始對吧？看起來我要開始習慣 User Story 的寫法了，這跟我們之前的功能訪談差異好大。不過聽起來似乎可行，可以試試看。但如果我要放那些訪談完各單位要核章同意的文件，我要放在哪裡？

Lala：數位檔案的部分，看是要整理起來放在一個 Wiki 頁面，或是根據各個訪談內容，放置在 Feature 或是 User Story 的附加檔案都可以，只要找的到就好。

Sam：使用上與之前一定會有不同，而且整個軟體開發交付的週期也會有所不同，我也來整理討論框架來比較與之前的相異之處好了。

表 3-1-1

	Process（流程）	Objective（目標）	Window（影響窗口）	Evaluate（評估）	Relation（互動關係）	Structure（結構）
原本的方式	軟體開發生命週期	1. 需求訪談完產出訪談文件 2. 產出系統分析及規格文件 3. 分析階段後交付規格文件進行開發 4. 第三季測試 5. 第四季上線	開發團隊 業務團隊	第三季 交付測試 第四季 系統上線	例會 MantisBT Email Teams 電話連繫	開發團隊 業務團隊
新協作模式	軟體開發生命週期	1. User Story 紀錄訪談及驗收準則。 2. Wiki 及連結提供流程與雛形細節。 3. 迭代交付 User Story 及分析細節進行開發。 4. Test Plan 雙方共同撰寫測試案例。 5. 持續整合、測試、佈署、上線。	開發團隊 業務團隊	1. 第二季開始持續交付測試並持續上線。 2. DORA 指標作為交付指標評估。 3. 專案團隊滿意度問卷作為非量化指標。	例會 Boards Test Plan Teams 電話聯繫	開發團隊 業務團隊

3-1-6 小結

Azure DevOps 這個平台，初衷的設計就是可以完成整個軟體開發生命週期，但各個組織或是團隊對於軟體開發的協作方式各有所不同，而 Azure DevOps 也有非常多的選項或是功能，可以滿足團隊的各式各樣需求。

不論是 Git 分支管理希望進行 Git flow 或是主幹式開發（Trunk Based Development），或是 Pull Request 希望在發動時或合併後才做檢查或是自動化單元測試，甚至連 Work flow 都可以自由選擇 Agile or CMMI Flow。這些都有賴團隊需要自己定義出組織可以接受，且團隊也認可的協作交付模式。

因此市面上少有特別定義在 Azure DevOps 上該如何進行協作，而多是仰賴團隊需要有協作共識，並各自定義出團隊的協作模式與規則。既然需要協作共識，那就需要進行不斷的溝通，討論出開發團隊以及外部利害關係人之間期望的範圍。藉由確認範圍後，才可以在 Azure DevOps 上設定相關的功能或規則，來滿足企業認可的軟體開發生命週期。

相信會看此書的讀者，大多數都是工程師背景為主，寧願多寫幾行程式，喜歡多解決一些 Bug，因為跟電腦溝通比跟人類溝通還要快樂。但團隊協作這件事情，就必須建立在持續的溝通上，所以就跟筆者不斷鼓勵實習生一句話一樣：**不要因為不喜歡就放棄跟人類的溝通**。要持續的跟團隊溝通，並找出大家都同意的做法，持續往前走，並做到持續整合，持續交付，持續測試與持續學習，共勉之。

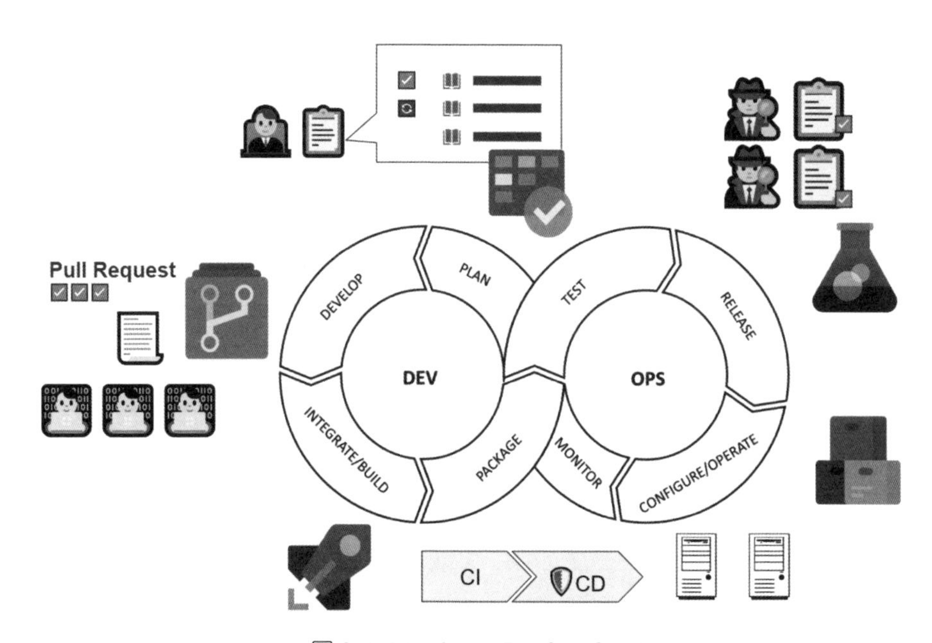

圖 3-1-64　Azure DevOps Service

Note